21세기 해양안보와 국제관계

갈등과 협력 그리고 경쟁

21세기 해양안보와 국제관계
갈등과 협력 그리고 경쟁

2017년 5월 20일 초판 인쇄
2017년 5월 30일 초판 발행

지은이 | 박창권 · 박주현 · 박남태 · 김기주 · 정재호 · 최정현 · 오순근 · 이상엽 · 임경한 · 배학영 · 황병선
펴낸이 | 이찬규
펴낸곳 | 북코리아
등록번호 | 제03-01240호
주소 | 13209 경기도 성남시 중원구 사기막골로 45번길 14
우림2차 A동 1007호
전화 | 02-704-7840
팩스 | 02-704-7848
이메일 | sunhaksa@korea.com
홈페이지 | www.북코리아.kr
ISBN | 978-89-6324-546-1(93390)

값 20,000원

21세기 해양안보와 국제관계

갈등과 협력 그리고 경쟁

박창권 · 박주현 · 박남태 · 김기주 · 정재호 · 최정현
오순근 · 이상엽 · 임경한 · 배학영 · 황병선 공저

북코리아

추천사

아시아·태평양 지역 내 미·중 간의 전략적 경쟁이 심화되면서 한반도 주변 해역은 물론, 지역 해양안보에 험난한 파도가 일고 있습니다. 중국은 2008년 세계 금융위기에서 흔들리지 않는 경제대국으로서의 위상을 확보하고 2010년 후반 GNP 면에서 일본을 추월하면서 명실공히 세계 제2의 경제대국이 되었습니다. 또한 중국은 급속한 경제발전에 힘입어 지역 안보환경에 지대한 영향을 미칠 수 있는 군사력을 건설하고 있습니다. 특히 해·공군력과 미사일 전력을 중심으로 하는 소위 '반(反)접근/지역거부' 전력의 증강은 이제까지 지역의 안보 및 질서를 유지해 왔던 미 해군의 해양통제, 공중우세는 물론, 동·남중국해를 통과하는 핵심 해상교통로의 안전을 위협하는 요인으로 부상하고 있습니다.

이에 추가하여 중국이 국제법과 규범에 반하여 강행하고 있는 남중국해 전체에 대한 영유권 강화 활동은 중국의 의도 및 대외정책 노선에 대해 지역 내에서 심각한 우려를 자아내고 있습니다. 급신장하는 경제력과 군사력이 강력한 배타적 민족주의와 결합함으로써 나타나는 중국의 일방적이고 공세적인 행동으로 아·태 지역은 물론, 국제사회는 중대한 도전에 직면하고 있습니다.

한편 미국도 이러한 중국의 거침없는 행동을 견제하고자 보다 적극적으로 개입하고 있습니다. 미국의 일부에서는 종전까지 추진해 왔던 중국에 대한 위험분산(hedging)보다는 냉전 시대와 비슷한 형태로 중국의 급부상을 적극적으로 봉쇄(contain)하는 장기 전략이 필요하다는 주장까지 대두하고 있습니다. 남중국해에서의 상황을 비롯하여 중국의 일방적, 공세적인 대외 행동에 대해 미국은 더 이상 방관할 수 있는 수준이 아니라고 인식하고 있는 것입니다. 향후 상당 기간 남중국해는 물론, 아·태 지역 전반에 걸쳐 미·중 간의 전략적 역량 경쟁이 심화되면서 우리의 해양안보에도 적신호가 켜졌다고 할 수 있습니다.

미·중 간의 전략적 패권 경쟁뿐만 아니라 주변 강대국 간 관계도 심상치 않습니다. 먼저 미·일 동맹관계를 바탕으로 일본이 미국의 입장을 더욱 확고부동하게 지원하자 중국은 러시아와의 관계를 긴밀하게 발전시키면서 지역 내 새로운 냉전이 대두할 가능성도 보입니다. 일본과 중국 간에는 과거 역사 문제와 센카쿠 열도를 둘러싼 영유권 분쟁, 역내 주도적인 위치를 차지하고자 하는 전통적인 경쟁관계(rivalry)가 다시금 부상하고 있습니다. 러시아도 과거 냉전 기간 중의 국가적 위상과 영향력을 되찾고자 지역 내 현안에 다각도로 참여하고 있으며 특히 날로 그 중요성이 증대하고 있는 북극해에서 유리한 위치를 차지하고자 부단히 노력하고 있습니다.

이 같은 주변 강대국 간의 갈등 조짐이 모두 해양과 관련되어 있다는 점을 우리는 냉철하게 주시해야 합니다. 특히 우리 대한민국은 무역국가로서 생명선인 해상교통로 안전에 대한 문제를 지금부터 진지하고 심각하게 준비해야 할 시점이 다가온 것입니다. 더 이상 우리의 해양안보를 미 해군에 의존할 수 있는 시기는 지나갔습니다. 해양안보는 어느 나라이든 혼자의 힘으로 달성할 수 없는 것이므로 국가 간의 협력과 신뢰구축을 위한 노력도 더욱 필요합니다.

이러한 전략적 변환 시기에 해군의 전문가 10인에 의해 출간되는 『21세기 해양안보와 국제관계: 갈등과 협력 그리고 경쟁』은 아주 시의적절한 내용으로서 우리에게 지금 전개되고 있는 해양안보 상황에 대한 통찰력과 안목을 제공하리라 확신하며 안보 및 방위 관계자뿐만 아니라 일반 국민 여러분께도 일독을 권하는 바입니다. 훌륭한 책을 저술한 10인의 해군 장교들의 노력에 경의를 표합니다.

2017년 5월

第31대 해군 참모총장

해군 대장(예) 정호섭

추천사

인류에게 바다는 고속도로와 같은 교류와 협력의 통로인 동시에 갈등과 경쟁의 장소이기도 하다. 역사적으로 영국이나 스페인 등 바다를 잘 활용한 나라들은 대부분 부강해진 사례이며, 그 반대의 길을 걸은 국가들이 있었다는 것을 역사는 말해 주고 있다. 대한민국은 1945년 해방 이후에 반 토막인 분단국가가 되면서 대륙과 단절되었으나, 미국 등 해양국가들과 연결이 되어 바다를 통해 세계로 진출하면서 오늘날의 경제적인 부를 이룩하게 되었다.

그러나 작금의 아시아의 바다는 심상치 않다. 북한은 SLBM 개발에 박차를 가하면서 핵·미사일 위협을 가하고 있고, G2로 불리는 미국과 중국이 바다에서 갈등을 일으키고 있다. 그동안 대륙국가였던 중국은 해양강국이 되기를 희망하며, 항공모함 등 해군력을 급격하게 증강하면서 대양으로 진출하고 있다. 이는 기존 해양강국인 미국과 충돌을 일으키는 모양새이다. 우리 한국은 이러한 격랑의 바다를 어떻게 헤쳐 나가야 할 것인가?

이러한 엄중한 시기를 예측이라도 한 듯, 이번에 해군 현역 후배들이 틈틈이 연구를 하여 글을 써서 책을 출판한다고 하니, 고맙고 마음 가득 격려를 보내고 싶다. 더욱더 감회가 깊은 것은 본인이 현역 영관장교 시절에 해군 항해과 장교 박사양성 제도 신설을 주무하였기 때문이다. 해군의 주요 병과인 유능한 항해과 장교들이 국내외 대학의 박사과정을 통해서 선진 학문을 습득하여, 미래의 바다에서 우리 군이 어디로 가야 될지를 제시하는 역할을 기대하였다. 이 책에 모인 저자들은 그러한 항해과 박사과정 양성 제도를 통해서 얻은 우리 군의 인재들로서, 그들의 역할을 다하고 있다는 것에 가슴 뿌듯하다.

다시 한 번 후배 저자들의 노력과 고민에 고마움과 찬사를 보내고, 바다에 관심이 있는 모든 분들에게 일독을 권하고 싶다.

2017년 5월

예비역 해군 중장 김중련

들어가면서

동아시아 해양분쟁 및 해양안보협력의 특성과 향후 전망

동아시아 해양질서가 급격한 변화의 모습을 보이고 있다. 국가 간 해양분쟁이 높아지고 있는 반면, 각국은 자신의 해양이익 보호를 위해 안보협력을 활발히 추진하고 있다. 미·중을 중심으로 한 세력경쟁도 해양경쟁에 의해 판가름이 날 가능성이 보다 커지고 있다. 남중국해를 중심으로 한 미·중 간의 지역 해양지배권 경쟁은 보다 격화되고 있으며, 상호 타협할 가능성은 전혀 보이지 않는 상태이다. 미국은 자신의 우호 및 지원세력을 결집하고 강화하여 중국에 대한 견제와 봉쇄를 강화하고자 한다. 중국은 이러한 미국의 행보를 저지하고 약화하기 위해 경제적 레버리지를 중심으로 한 새로운 힘의 정치를 펼치고 우호세력을 확보하고자 한다. 이는 지역국가들 간 해양안보협력의 중요성을 증대시키는 반면, 새로운 갈등 및 분쟁의 가능성도 동시에 야기하고 있다.

해양전략 이론에 비추어 본 지역 해양분쟁의 특성

지역 해양분쟁의 원인과 향후 전망은 해양전략 이론을 투영해 보면 간단하게 답을 찾을 수 있다, 마한(Alfred T. Mahan)은 해양을 지배하는 자, 즉 해양통제권을 갖고 있는 국가가 세계적 패권국이 될 수 있다고 주장한다. 미국이 카리브 해에 대한 통제권을 확보하고 태평양으로 세력을 확장한 이후, 전 해양에 대한 통제권을 확보하면서 세계 패권국가로 등장하였던 사실은 이를 잘 말해 준다. 스파이크만(Nicholas J. Spykman)은 맥킨더(Halford John Mackinder)의 유라시아 대륙 중심의 심장부 이론을 비판하고 해양 연안지대에 대한 통제권을 확보하는 국가가 전 세계를 지배할 수 있다는 이론을 제시하였다. 미국은 해양세력으로서 마한과 스파이크만이 주장하듯이 해양통제권, 연안국가들에 대한 영향력을 기반으로 한 세계전략을 구사하고 있다. 미국이 패권국가 또는 지역질서의 주도국으로서 위상을 유지하고자 한다면 이러한 전략을 포기하지는 않을 것이다. 미어샤이머(John Joseph Mearsheimer)의 공세적 현실주의 이론은 강대국들은 국제질서의 패권적 위상을 추구하며, 이를 위해 도전국들에 대해 보다 공세적인 정책을 추구한다고 주장한다. 미국의 행보에 관심이 쏠리는 부분이다.

중국은 시진핑 주석이 제시하고 있는 국가발전전략인 '중국 몽'의 핵심 이행전략으로 해양강국으로의 발전 전략을 추진하고 있다. 중국의 해양전략은 마한의 전략을 이론적으로는 답습하고 있다. 중국의 전략가인 유화청 제독이 주창한 도련선 해양통제전략은 이를 잘 대변하고 있다. 중국이 현재 벌이고 있는 센카쿠 열도 분쟁, 남중국해 분쟁은 도련선 통제전략의 관점에서 보면 흥미로운 결론을 낼 수 있을 것이다. 중국은 오랫동안 소위 진주 목걸이(string of pearls) 전략을 통해서 동남아 및 인도양 지역에 해군기지를 확보하고자 하였다. 시진핑 주석의 해양실크로드 정책은 진주 목걸이 전략을 국가전략 차원에서 체계적, 적극적으로 발전시켜 추진하고 있음을 말해 준다. 이 외에도 중국은 에너지 자원을 해외 수입에 의존하고 있기 때문에 해상수송로의 안전이 매우 중요하다. 미국이 지배하는 해상수송로는 중국의 전략적 취약점이 될 수 있으며, 이에 대한 안전확보전략은 중국 해양전략의 중요한 목표가 되고 있다.

현재 동아시아 해양분쟁의 핵심 지역은 남중국해와 동중국해 분쟁, 러일 간의 북방열도 분쟁이며, 이들 분쟁은 다음과 같은 특성을 보이고 있다. 첫째, 해양영토분쟁 또는 해양영토 확장분쟁이다. 제국주의 시대의 유산, 국제해양법의 한계점 등으로 인해 발생하는 해양에 산재한 도서 지배권 확보를 위해 서로가 각축하고 있다. 이들 분쟁은 영토분쟁의 성격을 갖고 있기 때문에 각국은 사활적 의지를 갖고 서로 충돌하고 있다. 힘에 의한 해결 방식 이외에는 다른 방안에 의해 해결되기 어려운 속성을 갖고 있다.

둘째, 해양질서 및 안보질서의 주도권 확보 경쟁을 위한 핵심적 전장이 되고 있다. 미국은 국제질서의 주도국, 전통적인 해양 강대국으로서 해양지배권을 유지하고자 하며, 남중국해와 동중국해를 중국의 영향권에 넘겨주지 않고자 한다. 반면에 중국은 남중국해에 대한 지배권 확보를 통해서 동남아 지역 및 인도양 지역으로 지배권을 확대하고, 미국의 영향력을 밀어내고자 한다. 중국은 과거의 위상을 회복하고 아시아에서 영향력을 증대하고자 하는 러시아와의 협력을 통해서 미국을 견제하고자 한다. 미국을 견제하고자 하는 러시아의 이해와 잘 맞는 상태이다. 러시아는 아태 지역 중시정책을 통해서 중국과의 협력을 강화하면서도 일본 등 지역국가들과 협력을 강화하여 독자적인 위상을 증대하고자 한다.

셋째, 해양자원 확보의 중요성이 증대함에 따라 이를 위한 경쟁이 보다 격렬해지고 있다. 국제해양법이 배타적 경제수역의 범위를 200마일로 확장하고, 해양자원 개발기술이 급속도로 발전됨에 따라 해양심해저 자원의 중요성이 증대하고 있다. 각국은 해양을 새로운 자원확보공간으로 인식하고 이를 확보하고 개발하기 위한 쟁탈전을 격렬히 전개하고 있다. 특히, 중국은 석유 등 에너지 자원이 부족하기 때문에 해양자원 확보에 보다 적극적이다.

넷째, 각 해양분쟁의 관련국들은 다르지만 동아시아 지역 연안국가들 대부분이 해양분쟁의 직접적인 당사자이다. 해양분쟁이 모든 지역국가들의 핵심적 안보 관심사로 위치하고 있다. 이는 해양분쟁과 관련한 협력 및 대립 구조가 보다 손쉽게 발전될 수 있음을 말해 준다.

다섯째, 지역 해양분쟁은 지역국가들 간 해군력 군비경쟁을 야기하고 있다. 미국과 일본의 해군력 강화, 중국의 항모 건조 등은 이를 잘 대변해 준다. 동남아 국가들도 남중국해 분쟁에 대비하기 위해 해군력 강화를 서두르고 있다.

현재 지역 해양분쟁의 형상은 미국 동맹국가 및 협력국가에 유리한 모습이다. 미국의 압도적인 해·공군력은 경쟁국인 중국이 힘으로 미국의 기득권을 밀어낼 수 없도록 한다. 미국은 동맹국과 동반자 국가들을 지원하고 협력하여, 이들이 중국의 행동을 전방에서 차단하고 봉쇄하도록 하고 있다. 미국은 항행의 자유 작전 등을 펼치면서 중국의 행동을 직접적으로 저지하고 있다. 또한 미국은 오랜 기간에 걸쳐 구축해 놓은 기지체계를 정비하고 강화하여 지전략적인 불리점을 극복하고 해양지배를 위한 기지 네트워크체제를 운용하고 있다. 반면에 중국은 비록 해·공군력 강화를 서두르고 있지만 미국을 따라잡기에는 많은 시간과 노력이 필요하다. 중국은 2050년대까지 미국과 경쟁

할 수 있는 해군력을 건설하기 위해 비전을 추구하고 있지만 많은 도전이 있는 것도 사실이다. 그럼에도 불구하고 중국은 동아시아 지역국가이며 직접적인 분쟁 당사자라는 전략적 강점을 갖고 있다. 또한 중국의 강력한 경제력은 미국을 압도할 수 있는 군사력 건설을 뒷받침할 수 있는 힘을 제공한다. 미국은 전 세계의 해양이슈에 대처해야 하지만 중국은 동아시아 해양에만 집중할 수 있는 군사력 운용의 전략적 강점도 갖고 있다.

특히, 중국은 반접근/지역거부 전략에 의해서 미국의 압도적 해·공군력을 위협하고 지역 내 군사력 균형을 변화시키고자 한다. 이를 위한 주요 전력은 잠수함, 미사일, 전자전, 대위성무기 등이다. 비록 중국이 항모 등 현대화된 수상함 전력 확보를 추구하고 있지만 대칭적 전략은 미 해군력에 도전하기는 상당 기간 어려울 것이다. 따라서 중국은 지역국가로서 자신의 지전략적 이점을 활용할 수 있는 비대칭 전력을 활용하여 미국의 원정작전 해군력을 보다 경제적인 방식으로 차단하고 대응하고자 한다. 중국의 해군력이 아직은 매우 미흡하지만 중국의 이러한 전략으로 자신의 경제력과 새로운 기술력을 활용하여 현대화된 해군력을 건설할 경우, 지역 군사력 균형의 새로운 모습이 전개될 것으로 예상된다.

또한 지역 해양분쟁의 특성과는 차이가 있지만 북한위협은 해양위협이 새로운 지역 안보위협으로 작용하는 모습을 새롭게 보여 준다. 북한위협은 한반도 내의 안보위협에서 이제 지역 안보위협 문제로 변화하고 있다. 북한이 잠수함 발사 탄도미사일을 개발하면서 핵확산위험뿐만 아니라 탄도미사일이 야기할 수 있는 위협이 증폭되고 있는 상황이다. 북한의 이러한 위협은 지역 해양안보질서와 한국의 안보에 심각한 위협을 제기한다.

지역국가들의 해양안보협력 추세

지역국가들은 해양분쟁과 해군력 경쟁에 대처하기 위해 강대국과의 해양안보협력을 적극 추구하고 있다. 중국의 팽창적 해양정책에 대응하기 위해 미국과의 협력을 강화하는 것이 일반적인 추세이다. 그럼에도 불구하고 중국의 경제적 지원을 기대하고 협력을 희망하는 국가들은 중국과의 협력방안도 강구하고 있다. 이 외에도 재난·해적 등 비전통적 위협에 대해 각국이 공동의 위협에 대처하기 위해 협력을 추진하고 있다. 그러나 비전통적 위협과 관련한 안보협력이 국가 간 해양분쟁을 해소할 수 있는 촉진제로 작용하는 데는 제한점이 크다. 현재 미국은 일본, 호주, 인도, 한국을 중심으로 한 협력 축을 강화하여 소위 지역국가들이 중국에 대응할 수 있는 질서체제를 갖추고자 하는 전략을 생각하고 있다. 소위 역외균형 전략이다. 지역국가들도 자신의 이익을 고려하여 미국의 전략에 적극 호응하고 있는 상황이다. 예를 들면, 일본은 미국과의 방위협력을 강화하고, 미일방위협력지침이 센카쿠 열도에 대한 미국의 지원을 보장한다는 사실을 미국 대통령의 말을 통해서 매번 확약받고 있다.

또한 일본과 같은 지역 강대국들은 자신이 주도하는 새로운 지역 해양질서를 점진적으로 발전시키기 위해 노력하고 있다. 일본은 이미 보통국가, 지역 강대국으로 발전하기 위한 행보를 강력히 추진하고 있다. 호주, 인도 등 지역 강대국들과의 협력을 강화하고 있다. 동남아 국가들에 대한 군사지원과 협력을 강화하여 일본이 보다 주도적인 역할을 담당하는 새로운 지역 안보협력체제를 발전시키고자 노력한다.

반면에 중국은 러시아와의 군사협력을 강화하고 있다. 중국은 러시아와 연례 해군합동훈련을 실시하고 있으며, 훈련 참가 규모와 훈련 내용을 강화하고 있다. 2016년에는 남중국에서 처음으로 중·러 합동 훈련을 실시하였다. 또한 중국은 지역국가들과의 항구 방문, 합동연습 등 해군협력을 확대하고 있다. 아세안 국가들과 남중국해 행동규약을 합의하여 분쟁을 해결할 수 있는 토대를 마련하고 자신의 이미지를 바꾸고자 한다. 또한 이를 통해서 남중국해 문제의 이해 당사자가 아닌 미국이 남중국해 문제에 개입하는 것을 저지하고자 한다. 중국은 중국에 우호적인 아세안 국가들과의 협력을 통해서 아세안이 중국에 불리한 결정을 하지 못하도록 하고 있으며, 경제적 레버리지를 활용하여 우호세력을 확대하고자 한다. 해양실크로드 정책의 효과를 향후 지켜보아야 할 것이다.

동아시아 해양분쟁의 향후 전개 전망

동아시아 해양분쟁 및 해양협력은 향후 다음과 같은 방향으로 전개될 가능성이 매우 크다. 무엇보다 미·중을 중심으로 해양분쟁 문제가 격화되고 긴장이 증대될 것이다. 비록 각국은 해양에서의 무력충돌을 원하지 않지만 자신의 이익을 포기하거나 자신의 행동을 바꾸고자 하지는 않을 것이다. 미국 및 지역국가들의 압박과 반대에도 불구하고 중국이 남중국해 인공섬 건설을 중단하거나 포기할 가능성은 거의 없다. 트럼프 행정부는 이러한 중국의 행동을 힘으로 바꾸겠다는 강력한 의지를 표명하고 있다. 항행의 자유 작전 강화, 중국의 남중국해 인공섬 접근 저지 등 다양한 옵션들이 고려될 수 있다. 중국의 센카쿠 열도에 대한 도발에 대해서도 일본은 보다 강력히 대응할 것으로 예상된다. 베트남, 필리핀 등 동남아 국가들도 남중국해에서의 자신의 권익을 보호하고 해양자원을 활용하기 위한 정책을 보다 적극적으로 펼칠 것으로 예상된다. 일·러 간의 북방영토 분쟁 문제 해결도 불투명한 가운데 일본과 러시아의 해군력 증강과 활동 증대가 이루어질 것이다.

둘째, 미국과 중국, 일본을 중심으로 한 해양협력체제가 강화되고 해군력 경쟁이 증대될 것이다. 비록 냉전체제식의 미·중 양극 간 첨예한 대립관계를 형성하는 협력체제는 아니지만 해양분쟁을 겪고 있는 국가들은 자신의 해양이익을 보호하기 위해 미·중 가운데 한 국가를 선택하여 협력관계를 강화할 것이다. 중국이라는 강력한 현상유지 세력에 대한 대응 방식은 지역국가들에게 많은 선택을 주지 않는다. 중국과 협력하여 자신의 이익을 확대하든가 미국과 협력하여 중국의 위협에 대응하는 것이다. 따라서 중국과의 해양분쟁을 갖고 있는 국가와 그렇지 않은 국가의 행태는 많은 차이가 있을 수밖에 없다. 물론 미·중과 관련된 해양분쟁의 직접적인 관련국이 아닌 국가들은 양 강대국 속에서 실리를 찾고자 할 것이다.

셋째, 일본과 같은 지역 강대국들의 위상과 역할이 강화되고 보다 힘을 갖게 될 것이다. 미·중과 비교한 지역 강대국들의 위상과 역할은 아직 매우 제한적이다. 그러나 지역질서 구조는 지역국가들이 자신의 힘을 강화할 수 있는 토양을 마련해 주고 있다. 이들은 새로운 지역질서 구축 과정에서 자신의 위치를 새롭게 자리매김하고 이익을 확대하기 위한 정책을 보다 적극화할 것이다. 미·중 강대국의 경쟁과 타협의 결과로 자신의 이익과 위상이 결정되게 하기보다는 자신의 이익을 보다 적극적으로 보장하고 달성하기 위한 방안을 강구할 것이다. 특히, 미국의 역할 축소를 상정하여 미국의 자리를 메꾸기 위한 위상을 추구할 것이다. 이는 지역국가들 간 새로운 형태의 협력관계를 발전시킬 것으로 예상된다.

박창권

CONTENTS

I

해양안보를 움직이는 미·중 전략경쟁

1장
에너지 안보 관점에서 본 미국-중국 경쟁과 협력 양상

1. 개요

중국의 개혁개방 이후 30여 년 유지해 온 미국-중국(이하 미·중으로 표기) 밀월관계가 새로운 국면으로 접어들고 있다. 그 중심에는 2016년 9월 기준 3조 2천억 달러에 달하는 막대한 외환보유고와 국내외 자산들을 바탕으로 위안화 국제화를 통해 기축통화 지위를 엿보는 중국과 셰일혁명으로 에너지 독립국 지위를 굳혀 나가며 중국의 성장 속도를 통제하려는 미국의 행보가 자리 잡고 있다.

2008년 미국에서 발생한 금융위기 이후 양국의 행보는 과거와 달리 경쟁이 강해진 양상을 노정하고 있다. 중국은 기존 '도광양회(韜光養晦)' 기조를 유지한 채 자국의 정치·경제적 영향력을 확장시키는 정책을 선보였다.[1] 경제적으로 동아시아에서 한·중·일 삼국 FTA 추

1) '어둠 속에서 은밀히 힘을 기른다'는 의미로 개혁개방 시기 중국의 대외정책 기조를 나타낸다. 20년간 유지되어 온 이 기조가 2002년 후진타오 주석을 중심으로 제4세대 지도부가 들어선 이후 유소작위, 화평굴기, 주동작위 등으로 대체되고 있다.

진과 역내 포괄적 경제동반자 협정(RECP: Regional Economic Comprehensive Partnership) 체결을 통해 위안화 사용 지역을 넓히고 중국이 무역과 투자의 중심으로 자리 잡는 중화경제권 형성을 추진하여 왔다. 미국은 환태평양 경제동반자 협정(TPP: Trans-Pacific Partnership) 체결을 통해 이를 차단하려 한다. 군사적으로 중국은 동아시아 영유권 분쟁이 지속되는 가운데 2000년 이후 해군력을 급속히 증강시키며 반접근/지역거부 전략에 충실한 전력을 구축하고 있다. 미국은 한반도 THAAD 배치 추진, 일본 자위대의 위상 및 역할 변화 유도, 동남아 국가들과 군사교류 강화, 공해전투(Air-Sea Battle) 개념 개발, 전력 재배치로 대응하고 있다.[2)] 이에 중국은 기존 '서부대개발'에 더하여 '일대일로(一對一路)' 정책으로 '동쪽은 봉합 상태 유지, 서쪽으로 외연 확장, 서쪽 성공의 여파를 동쪽으로 전이'라는 중·장기 구상으로 맞서고 있다.

본 장은 미·중 경쟁과 협력을 결정하는 요인으로 '중국의 에너지 확보 능력과 미국의 에너지 공·수급 조절 능력'이 핵심으로 작용하고 있다고 주장한다. 본 장은 이 주장을 뒷받침하기 위하여 1970년대를 분기점으로 그 이전과는 질적으로 변화된 국제 정치·경제 환경을 살펴보며 에너지가 패권달성 동력이자 패권유지 수단으로 기능하는 이유를 살펴본다. 그리고 미국이 지닌 두 가지 수단—셰일혁명에 의한 에너지 공급 조절 능력, 달러 금융패권에 의한 에너지 가격 조정 능력—과 중국이 지닌 세 가지 수단—세계 제1의 미국 국채 보유, 세계 제1의 제조업 능력, 세계 제1의 잠재적 내수시장—이 서로 작용하는 경로를 분석하였다. 향후 동아시아에서 영유권 분쟁 수준은 에너지 확보

2) 오바마 행정부는 2011년 아시아-태평양 재균형정책(Rebalance to Asia-Pacific)을 천명했다. 이는 군사정책뿐 아니라 TPP와 같은 경제정책을 포괄하는 것으로 아시아에서 중국 영향력 확대를 차단하기 위함이다.

와 관련한 미·중 양국의 이해관계에 따라 결정될 것이다.

미·중 양국이 펼치는 경쟁과 협력의 드라마는 '경제 문제, 북한 문제, 동아시아 영유권 문제'의 세 가지 영역에서 우리 국익에 심대한 영향을 미친다. 경쟁과 협력을 결정하는 핵심 요소가 무엇인지와, 그 요소가 작용하는 경로를 분석하는 것은 우리와 우리 주변 상황을 정확히 인지하고 올바른 대응책을 마련하기 위한 필수 과제이다. 2절에서는 '에너지'가 지니는 정치적 특성을 설명하고 1970년대를 분기점으로 변화된 국제 정치·경제 환경을 근거로 '에너지 안보'에 대해 조작적으로 정의하였다. 3절에서는 에너지 안보를 위한 미국과 중국의 정책들을 분석하고 그 의미를 파악했으며, 4절에서는 3절의 분석 내용을 바탕으로 경쟁 속에 내재된 협력 여지에 근거하여 양국 관계를 전망하고 한국과 일본의 선택과 해로안보에 미치는 영향에 대해 기술하였다. 5절은 결론으로서 대한민국이 취해야 할 정책을 제시하였다.

2. 에너지의 정치적 특성과 에너지 안보 정의

본 글에서 에너지는 산업생산과 복리 수요의 대부분을 차지하는 3종류 천연자원—석탄, 셰일오일을 포함한 석유, 셰일가스를 포함한 천연가스—을 지칭한다. 산업혁명 이후 에너지 사용은 19세기 외연기관 동력원으로서 석탄 사용, 20세기 내연기관 출현에 따른 석유 사용, 그리고 21세기 천연가스 사용으로 그 비중이 이동하고 있다. 그 이유는 산업생산력의 절대 규모가 급속히 증가함에 따라 생산비용 절감을 위한 생산수단 구성 내용이 변화하였기 때문이다. 이 사실은 에너지 안보를 가격 문제와 연동하여 정의하고 그 정치적 의미를 파악하는 데 중요하다.

1) 에너지의 정치적 특성

에너지는 다음과 같은 네 가지 정치적 특성을 지니고 있다. 첫째, 에너지, 특히 생산동력의 원천이며 그 자체가 석유화학제품을 생산하는 원료가 되는 원유는 지구촌 특정 지역에 집중 매장되어 있다. 비교적 골고루 분포된 천연가스와 셰일가스의 경우도 중국, 북·남미, 러시아, 중동 지역에 대부분 집중되어 있고 국토 넓이에 따른 소유 편차가 크다.[3)]

둘째, 특정 지역에 집중 매장되어 있으므로 운송 문제가 발생한다. 에너지 생산지에서 저장고까지 운송을 위한 도로 및 파이프라인, 저장 및 적·하역 시설, 수입국의 저장 및 적·하역 시설까지 국경을 가로지르는 파이프라인 또는 해운운송은 가격 경쟁력에 큰 영향을 미치며 안보의 중요한 대상이다. 1980년대 이란-이라크 전쟁 당시 이란은 이라크의 원유 수출을 방해하기 위해 호르무즈 해협을 통과하는 유조선들을 상대로 대함미사일 공격을 자행하였다.[4)] 한국은 중동 지역으로부

---

3) 우리나라도 1998년부터 동해에서 가스전 탐사시추에 성공하여 2004년 7월부터 천연가스와 원유의 상업생산을 시작한 산유국이다. 그러나 천연가스는 하루 1,000톤 생산으로 전국 하루 수요량의 2%, 원유는 상징적 수준(하루 890배럴)만을 생산하고 있다. 한국석유공사 국내대륙붕사업 소개, http://www.knoc.co.kr//sub03/sub03_1_4.jsp 참조.

4) 이란-이라크 전쟁 당시 유조선 전쟁(Tanker War)과 미국의 해상교통로 보호 작전에 대해서는 Lee Allen Zatarain, *The Tanker War: America's First Clash with Iran*(Casemate Pub. Nov. 2010) 참조.

터 평균 25일 소요되는 해로수송을 통해 원유 총수입량의 85%를 수입하고 있다. 이 때문에 수송로 상 인접국가들 간 해양영유권 분쟁과 해적위협으로 인한 공급 감소 위험에 상시 노출되어 있다.[5] 국경을 가로지르는 파이프라인은 해운수송에 비해 수송비를 절감할 수 있는 반면, 파이프라인이 통과하는 국가의 정세와 대외정책에 따라 공급이 차단될 위험이 있다. 2006년과 2009년 발생한 우크라이나-러시아 가스 분쟁[6]과 카스피 해 원유 수송관 사업이 대표적인 사례들이다.[7]

셋째, 수요-공급 원칙과 더불어 정치적 요인에 의해 가격이 형성된다. 석유와 천연가스 탐사, 개발, 생산, 정제, 저장, 운송, 판매 과정에는 막대한 규모의 자본과 첨단 기술이 필요하다. 많은 시간과 자금이 소요되지만 그 모든 비용을 감당하고 수익을 남길 정도로 채산성 있는 유정을 발굴하는 것은 매우 어렵다. 따라서 개발 실패에 따른 엄청난 매몰비용 위험을 감수할 정도로 자본이 풍부한 거대기업들이 시장 판세를 좌우한다. '7자매'[8]로 대표되는 이들 거대기업들의 독식에

---

5) 김재두·심경욱·조관식, 『왜 에너지 안보인가』(KIDA Press, 2007), pp. 269-271.

6) 이재호, 『에너지 정치경제학』(서울: 석탑출판, 2013), pp. 165-166. 우크라이나의 가스 통과료 인상, 러시아의 대(對)우크라이나 공급가격 인상을 둘러싸고 빚어진 가스공급 중단 사태이다. 이러한 사태의 재발을 막기 위해 러시아는 우크라이나, 벨로루시, 몰도바 등 3개 CIS 국가를 우회해 유럽으로 가스를 공급하는 북부회랑 천연가스관(Northern stream), 남부회랑 천연가스관(Southern stream), 남색회랑 천연가스관(Blue stream), 발틱 해 해저수송시스템을 건설하였다.

7) 대니엘 예긴 저, 이경남 역, 『2030 에너지 전쟁』(사피엔스21, 2013), pp. 61-85. 미국은 이란과 적대관계 및 러시아의 지정학적 영향력을 우려하여 양 국가를 우회하는 총 1,768km의 원유수송 파이프라인 노선-바쿠-트빌리시-세이한(BTC 라인, Baku-Tbilisi-Ceyhan)-을 건설하여 아제르바이잔 석유를 흑해로 연결시켰다. 이를 위해 36억 달러의 추가 비용을 감수했다.

8) 이재호(2013), pp. 95-97; 손지우·이종헌, 『오일의 공포』(서울: 프리이코노미 북스, 2015), pp. 35-40. 1950년대를 전후로 세계 석유시장을 장악한 7개 거대회사로 미국의 스탠더드 오일 뉴저지, 스탠더드 오일 뉴욕, 스탠더드 오일 캘리포니아, 텍사코, 걸프 오일, 영국계 BP, 영국과 네덜란드 합작회사인 로열 더치 셸이다. 이들은 1990년대 후반 인수합병의 과정을 거치며 엑손모빌, 텍사코, 쉐브론, 걸프, BP, 로열 더치 셸 등으로 거듭난다.

대항하기 위한 체제도 OPEC 사례처럼 자원보유 국가들 주도의 카르텔 형태이거나, '신(新)7자매'[9]처럼 천연자원을 풍부하게 보유한 국가들의 정부가 대주주로 출자하여 설립하는 공기업들이다. 그 결과, 에너지 가격 형성 과정에 정치적 판단이 개입하는 현상이 자주 발생한다. 석유 가격이 하락하면 공급을 줄이는 것이 시장원리에 부합하는 합리적 선택이지만 정치적 의도에 의해 생산을 늘리는 현상이 2014년 이후 지속되고 있다.

넷째, 에너지는 국내정치에 영향을 미친다. 에너지 자원을 보유한 독재국가들은 공통적으로 '천연자원의 저주'[10] 현상을 나타낸다. 반면, 에너지를 수입해야 하는 자본주의 국가들은 '정치생존(political survival) 위험'에 노출되어 있다. 에너지 공급이 원활하지 못하고 가격 변동이 심할 경우 정부의 경제정책과 공공정책은 큰 차질을 빚게 되며 개인들은 인플레이션에 따른 실질소득 감소 또는 디플레이션에 따른 실업 및 소득 자체 감소로 인해 고통받는다. 특히 '에너지 자급률이 낮은 국가, 인구가 많은 국가, 실업률 감소를 위해 고도성장을 지속해야 하는 국가, 성장을 위해 수출산업을 유지해야 하는 국가' 등이 가격변동 위험성에 노출되어 있다. 중국은 위 4개 특성들을 모두 지니고 있

9) 대표적인 공기업 회사로는 사우디의 아람코(Aramco), 러시아의 가즈프롬(Gazprom), 중국의 CNCP(China National Petroleum Corporation), 이란의 NIOC(National Iranian Oil Company), 베네수엘라의 PDVSA(Petroleum de Venezuela, S. A.), 브라질의 페트로브라스(Petrobras), 말레이시아의 페트로나스(Petronas) 등 '신7자매'로 불리는 국영 에너지 회사들이 있다. Carola Hoyos, "The New Seven Sisters: oil and gas giants dwarf western rivals," *Financial Times*(2007. 3. 12.).

10) Sachs, Jeffrey D. and Warner, Andrew, "Natural Resource Abundance and Economic Growth," *National Bureau of Economic Research Working Paper* 5398(1995); "The Curse of Natural Resources," *European Economic Review* 45(4-6)(2001). 자원이 풍부한 국가의 정부는 국민 세금에 의존할 필요가 없기 때문에 경제발전을 위한 공공재 공급 대신 권력 유지를 위한 사유재 제공을 늘린다. 이로 인해 경제발전이 낙후되고 정치권력의 비민주성이 강화되는 현상을 '자원의 저주'라고 지칭한다.

다. 이러한 특성을 지닌 국가의 정치인들은 국민 불만을 차단하고 자신들의 정치권력을 유지하기 위해 안정적인 에너지 공급원을 확보해야 한다. 이에 따라 자원개발에 전력하며 공급원을 다변화시키고 에너지 보유국과 협력을 강화한다. 중국이 중앙아시아·중동·아프리카·남미의 자원개발 노력에 전력하고 러시아와 에너지 공급 협력을 강화하는 것은 자연스러운 현상이다.

에너지의 네 가지 정치적 특성은 에너지 수요 증가에 비례해서 두드러지고 있다. 21세기 에너지 안보는 위 특성에 근거하여 정의해야 한다.

2) 에너지 안보[11] 정의

1970년대 석유위기는 산업혁명 발생 이후 최초로 '자원의 무기화'가 세계경제를 교란시키며 정치적 목적을 달성할 수 있음을 실증한 사례이다. '자원의 무기화'는 두 가지 조건이 충족되어야 가능하다. 첫째, 자원 사용이 광범위해야 하며 필수적이어야 한다. 산업생산 규모가 작을수록 에너지 안보 문제에 노출될 가능성이 낮다. 둘째, 자원 공급이 제한되어야 한다. 즉, 특정 지역에서만 생산되어야 하고 누

11) 국제정치에서 '에너지'가 안보의 이름으로 등장한 것은 1911년 당시 영국의 해군 장관이던 윈스턴 처칠이 군함의 동력원으로 석탄 대신 석유를 사용하겠다고 선언하면서부터이다. 군함을 움직일 원료를 영국에 다량 매장된 석탄 대신 중동 지역의 석유에 의존한다는 발상이 현실화되면서 석유의 공급 확보가 에너지 안보라는 이름으로 등장하였다. Daniel Yergin, "Ensuring Energy Security," *Foreign Affairs* vol. 85(2)(Mar/Apr, 2006), p. 69. 석유를 사용하는 군함의 엔진 무게는 석탄엔진의 1/3이며 작전 행동 반경은 4배나 넓고 더 많은 속력을 얻을 수 있다. 또한, 매연을 대폭 감소시킴으로써 레이더가 없던 당시에 적에게 먼저 발견될 가능성이 낮았다.

군가가 그 생산을 인위적으로 조절할 능력이 있어야 한다. 1970년대 석유위기가 가능했던 이유는, 첫째 조건 측면에서 자본주의의 황금기(1945-1973) 동안 증대한 산업생산력 규모,[12] 석탄에서 석유로 동력원이 전환된 산업구조가 존재했기 때문이다. 둘째 조건 측면에서 석유는 중동 지역에 집중 매장되어 있으며 OPEC 좌장인 사우디아라비아의 주도로 생산량을 조절하여 가격을 인위적으로 변동시켰기 때문이다.

에너지 안보 문제를 초래하는 위 두 가지 조건은 에너지 안보를 해결하는 두 가지 방안과 연결된다. 첫째, 자원공급의 유한성을 극복하여 공급을 늘리는 방안이다. 새로운 매장지를 탐사 및 개발하는 방안, 기술을 발전시켜 채굴 및 운송 비용을 줄이는 방안, 대체에너지를 개발하는 방안 등을 포함한다. 각 국가들은 1970년대 석유위기 이후 이 방안들을 나름대로 실행하고 있다. 둘째, 에너지 공급 체계에 개입하여 가격을 조정하는 방안이다. 1975년 미국과 사우디가 석유 거래결제 수단을 달러로 받아들이기로 협약한 것이 대표적이다. 이로써 미국은 1971년 브레턴우즈 체제 붕괴로 인해 신뢰를 상실하고 있던 달러가치를 되살려 놓는다.[13] 이후, 1976년 킹스턴 체제에 의한 변동환율 제

---

12) Angus Maddison, *The World Economy: A Millennial Perspective*(The development centre of studies of OECD, 2001), p. 265. 경제성장과 분배를 동시에 달성하며 자본주의의 황금기라고 불리는 호황기이다. 이 시기 연평균 세계 GDP 성장률은 2.93%로 유사 이래 최고 수준이었다. 서구 유럽의 경우 4.08%였다.

13) 브레턴우즈 체제에서 미(美) 연방준비은행은 보유하고 있는 금(金, Gold)의 한도 내에서만 본원통화인 달러를 발행할 수 있었다. 그러나 냉전대결과 베트남 전 전비 마련으로 인해 과도하게 달러를 발행함으로써 유럽 각국은 달러의 금태환 능력을 의심하게 되었고 보유하고 있는 달러와 금의 교환을 요구했다. 이를 견디지 못한 미국은 1971년 금태환 중지를 선언한다. 이로써 브레턴우즈 체제는 붕괴하고 금에 기반한 고정환율제에서 외환시장의 수요공급에 의해 환율이 결정되는 변동환율제도로 이행하였다. 1975년 미국-사우디 협약으로 석유를 필요로 하는 국가들은 달러를 확보해야만 했으므로 브레턴우즈 체제 붕괴에도 불구하고 달러에 대한 수요와 가치는 계속 유지되었다. Niall Ferguson, *The Ascent of Money: A Financial History of the World*(New York: Penguin Books Ltd., 2008), pp. 305-308, 314.

도 출범, 1980년대 신자유주의 태동을 거치면서 달러에 의한 금융패권체제는 공고화하였다. 미국은 달러 공급으로 국제 원자재 선물시장(futures market)에서 에너지 가격의 방향을 조정할 능력을 지니고 있다.

주권국가 등장 이후 전통적 안보는 타 국가 위협으로부터 국가 구성원의 생명과 재산, 영토 등 주권 가치를 보호하는 제반 행위로 인식되었다. 이 개념에 의하면 개인의 인권이나 복리가 국가안보보다 우선시되거나 이와 동일시될 수 없다. 즉, 전통적 안보개념은 국가 우선주의 사상을 내포한다. 개인은 국가에 종속되며 국가존립과 번영이 곧 개인 복리의 전제 조건으로 간주된다. 따라서 국가 내부에서 국가권력에 의해 자행되는 인권과 복리에 대한 위협은 안보대상으로 취급하지 않는다.

전통적 안보개념에 의하면 에너지 안보란 국가경제를 정상적으로 운영할 수 있을 만큼 충분한 에너지 공급을 확보하는 것으로 정의한다. 국제에너지 기구에 의하면 에너지 안보란 "적절한 가격으로 방해받지 않고 에너지 공급원을 이용할 수 있는 상태"로 정의되고 있다.[14] 장 칼릭(Jan H. Kalicki)은 이를 "국가권력을 계속 증강하기 위해 필요한 에너지자원의 보장"으로 정의한다.[15] 에너지학자 대니엘 예긴(Daniel Yergin)의 경우 "합리적인 가격은 물론 국가의 주요한 가치와 목표에 해를 주지 않는 상황하에서 충분하고 믿을 수 있는 에너지 공급을 확보하는 것"으로 정의한다.[16] 이들 모두 국가 중심 관점으로 에너지 안보를 정의하고 있다.

---

14) "The uninterrupted availability of energy sources at an affordable price"로 정의되어 있다. http://www.iea.org/topics/energysecurity/subtopics/whatisenergysecurity

15) Jan H. Kalicki & David L. Goldwyn, *Energy and Security: toward a New Foreign Policy Strategy*(Washington-Baltimore: Woodrow Wilson Center Press, John Hopkins University Press, 2005), p. 9.

16) 대니엘 예긴(2013), p. 329.

비전통적 안보개념은 신자유주의 경제기조 확산, 정보화 산업 발달, 초국가적 문제 대두 등에 따른 국가주권 영역의 쇠퇴를 반영하여 등장한 안보개념이다. 거대한 자본을 지닌 다국적 기업들이 해외 각지에 생산기지를 구축하면서 현지 국가의 법률과 관습을 변모시켰다. 정보화 기술의 발달은 이를 더욱 가속화하여 금융활동 영역을 확대시켰다. 또한, 특정 국가 내 인권 문제, 빈곤, 질병 상황들을 실시간으로 전세계로 전파함으로써 주권 개념의 근본 토대를 흔들고 있다. 지구 온난화, 대량살상무기 확산, 대규모 자연재해, 국제테러, 인권, 불법이민 등 국가 간 협력을 통해서만 해결이 가능한 초국가적 문제들은 전통적 안보개념의 타당성을 약화시킨다.

배리 부잔(Barry Buzan)과 데이비드 발드윈(David Baldwin)은 이 같은 안보환경 변화를 반영하여 안보개념을 군사, 환경, 경제, 사회 측면으로 확대하고 다면적이며 종합적인 안보접근을 강조하는 비전통적 안보개념을 제시하였다.[17] 전통적 안보에서 강조한 외부로부터의 군사적 위협은 비전통적 안보에서 에너지, 환경, 난민, 마약밀수, 국제테러, 재해재난, 해적 등 비군사적 위협으로 확대되었다. 이러한 안보 문제는 주권이 미치는 국경 내부에서 국가권력을 사용하여 해결할 수 있는 것이 아니므로 초국경적 협력이 필수적이다.

비전통적 안보개념에 의하면 에너지 안보는 단순한 에너지 수급의 안정뿐 아니라 에너지 공급과 관련된 정치·외교·군사·환경·경제 안보와 연결된다.[18] 라주 토마스(Raju G. C. Thomas)는 1970년대 오일쇼

---

17) Barry Buzan, *People, State and Fear: The National Security Problem in International Relations*(London: Harvester, 1983); David Baldwin, "The concept of security," *Review of International Security* no. 1(1997).

18) Barry Buzan, *People, State and Fear: An Agenda for International Security Studies in the Post-Cold War*

크가 경제, 정치, 군사 등 3가지 안보를 타격한 사건이므로 에너지 안보는 이들 세 영역에 해당한다고 주장하였다.[19] 에너지에 대한 비전통적 안보개념은 배리 부잔의 개념이 등장하기 이전에 이미 '자원의 무기화'를 증명해 보인 1970년대의 1, 2차 석유위기를 거치면서 확고하게 정착하였다.

비전통적 안보개념은 에너지 안보가 국제정치와 국내 공공정책을 상호 연결시키는 특징이 있음을 설명한다. 두 차례 석유위기와 러시아-우크라이나 분쟁을 통해 증명되었듯이 비군사적 수단에 의한 에너지 공·수급 체계 교란은 특정 국가의 산업 경쟁력을 약화시키고 에너지를 사용하여 생산되는 '상품과 서비스의 가격'을 변동시킴으로써 국내정치 불안을 유발한다. 에너지에 대한 비전통 안보개념은 국민들의 복리에 관한 경제안보 개념이며 이 안보가 달성되지 못할 경우 해당 국가권력의 정치적 위기로 이어질 수 있다. 구체적으로 '상품과 서비스 가격'을 매개체로 국내 정치권력자들의 '정치생존(political survival)'과 연결된다.[20]

냉난방을 포함한 에너지 상품들과 서비스는 궁극적으로 복리를 위한 소비재이다. 모든 상품들과 서비스 생산에 에너지는 필수 원료이며 화학제품처럼 일부 상품들은 에너지 자체에서 직접 생산된다. 기업 입장에서 에너지 가격은 생산품의 경쟁력을 결정하는 핵심요소이다.

Era(London: ECPR Press, 2008), pp. 192-196.

19) Raju G. C. Thomas, *Energy and Security in the Industralizing World*(University of Kentucky, 1990), pp. 1-5.

20) 정치생존의 개념은 Bruce Bueno de Mesquita가 그의 저서 *The Logic of Political Survival*에서 공공재 및 사유재의 분배를 결정짓는 동인으로 제시했다. 정치인은 주어진 승자연합 구조에서 권력 획득과 유지를 위해 공공재와 사유재의 분배 양식을 결정한다고 주장한다. Bruce Bueno de Mesquita, *The Logic of Political Survival*(MIT Press, 2004).

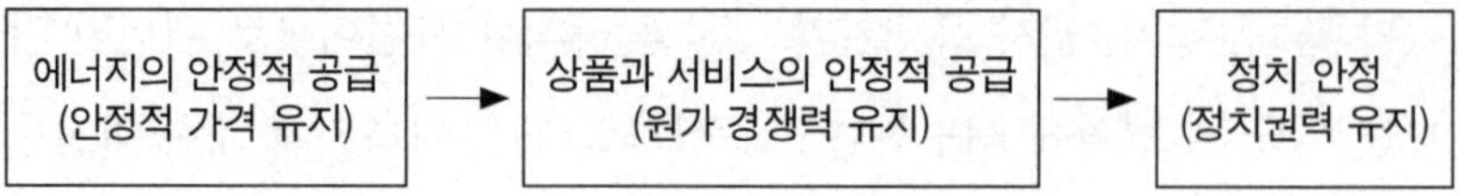

〈그림 1-1〉 에너지 공급과 정치 안정 간 관계

생산요소들 중 토지비용, 인건비, 기계설비 등은 줄일 수 없거나 줄이기 어려운 반면 에너지는 가격 변동성이 심하다. 에너지를 저렴하게, 대량으로, 장기간 확보할 수만 있다면, 그렇지 못한 국가에 비해 상품과 서비스 경쟁력이 높아지고 수출과 내수에 유리할 것이다.

결론적으로 에너지 안보는 비전통 안보개념에 근거하여 '소득에 기준한 안정된 가격[21]으로 현재와 미래 에너지 수요를 조달할 수 있는 정치·경제적 능력'으로 정의할 수 있다. 이 정의는 미래 개념을 포함하기 때문에 '완벽한 에너지 안보'는 현실에서 고정할 수 없는 이상적 목표이다. 다만 소득에 기준한 에너지 가격 수준에 따라 에너지 안보의 달성 수준을 평가할 수 있다. 그리고 이 정의는 국내정치와 함수관계이다. 에너지 안보 달성은 국내정치 안정과 권력 유지의 필요조건이다.

---

21) 가격 개념은 상대적이므로 소득을 기준으로 판단해야 한다. 에너지 가격이 오르더라도 소득이 더 증대하면 경제발전의 선(善)순환으로 작용한다. 반대로, 에너지 가격이 내리더라도 소득이 더 감소하면 경제발전의 악(惡)순환으로 작용한다. 2014년 이후 지속되는 저유가 현상과 세계적인 경기침체는 후자에 해당된다.

3. 에너지 안보를 위한 미국과 중국의 정책

1) 미국과 중국의 정책수단

에너지 안보를 위해 미국이 사용할 수 있는 정책수단은 두 가지이다. 첫째, 1976년 킹스턴 체제 출범 이후 신자유주의 기조에 힘입어 공고화된 달러 금융패권이다. 특히 1990년대 미국이 상업은행의 원자재 파생상품 거래를 허용하고 2000년 이후 에너지가 파생상품 대상이 되면서 달러 공급량 조절에 의한 에너지 가격 조정이 가능해졌다.[22] 둘째, 셰일혁명으로 인한 에너지 자급자족 능력이다. 셰일혁명은 제조업 경쟁력을 높였고 소비를 촉진시켰다. 2010-2014년 기간에 미국은 제조업 고용지수, 소매 판매율, 소비지출 수치들에서 큰 성장세를 나타내었다. 이 기간 동안 2008년 발생한 금융위기 극복을 위해 달러 공급량을 증대했음에도 불구하고 달러강세가 유지되었다. 셰일혁명이 대미(對美) 원유 및 천연가스 수출량을 감소시켰고 전 세계가 디플레이션에 허덕이는 상황에서 미국 채권들이 가장 믿을 만한 투자자산이기 때문이다. 셰일혁명은 1980년대 이래 개발도상국으로 떠난 미국 제조업을 다시 본토로 회귀시키고 있다.[23] 또한, 저유가를 지속시켜 러시아·중동 등 산유국들에 대한 미국의 정치·경제적 영향력을 제고시키

---

22) 레이쓰하이 저, 허유영 옮김, 『G2 전쟁』(부키, 2014), pp. 99-100; 김기정·김예진, "원유 파생상품시장 규제 움직임과 향후 전망", 『한은조사연구』 2009-13(한국은행조사국, 2009), pp. 13-15. 2000년 상품선물현대화법 제정으로 원유 등 에너지는 금속과 함께 감독 면제 상품으로 분류되어 선물거래위원회의 감독 범위에서 벗어나게 되었다.

23) 김보민 외, "미국의 제조업 경쟁력 강화정책과 정책시사점", 대외경제정책연구원 연구보고서 14-21,(대외경제정책연구원, 2014); "美 제조업 자국생산 자신감 회복 등으로 부활의 날갯짓", 『Trade Brief』 No. 15(한국무역협회 국제무역연구원, 2013); 〈제조업 르네상스〉, KBS 특별기획 〈미국의 부활〉 제3편(2016. 1. 17.).

고 있다.[24]

에너지 안보를 위해 중국이 사용할 수 있는 수단은 세 가지이다. 첫째, 1978년 개혁개방 이후 13억 노동자들의 피와 땀으로 일구어 낸 세계 최대 외환보유고이다. 2016년 9월 기준 3조 2천억 달러의 외환보유고 중 미국 채권으로 보유하고 있는 금액이 약 1조 2천억 달러에 달하므로 미국의 통화정책에 대한 유효한 대응 수단으로 활용할 수 있다.[25] 또한, 자원개발과 내륙개발 자금으로 사용하여 에너지 공급원을 확보하고 철강·시멘트 등 과잉 설비산업들에 대한 구조조정 재원으로 사용할 수 있다. 둘째, 비록 2000년 이후 동부 해안 지역 도시근로자들의 임금이 대폭 올랐지만 여전히 중서부 지역의 풍부하고 값싼 노동력으로 세계 제조업 공장 역할을 수행하고 있다는 점이다. 중국 제조업이 지닌 경쟁력은 사라지기 어렵다. 셋째, 세계 제1의 잠재적 내수 소비시장이며 지속적인 도시화 과정을 통해 13억 5천만 인구가 지닌 소비력을 배가시킬 수 있다.[26] 과거 19세기 미국 서부개척 시절처럼 추가적으로 개발할 수 있는 공간과 인력이 무진하다.[27]

위 수단 중 둘째와 셋째는 중국에 직접투자 또는 합자·합작회사 형태로 자본을 투자하고 제조업 생산기지를 유지하고 있는 미국과 유

---

24) 함재봉 외, 『팍스 아메리카나 3.0』(아산정책연구원, 2015), pp. 41-48, 61-71.

25) http://www.tradingeconomics.com/china/foreign-exchange-reserves; http://ticdata.treasury.gov/Publish/mfh.txt. 2015년 3분기 기준 1조 5천억 달러였으나 해외 자산매입을 가속화하면서 줄어들었다.

26) 2015년 10월 개최된 중국 공산당 제18차 3중전회에서 2016-2020년 기간의 제13차 5개년 계획으로 2020년까지 상주인구의 도시화 비율을 60%까지 증대하기로 결정했다. 농촌인구의 도시전입과 균등복지는 소비급 등을 의미한다. "중, '13.5규획'으로 본 생활상 변화…대도시 80% 고속철 연결", 『연합뉴스』,(2016. 3. 21.); "전문가에게 듣는 중국 '13.5 규획' 독법", 『주간무역』,(2016. 5. 9.).

27) 전병서, 『한국의 신국부론 중국에 있다』(참돌, 2014), pp. 164-169, 235-238; 임형록, 『글로벌 경제 매트릭스 중국편』(새빛, 2014), pp. 465-468, 565-567.

럽 기업들에게 '매력'으로 작용한다. 중앙아시아 국가들과 러시아에게는 중국과 경제협력을 강화하며 에너지를 공급하는 '동기'로 작용한다. 그러나 미국 정부에게는 중국이 계속 에너지 공급원을 확보할 달러를 벌어들이고 중국 위안화가 특정 지역이나 산업에서 달러 대신 사용될 '우려'로 작용한다. 금융패권과 셰일혁명으로 에너지 공급 가격에 대한 조정 능력을 갖춘 미국 정부가 둘째와 셋째 사항을 어떻게 평가하느냐에 따라 중국의 에너지 안보 수위가 결정될 것이다.

향후 미국과 중국이 경쟁의 방향으로 기울어질 것인지, 아니면 상생의 협력 방향으로 기울어질 것인지는 두 가지에 의해 결정된다. 첫째, 셰일혁명에 힘입어 미국이 경쟁력을 갖춘 진정한 제조업 강국으로 재탄생할 것인가 여부이다. 미국 제조업 부활은 위안화 국제화를 제어하고 달러 금융패권을 유지하는 핵심 변수이다. 둘째, 중국의 위안화 국제화 수준이 어느 정도까지 진척될 것인가이다. 국제에너지시장에서 위안화가 본격 사용된다면 미·중 협력 공간은 사라지게 될 것이다.

2) 미국의 달러 금융패권과 셰일혁명

미국 달러는 2차 대전 말기인 1944년 성립된 브레턴우즈 체제를 통해 무역과 투자의 결제수단, 가치저장 수단, 회계의 공통 기준 등 5대 기능을 수행하는 기축통화가 되었다.[28] 기축통화는 트리핀 딜레마(Triffin Dilemma) 때문에 맷집이 작은 국가는 감히 넘볼 수 없는 '독이 든

28) 달러의 5대 기능에 대한 내용은 임형록, 『글로벌 경제 매트릭스 미국편』(새빛, 2013), pp. 143-168 참조.

성배' 같은 존재이다.[29] 독을 마셔도 견뎌 낼 수 있을 정도로 정치·경제력을 갖춘 강대국만이 기축통화 지위를 유지할 수 있다.

미국 달러는 2차 대전 종전 이후 급속한 세계경제성장과 베트남 전 전비 부담에 따른 과다 공급으로 가치가 폭락했고 마침내 1971년 닉슨의 금태환 금지 선언으로 브레턴우즈 체제가 붕괴되었다. 그러나 1973년 발생한 제4차 중동 전쟁, 1975년 원유결제대금으로 달러만을 받아들인다는 사우디의 결정, 1976년 변동환율 제도로 이행을 공식화한 킹스턴체제,[30] 1980년대 신자유주의 경제사조가 대두하고 이를 공고화한 1990년대 워싱턴 컨센서스[31]와 WTO 출범 등 사건들을 거치면서 과거보다 금융패권 지위를 더욱 공고화하였다. 변동환율 제도로 이행하면서 투자은행들과 옵션상품 등 1970년대 이전에는 찾아볼 수 없었던 금융기관들과 금융수법들이 출현했다. 원자재와 주식, 채권, 부동산 등 실물 및 금융자산들에 대한 파생상품, 선물거래(futures trading), 보험시장 규모가 크게 확대되었다.[32] 이들 선물시장

29) 트리핀 딜레마는 현 국제금융시스템의 모순을 의미한다. 미국은 세계 무역과 투자 활동을 위해 달러를 공급해야 함과 동시에 그 가치를 유지해야 하는 의무가 있다. 달러 공급은 상품을 수입하거나 달러를 대출해 주는 형태로 이루어진다. 그 결과 세계경제 활성화를 위해 유동성을 공급하면 달러가치가 떨어져서 금본위의 고정환율 제도가 붕괴한다. 반면, 달러가치를 유지하기 위한 정책(금리인상, 무역흑자 등)은 국제무역과 자본거래를 축소시켜서 세계적인 경기불황을 초래할 수 있다.

30) 레이쓰하이(2014), pp. 109-115; 임형록(2013), pp. 129-133. 고정환율 제도가 변동환율 제도로 이행하면서 재정거래(arbitrage: 국가별로 다른 금리 차이에 따라 자금이 이동하는 것)와 투기거래(speculation: 시기별로 다른 환율 차이에 따라 자금이 이동하는 것)라는 금융투기 현상이 만연하게 되었다. 또한 미래 위험을 회피하기 위해 파생금융상품과 시장들이 발달하기 시작했다. 막강한 자금력을 지닌 미국계 은행들이 투자은행, 헤지펀드로 탈바꿈하여 금융투자 대상국들을 발굴하고 재정거래와 투기거래를 통해 막대한 수익을 취하였다.

31) 미국경제연구소가 남미 국가의 경제위기 해법으로 제시한 10가지 정책으로 정부간섭을 배제한 탈규제와 무역·투자 자유화가 핵심이다.

32) Niall Ferguson(2008), pp. 441-443.

(futures market)의 거래에 소요되는 달러 수요가 생산과 무역 등 현물거래(spot trading)에 필요한 달러 수요를 압도했다.

1980년대 이후 시장에 대한 국가간섭을 배제하고 금융투자 장벽을 해체하는 신자유주의 기조와 더불어 시간과 공간의 제약 없이 실시간 시장정보 전파와 공유, 거래를 가능케 만든 정보기술 발달은 투자 범위 확대와 활동을 촉진하였다. 2010년 기준 미국 내부에서 거래되는 자금들은 700조 달러에 육박하는 것으로 추산된다. 이 중 상품과 서비스 거래, 석유결제 대금, 주식, 채권 등 실물과 직접투자의 자본시장에 사용되는 달러는 72조 달러이며 나머지는 투자은행이 주축이 된 파생상품 거래의 투기적 소요를 위한 달러들이다.[33]

에너지 안보와 관련한 미국 금융패권은 세 가지 사실들로 구성된다. 첫째, 거래량과 거래 규모에서 시카고상품거래소와 뉴욕상업거래소 등 세계 최대 선물시장을 운영하고 있다.[34] 둘째, 막대한 달러자본을 움직이는 미국 상업 및 투자은행 등 20여 개 금융회사들이 선물투자의 흐름을 결정한다.[35] 셋째, 달러 공급량은 미국 연방정부의 채권

33) 레이쓰하이(2014), p. 100; L. Lin and J. Sutri, "Capital requirements for over the counter derivatives central counterparties," *IMF Working Paper*, WP/13/3(IMF, 2013), pp. 7-8. 2011년 IMF 추산에 따르면 전 세계 파생상품시장은 미지급 가치로 따져서 648조 달러에 달했다. 파생영역 자체의 시장가치는 27조 달러였다. 반면, 전 세계 은행자산은 110조 달러, 전 세계 국내총생산은 70조 달러였다.

34) 시카고선물거래소와 시카고상품거래소(Chicago Mercantile Exchange)는 세계 1, 2위의 선물거래소이며 1848년 설립되었다. 뉴욕상업거래소(New York Mercantile Exchange)는 세계 3위의 선물거래소이며 1872년 설립되었다. 선물거래소는 상품이 집결할 수 있는 교통요충지와 대출, 결제, 환전, 송금 등 금융활동 인프라가 갖춰진 지역에서 형성된다.

35) 윤석천, 『화폐 대전환기가 온다』(왕의 서재, 2016), pp. 119-120; 김기정·김예진(2009), pp. 3-5; 계충무, "국제원유시장 구조를 이해하라", 『에너지코리아』 3월호(2015. 3. 15.). 대표적인 상품거래회사인 글렌코어(Glencore)사는 2010년 세계 아연 거래량의 55%, 구리 거래량의 36%를 장악했다. 비톨(Vitol), 트라피구라(Trafigura)는 2010년 기준으로 하루 평균 810만 배럴의 원유를 거래했다. 이는 사우디와 베네수엘라의 하루 원유수출량을 합한 규모이다. 이들 상품거래회사들은 전 세계에 거래되는 상품시장 물동량의 절반 이상을 장악하고 있다.

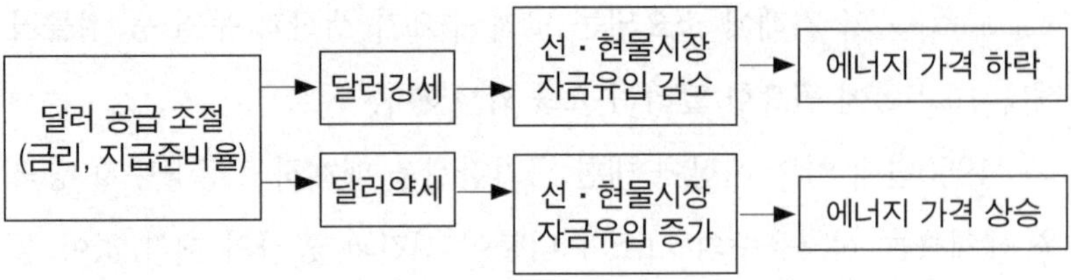

〈그림 1-2〉 통화 공급과 에너지 가격

발행과 연방준비은행이 설정하는 금리 및 지급준비율 수준에 따라 결정된다. 이 세 가지 사실들의 조합에 의해 에너지 등 원자재 가격은 금융 흐름에 좌우된다.[36] 〈그림 1-2〉는 경제성장률이 일정하다고 가정할 시 달러 공급과 에너지 가격 관계를 나타낸다.

미국 정부는 1990년대에 상업은행들이 원자재 파생상품거래에 참여토록 허용했고 2000년에 '상품선물현대화법' 제정으로 투자기관들의 선물거래 활동에 대한 규제를 대부분 철폐하였다.[37] 이후 에너지를 포함한 원자재와 농산물 시장 가격동향은 달러 공급량이 증가하면 가격이 오르고 달러 공급량이 감소하면 가격이 하락하는 패턴을 나타내고 있다.[38] 2014년부터 지속되는 유가하락도 미국 연방준비은행의

---

36) 계충무, "원유가격은 어떻게 형성되나?", 『에너지코리아』(2015. 1. 8.). 실제 거래량의 90% 이상이 기간계약을 포함한 선물거래로 이루어지며 美 서부 텍사스유(WTI), 북해 브렌트유가 선물시장에서 가격형성의 기준 역할을 수행한다.

37) 김기정 · 김예진(2009), p. 6; 강동호, 『글로벌 금융대공황』(21세기 북스, 2009), p. 134. 이는 가격결정 과정을 투명화하고 유동성을 증가시킴으로써 현물시장에서 거대 에너지 회사들의 담합과 매점매석에 의한 가격왜곡을 방지한다는 차원에서 취해졌다.

38) 오정석, "美 달러화 움직임을 알아야 국제유가가 보인다", 『국제금융』 12호(국제금융센터, 2012), pp. 12-16; 오정석 · 김권식, "국제유가 vs 美 달러 상관관계 분석 및 시사점", *Issue Briefing*(국제금융연구원, 2014. 12.). 오정석과 김권식의 연구에 의하면 1998년부터 2006년 사이 유가와 달러 index의 인과관계 수치는 −0.73이었으며 2004년부터 2014년까지 −0.65였다. 1971년부터 1984년은 −0.18에 불과했고 1985년부터 1998년은 +0.44로서 유가가 오르던 시기에 달러도 강세를 나타냈다. 기타 원자재도 2000년을 전후하여

테이퍼링(tapering) 정책과 기준금리 인상 시사에 따른 결과이다.[39]

에너지 안보를 위한 미국의 두 번째 수단은 범세계적인 에너지 지형을 바꾸고 있는 셰일혁명이다. 미국은 수압파쇄인 프래킹 기법과 수평시추법 기술을 발전시켜 1999년에 본격적으로 셰일층에 저장된 천연가스를 추출해 내기 시작했다. 셰일가스 추출로 미국은 2009년에 러시아를 제치고 세계 1위의 천연가스 생산국으로 등극했다.[40] 〈표 1-1〉은 2015년 9월 기준 확인된 국가별 매장량으로 세계 전체 매장량은 약 7,576.6 trillion cubic feet이다. 미국은 중국, 아르헨티나, 알제리에 이어 세계 4위이지만 현 기술로 채굴 가능한 가채자원량 측면에

〈표 1-1〉 셰일가스 주요 매장국가 및 매장량[41]

국가	중국	아르헨티나	알제리	미국	캐나다	멕시코	호주	남아공화국	러시아	브라질
매장량	1,115.2	801.5	706.9	622.5	572.9	545.2	429.3	389.7	284.5	244.9

단위: trillion cubic feet

달러가치가 올라가면(달러 공급량이 줄어들면) 원자재 가격은 하락하고 달러가치가 내려가면(달러 공급량이 늘어나면) 원자재 가격은 상승하는 패턴을 나타내었다.

39) 테이퍼링은 2013년 5월 미국 연방준비은행 벤 버냉키가 언급한 말로 2008년의 금융위기 극복을 위해 실시해 온 양적완화 규모를 줄이겠다는 의미이다. 이에 따라 2013년 12월부터 달러 공급량을 축소시키고 있다. 미국 연방준비은행은 기준금리를 2008년 금융위기 이전 최고 5% 수준에서 2009년 0-0.25% 수준으로 하락시킨 뒤 2015년 12월 0.25-0.5% 수준으로 올렸다. 유가의 급속한 하락(2014년 10월)은 테이퍼링에 의해 달러 공급량이 줄어들기 시작한 시점(2013년 12월)으로부터 10개월이 경과된 2014년 10월부터 발생하였다.

40) 셰일가스 개발의 경과에 대해서는 대니엘 예긴(2013), pp. 397-405 참조. 1999년 4월에 371개에 불과하던 가스 굴착기(리그)가 2008년 9월에 1,585개로 4배 이상 급증하였다. 셰일가스는 2005년부터 본격적으로 공급되기 시작했으며 2005년 511bctm이던 생산량이 2014년 728btcm으로 증가하였다. 동 기간 세계 천연가스의 32%가 미국에서 생산되었으며 2009년 이후 미국은 러시아를 제치고 세계 1위 천연가스 생산국이 되었다.

41) http://www.eia.gov/analsis/studies/worldshalegas

서 중국에 이어 세계 2위이다.[42]

미국은 셰일가스 탐사와 채굴 기술을 선도하며 비용을 감소시키고 있다. 셰일혁명을 혁명이라 지칭하는 이유는 그림의 떡에 불과했던 셰일층의 가스를 추출함으로써 발생하는 기술 및 정치·경제 지형 변화 때문이다. 첫째, 셰일혁명은 기술혁명이다. 셰일가스는 원유 및 천연가스와 달리 전 세계에 골고루 매장되어 있다. 셰일혁명은 탐사, 채굴, 정제, 저장, 운송과 관련한 급속한 기술혁신을 동반하며 생산원가의 지속적 하락을 유발하는 기술혁명이다.[43] 이 때문에 셰일가스는 2014년부터 시작된 저유가 상황에서 사우디가 주도하는 '치킨게임'에 굴하지 않고 생산량을 늘릴 수 있었다.[44]

셰일가스의 채굴원가 감소는 공급량 증대로 이어지고 천연가스 가격하락에 따라 산업 및 생활 인프라를 천연가스 위주로 전환시키며 탈석유 시대를 이끌고 있다.[45] 중국은 엑슨모빌, 로열 더치 셸, BP 등

---

42) 이권형 외, "주요국의 셰일가스 개발 동향과 시사점", 『KIEP 오늘의 세계경제』 12-14호(대외경제정책연구원, (2012. 6. 28.), p. 5.

43) 윤석천(2016), pp. 103-107; "미국 E&P 기업의 기술력 향상과 저유가 적응", 『세계 에너지시장 인사이트』 16-14호(2016. 4. 22.), pp. 6-9. 국제에너지 기구는 2015년 9월 월례 보고서에서 배럴당 65달러 수준 이하에서 셰일의 채산성이 떨어지기 때문에 저유가로 인해 셰일혁명이 사라질 것으로 예측했다. 그러나 셰일 채굴기술 발달로 손익분기점은 배럴당 55달러에서 40달러까지 떨어졌다. 심지어 향후 배럴당 10달러까지도 가능하다는 의견도 나오고 있다. 실제 기술혁신으로 2008년에는 하나의 유정에 한 개 리그만 사용하여 채굴했지만, 2015년에는 23개까지 사용 가능하게 되었다.

44) 장경석, "끝나지 않은 셰일가스 혁명", 『KB 지식비타민』 16-1호(KB 금융지주경영연구소, 2016. 1.), pp. 3-5; 권영일, "제2의 셰일가스 혁명 시작됐다", 『Sciencetimes』(2016. 7. 30.). 사우디의 감산 거부에 따른 치킨게임으로 美 셰일업체들의 채산성이 악화되고 도산이 예상되었다. 그러나 실제로는 셰일업체의 난립이 정리되고 소수 대기업으로 합병되면서 규모의 경제를 창출하였으며 기술혁신으로 채산성이 유지되고 있다.

45) 손지우·이종헌(2015), pp. 109-111. 셰일가스가 본격적으로 시장에 공급되기 시작한 2005년까지 미국에서 가스와 석유 가격은 비슷했다. 2005년 당시 뉴욕상품거래소(NYMEX)에서 가스 가격은 8.8달러/mmbtu(석유로 환산 시 57.2달러/배럴)로 석유 가격인 서부텍사스 원유(WTI)의 평균 가격인 56.6달러/배럴과 비슷했다. 2012년 가스 가격은 평균 2.8달러/mmbtu(석유로 환산 시 17.9달러/배럴)로 WTI 94.47달러/배럴의 1/5

7자매 회사들과 함께 합작 형태로 셰일가스 탐사를 시작했으며 2015년 처음으로 사천성 푸링가스전에서 셰일가스를 생산했다. 그러나 복잡한 지질과 기술 부족, 채굴에 필요한 용수 부족으로 생산원가는 미국의 10배가 넘는 것으로 알려지고 있다.[46)]

둘째, 셰일혁명은 달러 공급량 축소라는 연방정부은행의 조치와 함께 에너지 가격 하락을 유발했다. 이는 제조업 원가 절감을 통한 '미국 제조업 부활'이라는 현상으로 귀결한다.[47)] 셰일혁명은 철강, 화학 등 관련 산업 수요증대에 따른 고용, 소비, 투자 효과를 유발하고 있으며 1980년대 이후 비싼 인건비와 원료비로 인해 중국 등 개발도상국으로 옮겨갔던 미국 제조업들의 본토 회귀(Reshoring)를 촉진하고 있다.[48)] 미국은 타 국가들이 감히 흉내 내지 못하는 신상품과 서비스 개념 창조를 선도하고 이를 실현할 수 있는 설계 및 첨단 기술개발 능력을 지닌 국가이다. 2012년 이후 유럽연합이 재정위기로 높은 실업률과 저성장 늪에서 헤어나지 못하고 있고 세계가 수요부족의 경기침체에 시달리고 있지만 유독 미국만이 낮은 실업률과 상대적으로 높은 경제성장률의 호황기를 구가하고 있다.[49)]

도 되지 않았다. 이에 따라 미국 에너지 소비에서 2005년 석유 40.3%, 가스 22.5%의 비중이 2014년에는 석유 35.3%, 가스 28%로 변화했다.

46) "중국 셰일가스국 됐다… 충칭서 상업생산 돌입", 『한국경제』(2015. 12. 30.); 이태환, "중국의 에너지 전략과 국제정치", 『에너지 국제정치의 변환과 동북아시아』(서울대학교 국제문제연구소, 2015), p. 183.

47) 손지우·이종헌(2015), p. 114. 예를 들어 2005년 OECD 산업용 전기 가격은 미국 49, 한국 58, 독일 52, 일본 141달러/mwh이었다. 2012년에는 미국 67, 한국 82, 독일 149, 일본 194달러/mwh이며 OECD 평균은 122달러/mwh였다.

48) 이승철·권상준, "미국 제조업 회귀의 현황과 평가", 『국제경제리뷰』(한국은행, 2014. 4. 23.), pp. 6-9.

49) 고명현, "부활하는 제조업", 『팍스 아메리카나 3.0』(아산정책연구원, 2015), pp. 43-44. 미국은 2010년 상반기 실업률이 10% 수준이었으나 2015년 5월에는 완전고용에 가까운 5.5% 수준으로 하락했다. 2014년 한 해에만 무려 295만 개의 일자리가 창출되었다.

셋째, 셰일혁명은 '적절하게 공급량이 조절될 경우에 한해서' 달러 금융패권을 강화시킨다.[50] 셰일혁명에 의한 제조업 회귀, 내수 진작, 에너지 수입 감소 등은 미국의 무역적자 감소로 연결된다.[51] 이는 세계경제에 달러 공급량이 줄어들고 달러가치가 높아짐을 의미한다. 달러가치가 높아지면 수출에는 불리하지만 국제금융투자에는 유리하다. 미국 투자기관들은 달러 유동성 부족으로 도산 위기에 처한 국가들, 특히 신흥국들의 자산을 싸게 매입할 수 있다. 또한 연방정부은행이 양적완화로 구매했던 4조 5천억 달러의 미국 국채를 쉽게 유통시장에 매각하여 현금화할 수 있다.[52]

넷째, 셰일혁명은 국제정치에서 에너지 공·수급을 조절할 수 있는 무기이다. 미국은 해외로의 에너지 공급 조절을 통해 국제 원자재 시장에 영향을 미칠 수 있다. 2015년 12월, 미 하원은 40년 동안 유지해 온 에너지 수출금지를 해제하였다.[53] 그동안 미국에서 생산되는 서부텍사스유(WTI) 가격으로 유럽의 브렌트유와 중동의 두바이유 가격에 간접적으로 영향을 미쳐 오던 상황에서 수출을 통해 직접적으로 영향을 미칠 수 있는 계기가 마련된 것이다. 특히, 정치적으로 아시아와

50) '적절하게 공급량이 조절될 경우에 한해서'가 의미하는 바는 4절의 1번 항목 내용 참조.

51) 정민, "미국 에너지 정책 변화와 시사점", 『VIP 리포트』 통권 580호(현대 경제 연구원, 2014), p. 2. 미국의 에너지 해외의존도 감소에 의해 에너지부분 무역적자가 2008년 421억 달러에서 2013년 239억 달러로 감소하였다.

52) 연방준비은행은 2008년 리먼브라더스 파산으로 인한 금융위기 발생으로 인해 4차례에 걸쳐 약 5조억 달러의 미국 채권을 구입하는 양적완화를 단행했다. 2008년 이전에 연방준비은행이 보유한 미국채권은 8,690억 달러였다. 2016년 3월 기준 연방준비은행은 약 4조 5천억 달러의 미국채권을 보유하고 있다. http://www.federalreserve.gov/monetarypolicy/bst_recenttrends.htm. 연방준비은행은 이들 국채를 유통시장에 처분하기 위해 달러강세를 유지하여 세계 각국 중앙은행과 투자기관들, 기업들의 미국 채권 수요 증대를 유도해야 한다.

53) 정혜영, "2016년 미국 에너지 정책 전망", 『세계 에너지시장 인사이트』 제16-3호(에너지경제연구원, 2016. 1. 22.), p. 29.

유럽 동맹국들에게 셰일가스와 원유를 제공함으로써 이들에 대한 영향력 증대와 결속을 도모할 수 있다.[54] 동맹국들 중 한국과 일본은 공급원 다변화 차원에서 미국의 셰일가스를 수입할 강력한 동인을 지니고 있다.[55] 둘째, 중동 지역 국가들에 대한 미국의 영향력을 제고시키는 수단이다. 천연가스 사용 증가에 따른 미국 국내 석유수요 감소와 셰일가스에 함께 추출되는 셰일오일의 증가는 중동 및 북해산 석유가격 하락과 공급량 축소를 압박하고 있다.[56] 만약 대량의 물량으로 수출이 진행되면 공급 확대가 초래하는 유가하락으로 인해 중동국가들뿐 아니라 베네수엘라·러시아 등 에너지 수출에 재정수입 대부분을 의존하는 반미(反美)성향 국가들이 큰 타격을 입을 것이다. 셰일혁명이 초래하는 결과는 달러강세에 근거한 미국 패권 강화이다.

---

54) Robert A. Manning, *The Shale Revolution and the New Geopolitics of Energy*(Atlantic Council, 2014), pp. 8-9; "U. S. Exports First Freely Traded Oil in 40 Years", *The Wall Street Journal*(2016. 1. 13.). 미국은 1973년 OPEC의 석유금수조치로 타격을 입은 후 1975년 에너지 보호법을 제정하여 자국에서 생산되는 에너지 수출을 금지시켰다. 2013년 5월 미국 에너지부는 후쿠오카 원전사태 여파로 전력생산 문제를 겪고 있는 일본과 FTA 체결국인 한국에 대한 천연가스 수출을 승인했다. 2015년 12월 상하원이 원유수출금지조치를 해제하는 법안을 통과시켰고 오바마 대통령이 서명하였다. 2015년 12월 31일 미국산 원유가 40년 만에 처음으로 텍사스에서 선적되어 유럽으로 수출되었다. 물론, 이들 수출은 미 정부가 허용한 물량범위를 초과할 수 없다.

55) 손지우·이종헌(2015), pp. 123-125. 일본은 후쿠오카 원전사태로 인해 원전을 대체할 화력발전소 건설을 추진하고 있다. 원자력의 낮은 생산단가를 상쇄할 수단은 미국산 가스뿐이다. 2014년 도쿄전력은 화력발전소 3곳을 셰일가스 전용발전소로 2022년까지 개조한다는 계획을 발표했다. 셰일액화터미널이 위치한 멕시코 만에서 일본으로 LNG 선박 운송을 위해 일본은 파나마 운하 확장공사를 위한 해외자금의 40%를 담당하며 적극적으로 사업에 참여하였다. 액화 및 기화비용과 운송비용 고려 시 파나마 확장이 이루어지지 않으면 셰일가스의 경제성은 성립하지 않기 때문이다.

56) 정민(2014), pp. 9-11; 손지우·이종헌(2015), p. 118. 미국의 석유 가격은 WTI, 유럽은 북해산 브렌트유, 중동은 두바이유를 기준가격으로 산정한다. 2005년에 상대적으로 황 성분이 낮고 품질이 좋은 WTI가 브렌트유보다 3.8%, 두바이유보다 14.7% 비쌌다. 그러나 2012년에 WTI는 브렌트유보다 15.7%, 두바이유보다 13.7% 싸게 거래되었다. 미국 석탄도 2005년 유럽보다 15.8%, 아시아보다 13.4% 비쌌지만 2012년에는 각각 22.1% 및 31.7% 싼 가격에 판매되었다.

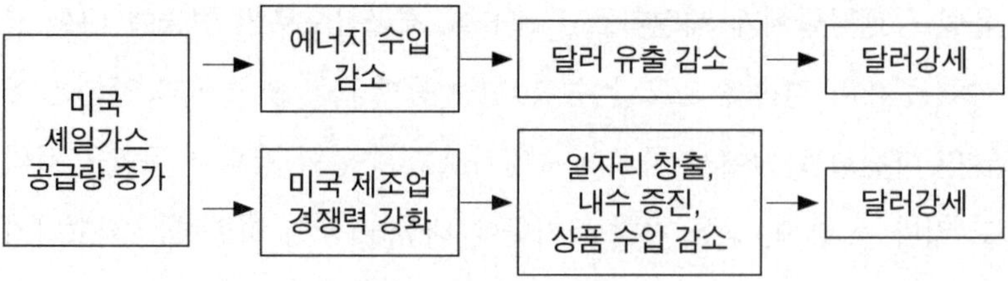

〈그림 1-3〉 셰일혁명과 달러강세

미·중 경쟁과 협력관계에서 미국의 달러 금융패권과 셰일혁명이 의미하는 바는 명백하다. 중국은 이 두 가지 모두 지니고 있지 못하다. 미국은 미·중 협력을 경쟁으로 전환시키는 키를 쥐고 있다. 중국은 미국과의 직접 대결을 피하고 자신이 지닌 강점을 활용하며 서서히 잠식해 들어가는 전략을 취하고 있다. 그리고 중국에게는 다행스럽게도, 〈그림 1-2〉와 〈그림 1-3〉에 묘사된 달러강세(에너지 가격하락)와 〈그림 1-3〉의 미국 제조업 경쟁력 강화는 중국에게 나쁘게만 작용하지 않는다.

3) 중국의 에너지 확보 정책과 위안화 국제화

1978년 공산당 11기 중앙위원회 제3차 전체 회의에서 개혁개방 노선을 발표한 이후 지난 38년간 중국이 이룬 놀라운 성과는 G2라는 용어로 표현된다. 중국의 급격한 부상을 다룬 연구는 산적해 있다. 중국 GDP가 세계 8위에 머물렀던 1990년대 중반에 이미 '중국 위협론'이 대두되었다. 당시, 중국 내부 불안요인들에 대한 분석과 성장 지속 여부에 대한 학계 논의가 활발하였다.[57] 중국은 1989년 천안문 사태로

57) 1990년대에 중국 위협론을 주도한 대표적인 연구들은 Ross H. Munro, "Awakening

상징되는 민주화 요구, 빈부격차, 도농격차, 지역격차, 국영기업 부실, 지방관리 부패, 소수민족 독립 움직임, 대만 문제 등 내외부 문제점들에도 불구하고 성장을 지속하였다. 2010년에는 명목 GDP 수치상 일본을 추월해 세계 2위가 되었으며 2014년에는 구매력 기준 GDP상 미국을 추월했다.[58)]

중국이 세계의 공장으로서 1980년 이래 2012년까지 연평균 10% 경제성장률을 달성했다는 사실은 에너지 소비 급증을 의미한다. 이는 중공업 분야 생산동력뿐 아니라 인구 13억 5천만 명 중 53%가 도시화한 결과이다. 중국의 에너지 수급은 2001년 WTO에 가입한 이후 철강, 화학, 조선, 자동차 등 중공업 산업이 급격히 팽창하면서 자급자족 시대를 마감했다.[59)] 〈표 1-2〉는 2015년 기준 중국의 에너지 지표이다. 석탄은 2009년, 석유는 1993년, 천연가스는 2007년부터 순수입으로 전환되었다.

중국의 부상은 정치권력 유지 측면에서 중국 공산당에게 양날의 칼로 작용한다. 세계의 공장과 소비 시장이 되어 버린 상태이므로 매년 증가하는 수요를 감당할 정도로 에너지를 확보하지 못하면 공장 가동률 감소, 실업률 증가, 에너지 가격 인상에 따른 인플레이션 발생 상황에 직면한다. 중국 역사에서 인플레이션과 민간종교 발흥은 왕조 권위 추락과 왕조 교체 계기로 작용했다. 사회주의 시장경제를 책임지고 이끌어 가야 하는 공산당도 예외가 아니다. 인민들의 복리는 공산당

Dragon"(Policy Review Fall, 1992); Richard Bernstein and Ross H Munro, *Coming conflict with China*(Random House, 1998).

58) http://www.databank.worldbank.org/data-catalog/GDP-PPP-based-table

59) 대니엘 예긴(2013), pp. 251-252.

〈표 1-2〉 중국의 에너지 지표[60]

구분	소비비중 (미국)	수요처	수요대비 수입비율 (수입전환 년도)	주 수입처	기타
석탄	66% (30%)	전력생산: 49.8% 산업원료: 45.5% 난방, 운송 등: 4.7%	22% (2009년)	호주, 인도네시아, 러시아	생산량 세계 1위 소비량 세계 1위 수입량 세계 1위
석유[61]	18.4% (33%)	산업원료: 67.7% 운송용: 21.24% 전력생산 등: 11.1%	63% (1993년)	사우디, 앙골라, 이란	생산량 세계 4위 소비량 세계 2위 수입량 세계 2위
천연 가스	5.8% (24%)	전력생산: 16% 산업원료: 48.7% 난방, 운송 등: 35.3%	32.2% (2007년)	투르크메니스탄, 러시아	생산량 세계 7위 소비량 세계 4위 수입량 세계 5위

권력 유지를 위한 필수조건이다.

1978년 이후 중국의 에너지 종류별 생산 및 소비 비중 변화는 〈표 1-3〉에서 보는 바와 같다. 2010년의 소비량을 기준으로 2013년 이후 8% 성장을 유지한다고 가정할 시 〈표 1-4〉 수준의 원유가 필요하다.

에너지 안보를 위한 중국의 전략은 다음과 같다. 첫째, 산업구조 조정을 통해 에너지 수요증가를 둔화시킨다. 2차 산업에서 3차 산업으로 고용을 확대하는 것이 여기에 해당한다. 중국은 2011년에 대학 졸업자가 600만 명을 돌파한 이후 계속 증가하여 2015년에는 약 700만 명에 육박하고 있다. 중등교육(Secondary Education) 이상 졸업자가 매년 3천만 명 수준이다. 정치적 안정을 위해 이들을 노동시장으로 흡수해야 한다. 과거 2차 산업구조에서는 매년 8% 이상의 경제성장(실업률

60) 중국 국가통계국, EIA 자료 정리

61) 원유, 정제유(가솔린, 디젤)를 포함

4.5-5% 유지)이 필요했다. 2013년에는 7.7%의 성장으로 1,300만 명을 고용하였다.[62)]

중국은 〈표 1-5〉에서 보는 바와 같이 2005년 이후 산업구조를 3차 산업으로 전환시키고 있다. 2015년 10월 제13차 5개년 개발계획에 명시된 바와 같이 도시로의 인구유입을 높이고 감세와 급여증대 등 소득증대를 통해 내수를 활성화하고 있다. 이에 따라 3차 산업 비중은 꾸준히 증가하고 있다.

〈표 1-3〉 중국의 에너지 종류별 생산 및 소비 비중[63)]

	석탄(%)		석유(%)		천연가스(%)		수력 등 기타(%)	
	생산	소비	생산	소비	생산	소비	생산	소비
1978	70.3	70.7	23.7	22.7	2.9	3.2	3.1	3.4
1990	74.2	76.2	19	16.6	2	2.1	4.8	5.1
2000	73.2	69.2	17.2	22.2	2.7	2.2	6.9	6.4
2013	75.6	66	8.9	18.4	4.6	5.8	10.9	9.8

〈표 1-4〉 중국의 원유 수요 추이[64)]

연도	2010	2011	2012	2013	2020	2030
생산량	203	202.9	207.5	208.1	210	200
소비량	440.4	464.1	490.1	507.4	510	600

단위: 백만 톤

62) 전병서(2015), pp. 180-181. 과거 2차 산업 중심의 성장에서 1% 성장 시 80만 명의 고용이 유발되었다. 그러나 2012년 이후 3차 산업이 제조업 비중을 추월한 이후 1% 성장 시 150만 명의 고용이 창출되었다. 제조업은 일정 수준에 이르면 노동투입에 의한 수익창출이 한계에 다다른다. 이후 숙련된 소수 노동자와 첨단 기술이 융합된 생산성 증대 단계로 전환된다.

63) 중국 국가통계국, EIA 자료 정리

64) 김연규 외, 『에너지 국제정치의 변환과 동북아시아』(서울대학교 국제문제연구소, 2015), p. 185. BP(2014) 자료를 재인용.

〈표 1-5〉 중국의 산업별 고용률 및 GDP대비 비중[65]

	1차 산업		2차 산업		3차 산업	
	고용률(%)	GDP 비중 (%)	고용률(%)	GDP 비중 (%)	고용률(%)	GDP 비중 (%)
1978	70.5	28.2	17.3	47.9	12.2	23.9
1980	68.7	30.2	18.2	48.2	13.1	21.6
1985	62.4	28.4	20.8	42.9	16.8	28.7
1990	60.1	27.1	21.4	41.3	18.5	31.5
1995	52.2	20	23	47.2	24.8	32.9
2000	50	15.1	22.5	45.9	27.5	39
2005	44.8	12.1	23.8	47.4	31.4	40.5
2010	36.7	10.1	28.7	46.7	34.6	43.2
2013	31.4	10	30.1	43.9	38.5	46.1

둘째, 특정 에너지에 대한 의존도를 낮추고 적극적인 자원개발로 에너지 종류와 공급원을 다변화시킨다.[66] 에너지 자급자족이 불가능하다는 점이 명백해진 1990년대 후반 이후 중국이 역점을 기울이는 정책이다. 2001년 제10차 5개년 계획의 중점사업으로 확정된 서부 대개발, 2008년 이후 가속화된 자원외교, 2014년 등장한 '일대일로(一帶一路)' 정책이 여기에 해당한다. 싱훠(星火)계획이라 불리는 서부 대개발은 중국 면적의 57%를 차지하는 낙후된 중서부 천연자원을 개발하고 지역 불균형을 해소하기 위한 사업으로 1조 1,206억 위안(1,730억 달러)을 투입해 시행 중이다.[67]

---

65) http://www.stats.gov.cn/tjsj/ndsj/2014/indexh.htm

66) 2014년 5월 중국 정부는 2020년까지 석탄을 대체하는 가스 수요를 2013년 연간 171bcm에서 2020년 420bcm로 6.5배 증가시키겠다고 발표했다. 실제로 2000년 이후 경제발전에 따른 석유 총소비의 증가에도 불구하고 석유 소비 비중은 2000년 24%에서 2014년 19%까지 하락했으며 같은 기간 가스 비중은 2%에서 6%로 증가했다.

67) 서기동수(서부 지역 천연가스를 상하이로 공급), 서전동송(수력발전소 건설 및 생산 전력을 동부로 전송), 남수북조(양쯔 강 수로를 황하로 연결하는 수로 건설), 칭짱 철도(칭

자원외교는 미국의 양적완화정책이 촉발하였다. 양적완화정책으로 2008년 이후 달러 공급이 증가하자 원자재 및 농산물 가격이 치솟았고 중국이 보유하고 있는 달러표시 자산들의 가치도 하락하기 시작했다. 중국은 '달러 리사이클링' 정책을 포기하고 수출로 벌어들인 달러로 아프리카와 남미에서 자원을 개발하고 원자재를 확보하는 정책으로 전환하였다.[68]

일대일로 정책은 중국이 고도성장에 따른 부작용과 도전을 극복하고 성장 동력을 유지하기 위한 프로젝트이다.[69] 세계의 공장이자 시장인 중국, 자원보국인 러시아를 포함한 중앙아시아, 기술 강국들이자 소비시장인 유럽을 지경학적으로 통합하는 것으로 2050년까지 이어지는 장기 전략이다.[70] 이 정책을 실현하기 위해 2013년 10월 시진핑 국가주석은 국제금융기관 '아시아인프라투자은행' 설립을 제안했으며 2015년 6월 29일 총 57개 회원국 가입으로 정식 출범하였다.[71] 일

하이 성과 티베트를 잇는 1,118km고속철도 건설), 퇴경환림(환경보호를 위한 식수산업) 등이 있다.

68) 김상민 외, 『중국업계지도』(어바웃어북, 2014), pp. 167-169. 중국의 대(對)아프리카 교역은 2000년 100억 달러에서 2012년 약 2,000억 달러로 20배 증가한다. 중국의 수입 물품은 석유·구리 등 원자재가 80%이다. 2012년 교역액은 1,984억 달러로 미국의 대(對)아프리카 교역액 997억 달러의 2배에 달한다. 또한, 2009년 기준 중국의 아프리카 원조금액은 183억 달러로 전체 해외원조액의 400억 달러의 45.7%에 달한다.

69) 시진핑 주석은 2013년 9월 상하이협력기구 연설에서 최초로 실크로드 경제벨트 구상을 제시하였다. 2014년 4월 리커창 총리가 보아오 포럼 개막식 연설에서 실크로드 경제벨트와 21세기 해상 실크로드라는 용어를 언급하였고 양제츠 국무원이 이 두 용어를 합쳐서 '일대일로'로 칭한다고 발표하였다. 이강국, 『일대일로(一帶一路)』(북스타, 2016), pp. 59-60.

70) 2015년 2월 일대일로 사업 추진을 위해 장가오리 상무부총리가 총괄하는 '일대일로 건설공작영도소조'가 출범하였다. 총 300여 개에 달하는 투자프로젝트로 구성되어 있으며 대부분이 인프라구축 및 자원개발이다. 일대일로 사업지역의 거주인구는 44억 명으로 21조 달러의 경제력을 유지하고 있다.

71) AIIB(Asian Infrastructure Investment Bank)로 표기되며 영국·독일 등 나토 12개국과 미국의 주요 동맹국인 한국·호주·뉴질랜드 등을 포함하여 총 57개국이 창립회원으로 확정되었다. 중국이 초기자본금 500억 달러 대부분을 출자하였고 향후 각국의 투자를 받아

대일로 정책의 목적은 전 세계적인 경기침체에 대처하고 고도 성장기를 거치며 축적된 과잉설비 투자와 부동산 거품, 지역 불균형, 지방정부 재정적자, 부실 금융 등 내부 문제들을 새로운 수요창출로 해결하기 위함이다.[72] 이는 새롭게 등장한 정책이 아니라 과거 개혁개방 정책 수순에 따라 기존의 동부 연안 개방, 서부 대개발 등을 확대 연장하는 정책이다.[73] 또한 시진핑 국가 주석이 선언한 신창타이로의 전환에 따라 산업구조를 조정하고 지속 가능한 성장을 보장하기 위한 정책이다.[74]

중국의 에너지 확보는 일대일로 정책의 수단이자 목적이다. 일대일로 정책의 성공적 수행을 위해 충분한 에너지 확보와 공급원 다변화가 필요하다. 구체적으로 중앙아시아 국가 및 러시아와 에너지 개발·공급 협력, 항만·철도·천연가스 수송관 건설, 자체 에너지 개발을 추진하고 있다.

첫째, 중국은 카자흐스탄과 투르크메니스탄, 그리고 러시아를 통해 석유와 천연가스 공급원의 다변화를 달성하고 있다. 7자매가 점유

1,000억 달러로 늘릴 예정이다.

72) 이강국(2016), pp. 70-76.

73) 중국의 개혁개방은 3기로 나뉜다. 제1기는 1979년 선전 경제특구, 1980년대에는 연해지역 특구, 1990년대 특구와 기타 지역 간 연계 확산이다. 제2기는 2001년 WTO 가입 이후로 서부 대개발, 중부 굴기, 동북진흥 등 지역 거점 개발 전략으로 전국 각지에 경제 개발구인 신구(新區)가 들어섰다. 이 시기에 중공업에 대한 급속한 투자와 수출증대로 연평균 11%의 성장을 이루었다. 또한 내수시장 확대와 중서부 지역의 도시화 개발이 가속화되었다. 제3기는 2013년 9월 말 상하이 자유무역 시험구 설치에 이은 일대일로 전략 실행이다.

74) 시진핑 주석은 2014년 10월 APEC 회의에서 중국 경제는 신창타이(뉴노멀) 시대로 진입했다고 선언하였으며 동년 12월 공산당 중앙 경제공작회의를 통해 신창타이는 중국 경제정책의 새로운 지향점으로 확정되었다. 이는 성장률 하락을 용인하는 대신 성장의 질을 높이고 지속 가능한 성장을 보장하는 정책으로 전환하는 것을 의미한다. 일대일로와 경제구조 개혁은 수단으로 기능한다.

하고 있는 카스피 해 자원 경쟁[75]에서 한 발 물러나 있던 카자흐스탄과 투르크메니스탄을 공략함으로써 예상치 못한 큰 성공을 거두었다. 이 덕분에 가스 소비 비중을 증가시켰으며 향후 2020년까지 천연가스 수요 목표를 2014년 수요 170bcm보다 250bcm 증가한 420bcm로 설정하고 수송 인프라 확충에 전력하고 있다.[76] 또한, 러시아와 전례 없는 수준의 협력을 통해 천연가스 공급을 확보하고 있다. 2012년 4월 제3기 대통령 취임을 앞둔 푸틴은 "미국은 지난 수년간 셰일가스 생산기술을 적극 발전시켜 왔다"라면서 "셰일가스는 에너지 시장을 격변시킬 것이다. 우리 에너지 업체들은 이러한 도전에 단호히 맞서야 한다"라고 강조했다.[77] 2014년 우크라이나 사태 악화와 크림 반도 합병으로 촉발된 서방의 대(對)러시아 경제제재, 장기화하고 있는 시리아 사태, 그리고 저유가는 중국과 러시아 간 밀착을 강화시켰다.[78] 러시

---

75) 탈냉전 후 카스피 해 지역에서 석유 및 가스개발과 수송 파이프라인의 루트를 두고 러시아, 아제르바이잔, 조지아 및 미국 유럽 간 긴장이 고조되었다. 이를 제2의 그레이트 게임 또는 카스피안 더비(Caspian Derby)라 칭한다. 2006년 총연장 1,768키로에 달하는 BTC 라인이 완공됨으로써 일단락되었다. 상세한 내용은 대니엘 예긴(2013), pp 61-85 참조.

76) 대니엘 예긴(2013), pp. 252-255; 손지우·이종헌(2015), pp. 130-135. 2005년 8월 중국은 인도와 경쟁 끝에 29억 달러 가치를 지닌 카자흐스탄 국영석유기업 페트로 카자흐스탄 지분을 42억 달러에 매입했다. 당시 카자흐스탄의 석유 확인 매장량은 90억 배럴에 불과했으나 이후 탐사 및 개발을 시행한 결과 2014년에는 300억 배럴까지 3배 이상 증가하였다. 2006년 중국은 투르크메니스탄의 가스개발 지분을 획득하고 장기공급계약을 체결했다. 당시 투르크메니스탄에는 약 2.3tcm의 가스가 매장된 것으로 알려졌다. 그러나 2006년 11월 욜로텐-오스만 지역에서 대규모 가스전이 발견되고 개발을 진행한 결과 2011년 기준 매장량은 17.5tcm로 증가했다. 이로써 중국은 매우 든든한 가스 공급원을 확보하게 되었다. 2014년에 파이프라인 운송 천연가스(PNG) 총수입물량 27.4bcm 중 22.3bcm을 투르크메니스탄에서 수입했다. 현재 파이프라인 A, B, C 3개를 건설하여 사용 중이며 2016년 D를 완공 시 총수입물량은 연간 100bcm로 예상한다.

77) "Russia increasingly worries about U. S. 'shale revolution,'" *RT Business*(2012. 10. 25.).

78) 러시아의 전체 수출액 중 에너지가 차지하는 비중은 70%이다. 에너지 산업은 GDP의 30%가 넘는다. 러시아 연방정부 수입의 절반은 석유와 천연가스 판매에서 나온다. 서방의 경제제재 이외에 2012년 배럴당 100달러 유가가 2016년 초 30달러 수준으로 하락하면서 러시아는 큰 타격을 입고 있다. 2014년 기준 러시아의 가스수출에서 유럽이 차지하는 비중이 92.8%이며 그중 40%가 우크라이나를 거쳐서 운송되었다. 최영림, "2014년 러

아에게 중국은 대(對)유럽 에너지 수출 감소와 유가하락에 따른 손실을 보완할 수 있는 시장이며 중국에게 러시아는 에너지 공급원 다변화를 달성할 수 있는 대상이다. 양국은 파이프라인 연결로 물류비용을 절감하며 수송 및 저장 거점을 중심으로 지역개발도 촉진하고 있다. 그 결과 가격 문제로 지지부진하였던 양국 간 천연가스 개발과 공급, 파이프라인 건설 사업들이 2014년 이후 급물살을 타고 있다.[79)]

둘째, 발전소·항만·도로·철도 등 인프라 건설 분야이다.[80)] 이 분야에서도 중국의 행보는 두드러진다. 중국은 현재 중앙아시아, 유럽, 러시아와 연결되는 총 6개 국제화물철도노선을 운영하고 있다. 모두 2013년-2015년 기간 중 개통된 것으로 총연장 67,211km이다. 중국은 2014년 기준 세계 고속철도 총길이의 절반을 차지하는 국가이다. 총 1만 6천km의 고속철도를 운영하고 있으며 2030년까지 일대일로 선상의 국가들을 연결하는 총 3만km 건설을 추진하고 있다.[81)] 항만 분야에서 중국은 파키스탄(과다르)을 비롯해 스리랑카(콜롬보), 방글라데시(치타공), 미얀마(차우크퓨), 예멘(모카, 아덴), 그리스(피레우스) 등에서 중국 자본으로 항만을 건설하고 관리권을 행사하고 있다. 특히 미얀마 차우크퓨 항은 파이프라인을 통해 중국으로 원유와 가스를 공급하고

시아의 석유가스 부문 평가 및 향후 과제", 『세계에너지시장 인사이트』 제15-7호(에너지경제연구원, 2015. 2. 27.), p. 33.

79) 손지우·이종헌(2015), pp. 136-140. 2014년 5월 21일 시진핑과 푸틴은 2018년부터 최대 연간 38bcm의 서시베리아 천연가스를 30년간 중국에 공급한다는 계약을 성사시켰으며 2014년 11월 베이징 APEC 정상회담에서는 동시베리아 천연가스를 연간 30bcm 공급하는 계약을 발표했다. 2015년 6월29일 헤이룽장 성에서 러시아와 중국을 연결하는 동부천연가스 파이프라인 기공식이 개최되었다. 2014년 러시아의 전체 가스 수출물량 202bcm 중 중국이 차지하는 비중이 33.7%가 되었다.

80) 국제화물철도, 고속철도, 항만, 가스 파이프라인 관련 세부내용은 이강국(2016), pp. 101-116 참조.

81) 중국-러시아-유럽 연결의 유라시아 고속철도, 중국-중앙아시아-터키-유럽의 중앙아시아 고속철도, 중국-베트남-태국-싱가폴의 범아시아 고속철도 등이 건설 중이다.

있으며 파키스탄 콰다르 항은 유사시 말래카 해협을 거치지 않고 중동산 석유 및 가스를 운송하는 인프라로 활용될 것이다.[82)]

이 같은 중국의 정책에 두 가지 문제점이 수반한다. 첫째, 일대일로의 인프라 투자와 자원외교가 실질적인 생산과 소비를 창출하고 지속시킬 수 있는가 여부이다. 인프라가 경제발전 동력으로 작용하기 위해서는 끊임없는 투자가 이루어져야 하고 생산과 소비가 활성화될 때까지 상당 기간 적자를 감수해야 한다. 그런데 AIIB 자금규모 1,000억 달러는 중국 국내 GDP의 1%에 미치지 못한다. 수많은 사업별로 손익분기점이 명확해지기 전까지 추가 투자를 감당하며 사업이 지속될 것인지 불확실하다. 둘째, 아프리카·중동·중앙아시아·러시아 등 중국의 자원외교가 펼쳐지고 있는 국가들은 공통적으로 비(非)민주 국가이며 정세가 불안한 나라들이다. 각 나라마다 법규와 관습이 다르고 정치적 불안정에 시달리고 있다. 이러한 환경에서 사업 지속성을 장담하기 어렵다. 중국은 전통적으로 타국에 대한 내정불간섭 원칙을 철저히 준수하는 국가이다. 그러나 우크라이나와 러시아 간 불화처럼 정치적 이유로 사업존속이 어려워진다면 그 원칙이 계속 준수될 것인지 의심스럽다.

에너지 확보정책과 더불어 중국은 2009년부터 주식시장 개방과 무역결제 형태부터 위안화 국제화를 추진하고 있다.[83)] 점진적인 금융자유화 조치로 중국 내 외국인의 금융자산도 확대하였고 중국인의

---

82) 차우크퓨에서 중국으로 연결되는 파이프라인은 2013년 완공되어 미얀마에서 생산되는 가스와 원유를 운송 중이다. 콰다르 항에서 중동산 원유를 철도 및 파이프라인으로 카라코롬 산악도로를 거쳐 티벳-신장지구로 수송 시 12,000km의 해로수송 거리를 2,395km의 육로수송으로 대체할 수 있다. 이 프로젝트는 2030년 완료 예정이다.

83) 위안화 국제화는 '주변화 → 아시아화 → 국제화'의 3단계 전략으로 진행된다. 세부 내용은 조용만·김재현, 『파워 위안화』(미래를 소유한 사람들, 2015), pp. 132-143 참조.

해외투자도 크게 증가하였다. 그 결과 위안화를 사용하는 국제결제는 2015년 말 기준 달러, 유로, 파운드화에 이어 전 세계 무역결제의 2.79%를 차지함으로써 엔화를 제치고 세계 4위를 기록하였다. 2015년에 국제통화기금은 위안화를 국제통화기금 특별인출권(Special Drawing Rights)을 구성하는 통화에 편입시켰다.[84] 중국은 한·중·일 FTA 및 역내 포괄적 경제동반자 협정(RCEP) 추진, AIIB 설립 등과 같은 경제권 형성 정책을 통해 외국에서 위안화 수요가 높아지도록 유도하고 있다.[85]

중국의 위안화 국제화 행보가 빠르게 진행되고 있지만 달러와 동등한 수준의 국제통화로 자리매김하는 것은 현시점에서 사실상 희망사항일 뿐이다. 중국의 에너지 안보를 위해서는 달러처럼 에너지 수입대금을 위안화로 지불하는 것이 가장 이상적이다. 그러나 현재로서는 달성하기 어려운 목표에 불과하다.[86] 위안화로 에너지 대금을 지불하기 위해서는 최소한 파운드나 유로 수준의 기축통화가 되어야 한다. 기축통화가 되기 위해서는 회계투명성, 증시개방, 변동환율제 도입이라는 세 가지 영역에서 투명성과 자유화 조치가 이루어져 신용발행과 자본 유출입의 장애가 없어야 한다. 또한, 수입대국이 되어 위안화를 전 세계에 공급해서 유동성을 높여야 한다. 이 조치로 인한 자본의 자

84) SDR 공식편입은 2016년 10월 1일부터 발효된다. SDR 편입은 중국 위안화가 기축통화로 대접받기 시작했음을 의미한다. 미국 달러 수준에는 훨씬 미치지 못하지만 국제 무역과 투자에서 활용될 여지가 넓어졌다. "중국이 눈독 들이는 SDR이 뭔가요?", 『비즈니스워치』(2015. 11. 9.); "위안화 SDR 편입, 중국통화 굴기의 도전과 기회", 『조선비즈니스』(2016. 9. 30.).

85) 왕윤종, "위안화 국제화를 바라보는 시각", 『CSF 중국전문가 포럼』(대외정책경제연구원, 2016. 4. 5.); 한재진·정민, "위안화 국제화 정책 점검과 시사점", 『VIP리포트』 15-26(통권 623호)(현대경제연구소, 2015. 7. 13.), pp. 1-9; 조용만·김재현(2015), Part 3 위안화 금융허브.

86) 미국이 주도하는 경제제재를 받는 이란이 중국과 위안화 결제를 시도한 사례가 있다. 그러나 결제 액수는 이란의 중국 물품 구매 수준을 초과하지 못하였다. "이란, 中 수출 원유에 위안화 결제 허용", 『뉴시스』(2012. 5. 9.).

유로운 유입은 경제성장을 견인하는 긍정적 효과도 있는 반면, 헤지펀드를 비롯한 막강한 자금력을 갖춘 투자기관들의 자산매입, 위안화 강세유도, 자산매각 순의 '양털 깎기' 공격에 노출되게 된다.[87] 무엇보다도 미국이 위안화가 국제에너지 시장에서 결제통화 지위로 격상되는 것을 방치하지 않을 것이다.

4. 미국-중국 협력 공간과 한국-일본의 선택

1) 경쟁에 내재된 협력

한국공영방송 KBS는 2015년 1월에 총 7부작 특별다큐멘터리 〈슈퍼차이나〉를 방영했고, 2016년 1월에 〈미국의 부활〉 3부작을 방영했다.[88] 〈슈퍼차이나〉에서는 중국에서 판매 1위가 곧 세계 판매 1위가 되는 13억 5천만 인구의 소비력, 미국 및 유럽 기업인수와 지분획득 등 전 세계 자산들을 사들이며 기술격차를 줄여 나가는 외환보유고의 힘, 그리고 일사불란한 정책추진력을 갖춘 중국 공산당의 리더십을 보여주었다. 이 세 가지는 실제로 중국이 미국에 대항하는 무기이다. 〈미국의 부활〉에서는 스마트폰에 이어 ICT, 전기자동차, 인공지능, 3D 프

87) 임형록(2014), pp. 386-420. 세계 2위의 경제대국이며 자산규모로 세계 10대 은행 중 중국의 은행이 4개를 점유하고 있음에도 불구하고 2013년 외환시장에서 위안화의 국제 거래비중은 달러, 유로, 파운드, 엔에 이어 세계 5위 수준이다. "국제결제은행 85차 연례보고서"(http://www.bis.org/publ/arpdf/ar2015e5.pdf, 2015), p. 85.

88) 특별기획 〈슈퍼차이나〉 7부작(KBS, 2015. 1. 17.); 특별기획 〈미국의 부활〉 3부작(KBS, 2016. 1. 14.).

린팅 기술 등 세계 산업 방향을 이끌어 가는 개념창출과 첨단 기술, 셰일혁명에 의한 제조업 부활을 집중적으로 다루었다.

1년의 시차를 두고 방영된 두 다큐멘터리에서 미·중 경쟁이 과거 강대국들 간 경쟁과 그 성격이 다르다는 점을 언급하지 않았다. 과거 강대국들과 달리 미국 패권은 '달러의 무한 발권력'이라는 금융패권으로 구현되고 있다. 기술력과 군사력은 금융패권을 뒷받침하고 있다. 중국은 싫든 좋든 상당 기간 미국의 달러 금융패권에 기대어 무역과 투자를 진행해 갈 수밖에 없다. 에너지 안보와 관련하여 미국의 셰일혁명은 미국 금융패권과 조화를 이루는 방향으로만 작용하지 않는다. 이 점 또한 미·중 양국이 함께 갈 수밖에 없는 구조를 형성한다.

미국과 중국은 2008년 금융위기 발생 전까지 '달러 리사이클링'이라 불리는 밀월 관계를 유지해 왔다. 중국의 값싼 노동력과 투자유치 정책, 수출정책은 글로벌 경제의 인플레이션을 낮추고 달러가치를 유지하는 원동력이었다.[89] 미·중 간 경제적 상호 의존은 신용에 근거한 '달러의 무한 발권력'이라는 미국 금융패권하에서 이루어졌다. 금(Gold)과 은(Silver) 같은 실물이 아니라 불태환 화폐를 찍어 내는 국가(미국)의 신용만을 믿고 무역과 투자를 하는 상호 의존 시스템은 1971년 브레턴우즈 시스템이 붕괴하기 이전에는 존재하지 않았다.

중국은 매월 평균 400-500억 달러의 무역흑자를 기록하며[90] 외환을 벌어들이고 외국기업 합병, 지분인수, 기술획득, 자원개발에 활용하고 있다. 특히 미국 재무부가 발행하는 국채를 매입하여 17조 9천

89) 임형록(2013), pp. 180-185. 중국 정부는 수출로 벌어들인 달러를 미국 국채 매입에 대부분 사용했다. 그 결과 미국은 달러 공급량을 경제성장에 부합하는 수준으로 묶어 두고 저가의 중국 제품을 소비하며 낮은 인플레이션하 성장을 도모할 수 있었다.

90) http://www.tradingeconomics.com/china/balance-of-trade

억 달러에 달하는 빚의 이자 갚기에 바쁜 미국 정부의 숨통을 터주고 있다. 중국은 2016년 9월 기준 미국 GDP의 8%에 해당하는 1조 1천 570억 달러의 미국 국채들을 보유하고 있다.[91] 이를 '한꺼번에' 유통 시장에 쏟아 낼 경우 달러가치의 급격한 하락과 금융 시스템의 대혼란은 불 보듯 뻔하다. 이 선택은 중국에게도 치명적인 손실로 작용하기 때문에 서로 죽고 살기의 극단적 상황에서만 가능할 것이다.

향후 중국이 안정적인 에너지 공급으로 경제성장을 지속할 것인지 여부에 대해 의견이 갈리고 있다. 중국의 몰락을 점치는 사람들은 규모조차 파악되지 않은 지방정부 부채, 부동산 거품, 금융기관 부실화 등을 위기의 진원지로 꼽고 있다.[92] 반면, 중국의 성장을 낙관하는 사람들은 막대한 외환보유고, 건실한 중앙정부 재정, 유사시 정부에 기댈 수 있으며 정부 의지대로 개혁이 가능한 국유기업 특성, 과대 포장된 지방정부 부채 및 그림자 금융, 풍부한 노동시장과 내수시장 잠재력, 세계 제조업의 중국 의존도, 서부 대개발 및 일대일로 등 추가적인 개발 소재, 시진핑 주석을 위시한 중국 지도부의 강력한 리더십을 근거로 문제점들을 해결할 수 있으며 1998년 아시아 금융위기 또는 2008년 글로벌 금융위기 같은 상황이 중국에서 발생하는 일은 없을 것이라 주장한다.[93]

---

91) http://ticdata.treasury.gov/Publish/mfh.txt

92) 김기수, "대출의존형 중국경제발전의 구조적 문제점: 고속성장의 후유증과 경제 위기설", 『세종정책연구 2014-18』(세종연구소, 2014); 김영익 외, 『중국발 금융위기 어디로 갈 것인가?』(한스미디어, 2015); 김영익, 『3년 후 미래: 두 번째 금융위기의 충격과 대응』(한스미디어, 2014); 류젠쥐 저, 김선우 역, 『블랙차이나 중국발 경제위기가 온다』(한빛비즈, 2012).

93) 2014년 이후 중국의 경제개혁 방향과 내용에 대해서는 전병서, 『중국의 대전환, 한국의 대기회』(참돌, 2015), pp. 169-184 참조; 중국이 직면한 문제점들이 과대 포장된 실체에 대해서는 전병서(2014), pp. 246-271 및 임형록(2014), pp. 559-571 참조.

필자는 '셰일혁명에 의한 미국 제조업 부활 여부'를 향후 미·중 관계를 규정하는 핵심 변수로 지목한다. 오바마 대통령과 트럼프 대통령이 바라는 바대로 미국 제조업이 부활한다면 미국은 중국 제조업에 편승한 수익창출과 영향력 유지가 아니라 독자적인 시장 장악에 기반한 패권을 행사할 수 있다. 또한, 자유무역지대 같은 다자주의가 아니라 양자 협정에 의한 선택적 자유주의 또는 보호무역주의 길을 택할 여지가 넓어지게 된다.

그러나 아직까지는 두 가지 이유 때문에 미·중 양국이 '합리적인 행위자'라면 서로에게 기대서 함께 갈 수밖에 없다. 첫째, 셰일혁명은 생산원가 중 에너지 비용을 절감하는 효과를 가져왔지만 인건비 자체를 절감하지는 않는다. 중국은 각종 지표상 여전히 저가 노동력을 유지하고 있다.[94] 비록 셰일혁명에 힘입어 제조원가를 줄이고 있지만 미국 국민들이 소비하는 생필품들은 노동집약적 상품들이거나 이미 중국으로 기술 이전된 상품들로서 중국이 제공하는 싼 노동력에 의존해야 한다.

오바마 대통령은 취임 연도인 2009년부터 금융위기 극복을 위한 일자리 창출과 양극화 해소, 무역수지 적자 해소를 위한 제조업 부활 정책을 추진했다. 2012년 1월 오바마 대통령은 "미국의 존립을 위한 청사진(Blueprint for America Built to Last)"이라는 제목의 정책방향이 담긴 국회 연두교서에서 제조업 부흥, 에너지, 근로자의 기술, 미국의 가

---

94) 이승철·권상준(2014), p. 13; 장선영·권오승·이명희, "美 제조업 경쟁력 강화 정책 및 시사점", 『Global Market Report』 13-013(KOTRA, 2013), p. 10. 미국 대비 중국 노동자의 시간당 임금은 2005년 4%, 2010년 9%, 2015년 17%이다. 노동생산성은 2005년 18%, 2010년 26%, 2015년 36%이다. 생산성을 고려한 임금의 경우 미국 대비 중국 노동자의 임금은 2005년 22%, 2010년 31%, 2015년 43%로 여전히 미국 노동자의 1/2에 미치지 못하고 있다. 그러나 이마저도 생산자동화 등 미국 제조업의 자본 집약적 특성을 고려하지 않은 것이다.

치증진에 바탕을 둔 경제 청사진을 제시하며 "미국에는 100년간 사용할 수 있는 규모의 천연가스가 있다"라고 말하였다.[95] 그러나 2015년까지 이루어 낸 성과는 기대에 미치지 못하고 있다. 자동차 및 석유산업 위주로 제조업이 활기를 띠고 있지만 녹색에너지 사업의 성과는 미미하다. 2015년 이후 미국 제조업 공장들의 미국 복귀추세는 약화되고 있다.[96]

3D 프린트, 전기자동차와 IT 분야에서 중국의 발전 속도는 매우 빠르다. 생산성 향상은 미국만 해당되는 사항이 아니다. 이러한 분야에서 원가 경쟁력뿐 아니라 세계 1위의 잠재적 내수시장이라는 점도 중국으로부터 떠날 수 없는 이유이다. 2013년 미국 투자은행 JP Morgan의 설문조사에 의하면 미국 기업들이 해외로 제조업을 옮긴 첫째 이유가 시장접근성이었으며 둘째 이유가 낮은 임금이었다.[97] 결국, 자동차 산업처럼 고급 브랜드화로 방향을 바꾸거나, 첨단 산업의 개념설계와 소프트웨어를 제외한 부품 및 완성품 생산의 제조업은 중국에 의존할 수밖에 없다. 또한, 기술 확산이 빠르고 수요가 선진국보다 개발도상국에 치우치는 제조업 특성상 미국에서 제조업에 의한 고용창출은 고(高)부가가치 품목을 제외하면 기대하기 어렵다.[98]

둘째, 셰일혁명은 달러 금융패권과 관련하여 양날의 칼과 같은 존

95) "Remark by the President in State if the Union Address"(Office of the Press Secretary, White House, http://www.whitehouse.gov/blog/2012/01/24/blueprint-america-built-last, 2012. 1. 24.). "We have a supply of natural gas that can last America nearly one hundred years, and my administration will take every possible action to safely develop this energy…"

96) 이장균, "미국 제조업 르네상스의 진행 현황과 시사점", 『VIP 리포트』 15-28(통권 625호)(현대경제연구원, 2015), pp. 10-11.

97) 이승철 · 권상준(2014), p. 12.

98) 이근태, "성장과 고용창출의 동력, 제조업의 재조명"(LG 경제연구원, 2012. 5.), pp. 4-5.

재이다. 미국은 국제금융시장에서 달러 위상을 유지하기 위해 2008년 금융위기 이후 양적완화 정책으로 하락했던 달러가치를 회복시키고 있다. 제3절의 〈그림 1-2〉에서 나타낸 바와 같이 연방준비은행이 달러 공급량을 축소하면 선·현물 시장에서 원유를 비롯한 에너지 가격은 하락한다. 그런데, 〈그림 1-3〉에서 나타낸 바와 같이 셰일가스 공급량을 늘리게 되면(미국의 원유수입이 줄어들면) 중동산 원유를 비롯한 대체재 성격을 지닌 에너지 가격은 더욱 하락한다. 문제는, 원유를 비롯한 원자재들의 선·현물 거래 대부분이 달러로 이루어지기 때문에 원유가격이 하락할수록 원유를 구매하는 데 필요한 달러 수요가 줄어든다는 점이다. 이는 곧 달러가 강세에서 약세로 전환되고 달러 대비 타 통화의 위상이 강화됨을 의미한다. 미국의 셰일공급에 의해 특정 수준 이하로 세계 에너지 가격이 하락하면 오히려 국제에너지 시장에서 달러약세를 초래하는 상황으로 반전된다.

달러가치 유지는 금융패권의 필수조건이다. 중국이 위안화 국제화를 위한 행보를 추진하는 상황에서 달러약세는 미국이 지분을 가진 해외자산들이 중국으로 넘어갈 수 있음을 의미한다. 셰일혁명에 의한 미국의 무역수지 적자 개선과 에너지 수입 감소로 인해 달러가치가 상승한다는 논리는 일정 기간 동안 유효하다. 장기적으로 유로와 위안화를 비롯한 타 통화의 역할을 무시할 수 없다.

정치적 측면에서 사우디를 비롯한 OPEC 회원국들의 기득권을 인정해 줘야 한다. 1975년 미국-사우디 밀약에 의해 중동에서 석유거래는 달러로 이루어진다. 달러가치를 유지하고 오일머니에 대한 타 통화의 침투를 방지하기 위해 중동이 계속 유럽과 아시아에 대한 석유 공급처로 존재해 주는 것이 미국 이익에 부합한다. IS를 위시한 테러

집단의 발호를 억제하고 러시아의 대(對)중동 영향력을 감소시켜야 하며, 중국과 밀착을 막기 위해 석유시장에 대한 사우디의 영향력을 존속시켜 주어야 한다.[99] 따라서 셰일혁명으로 인해 미국과 사우디가 치킨게임에 돌입하고 정치관계가 악화된다는 주장은 사우디를 위시한 OPEC 국가들의 전략적 가치를 간과한 주장이다.[100]

이와 같은 이유 때문에 미국 정부는 셰일가스 생산 및 공급 수준을 정교하게 유지하여 WTI 유가가 일정 수준 이하로 떨어지지 않도록 통제해야 한다. 2015년 말 상황처럼 배럴당 20달러 후반 수준까지 하락하는 일은 발생하지 않을 것이다.

2016년 시점에서 달러가치를 일정 수준 강세로 유지하는 것은 미국과 중국이 원하는 바를 충족시켜 준다. 미국 정부 입장에서는 재무부에서 발행하는 국채판매가 용이해지므로 재정 및 통화정책의 여지가 넓어진다. 외국 정부와 기업의 달러 의존도를 유지시킬 수 있다. 특히 2008년 금융위기 극복을 위한 양적완화 정책 때문에 4조 달러가 넘는 미국 채권을 떠안은 연방준비은행 입장에서 강달러는 채권매각을 위한 필연적 수순이다. 다만, 수입물가 약세를 초래하므로 제조업 부활과 상충된다.

중국은 미국 금리인상 조치에 따른 달러가치 강세에 대비하여 2015년 8월과 2016년 1월에 위안화 평가절하 조치를 단행했다. 미국 금리인상의 폭을 조절하면서도 수출에 유리한 형국을 조성한 것이다.

---

99) Robert A. Manning(2014), p. 10; 김성진, "동북아 에너지 안보의 지형변화와 한국의 에너지 외교", 『에너지 국제정치의 변환과 동북아시아』(서울대학교 국제문제연구소, 2015), pp. 292-293.

100) 이러한 주장은 주로 셰일혁명의 파급력을 보도하는 언론에서 제기되고 있다. "맹방서 악화일로 치닫는 미·사우디 뭔 일 있나?", 『매일경제』(2016. 4. 17.); "사우디 탈석유 경제개혁안의 시사점 4가지", 네이버뉴스(2016. 4. 26.).

중국은 테이퍼링 등 미국의 달러강세 조치 덕분에 막대한 달러표시 외환보유고로 타 국가의 자산과 기술을 싸게 매입할 수 있었다. 2015년부터 중국이 첨단 기술을 보유한 외국 기업들의 지분을 사들인다는 뉴스가 계속 흘러나오고 있다.[101] 다만, 2008년 금융위기를 기점으로 외연을 확장했던 위안화 국제화 추세가 약화되는 불이익을 감수해야 한다. 또한 국내 물가상승에 미치는 여파를 통제해야 한다. 따라서 핵심은 미국이 어느 수준까지 달러강세를 허용하는가이다. 앞서 언급한 이유로 미국은 무작정 달러강세 상황을 만들 수 없다.

미국이 달러 금융패권으로 부당한 이득을 취하고 있다는 주장은 브레턴우즈 체제 출범 이후부터 그림자처럼 따라다닌 주장이며 전혀 새삼스럽지 않다. 다만, 음모론 차원에서 중국경제를 말살하기 위해 의도적으로 달러강세를 만든다는 주장은 비현실적이다.[102] 연방준비은행의 통화정책은 기본적으로 미국 국내 실업률과 인플레이션 수치에 따라 결정한다. 만일 미국이 국내 실업률 상승과 경기침체를 무릅쓰고 중국의 변동환율제가 견딜 수 없을 정도로 강세를 유지하게 되면 중국에 투자된 외국 자본들이 달러로 환전해서 본국으로 회귀해 버릴 것이다.[103] 이 상황에서 중국은 자국이 보유한 미국 국채를 매각하여 달러를 확보함과 동시에 달러가치를 하락시키는 수순을 밟는다. 중국

101) 천용찬·한재진, "중국 자본유출의 현황과 시사점", 『VIP리포트』 16-19, 통권 657호(현대경제연구원, 2016. 6. 8.), pp. 2-5. 2015년 12월 미국 금리인상 이후 달러강세 상황에서 중국의 외환보유고가 급감했다. 대부분 중국 기관과 개인들이 외국자산 취득을 위해 사용하였다.

102) 황당무계한 추측에 근거한 음모론적 시각은 주로 중국 학자들이 주도한다. 음모론적 소설을 실화처럼 둔갑시킨 소설이 쑹훙빙의 『화폐전쟁』이다.

103) 천용찬·한재진(2016), p. 6. 중국은 미국 달러환율과 연동되어 움직인다. 중국은 미국의 2015년 12월 금리인상에 대비한 사전포석으로 2015년 8월 위안화를 사상 최대 폭으로 평가절하했다.

은 보유하고 있는 미국 국채 매각 규모를 조절함으로써 미국 연방정부의 신규 국채판매를 통제할 수 있다. 매각 규모를 높일수록 신규 국채 판매가 어려워지므로 미국 정부의 재정정책은 난관에 부딪히게 될 것이다. 단순히 중국 경제를 억누르겠다는 의도 하나만으로 통화정책을 구사할 수 없는 것이 현 세계 통화체제의 특성이다.

미국의 달러강세 유지는 미국 제조업 부활과 배치된다. 2015년 기준 미국 GDP의 69%는 소비로 창출되며 소비재의 대부분은 중국에서 수입하고 있다.[104] 달러강세는 수입 물가를 싸게 만들어 수입을 촉진한다. 이는 미국으로 생산기지를 옮기는 제조업체들에게 수출과 내수 양 측면에서 불리하게 작용한다.

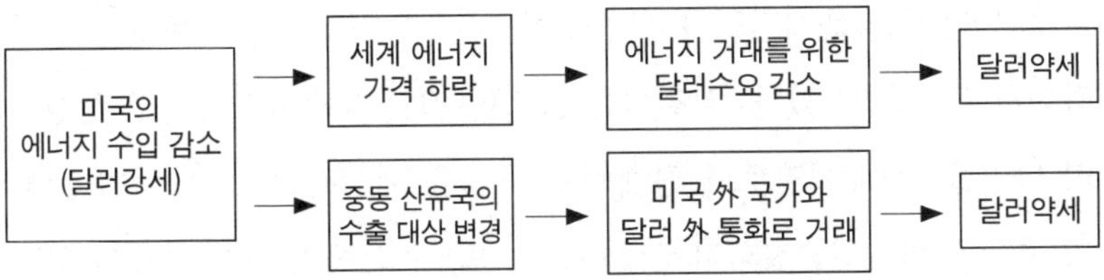

〈그림 1-4〉 셰일혁명에 의한 에너지 수입 감소와 달러가치의 변화

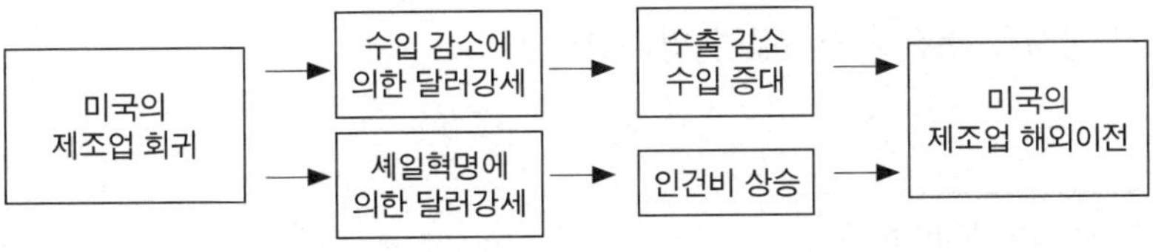

〈그림 1-5〉 셰일혁명에 의한 제조업 회귀와 달러가치의 효과

104) http://www.thebalance.com/components-of-gdp-explanation-formula-and-chart-3306015

위 이유들로 인해 양국의 경쟁에 내재된 협력 공간이 넓다. 본 장에서 에너지 안보를 '소득에 기준한 안정된 가격으로 현재와 미래 에너지 수요를 조달할 수 있는 정치·경제적 능력'으로 정의한 이유이다. 미국은 그러한 능력을 지니고 있다. 다만 셰일가스 공급을 늘림으로써 중국의 제조업을 빼앗아 오는 방향으로 확충하기에는 역풍이 만만치 않다.

중국은 고도성장 시절 지방정부의 경쟁적 투자유치로 인한 부동산 거품과 과잉설비 산업을 구조 조정하고 부실금융을 수술해야 한다. 또한 지역·계층 간 소득 불균형을 시정하고 실업률 상승을 막기 위해 내수 중심의 산업으로 조정 과정을 거쳐야 한다. 이 과정에서 성장률 하락과 단기적인 실업률 상승은 불가피하다. 중국 공산당 지도부는 자신들이 직면한 문제점들과 자신들이 지닌 능력, 그리고 무엇을 해야 하는지를 꿰뚫고 있다. 시진핑은 2013년 9월 상하이협력기구 정상회의 발언을 통해 실크로드 경제벨트 구상을 제시하였고,[105] 동년 11월의 중국 공산당 3중전회의에서 GDP 성장 우선주의 대신 분배를 강조하며 부정부패를 척결하는 개혁안을 제시했다.[106] 2014년 5월에는 신창타이(新常態)를 언급하며 중국 산업의 구조조정과 중속성장에 대비한 정책을 추진할 것임을 천명하였다.[107]

---

105) 이강국(2016), p. 59.

106) 전병서(2015), pp. 169-174.

107) 『ASAN 국제정세 전망: 뉴 노멀』(아산정책연구원, 2015. 12.), pp. 22-23. 시진핑 주석은 2014년 5월 허난성 시찰 도중 "중국은 경제발전의 단계적 특징에 기인한 '새로운 정상상태'에 적응하며 전략적 평상심을 유지해야 한다"라고 언급하였다. 이후 2014년 11월 APEC 최고 경영자 회의 및 2015년 8월 보아포 포럼 기조연설에서 신창타이를 언급하며 중·저성장으로 전환과 경제구조 개선의 불가피성을 예고했다.; 전병서(2014), pp. 276-278. 또한, 리커창 총리는 2014년 양회에서 산업 구조조정과 그에 따른 성장률 저하의 필연성을 인정하고 6.5% 수준의 경제성장 전략 제시로 뉴노멀을 구체화했다.

중국 지도부는 현 상황이 미국과 패권을 다투기보다는 협력을 강화해야 하는 상황임을 잘 알고 있다. 2012년 당 서기로 선출될 당시 "중화민족의 위대한 부흥"을 기치로 내걸었던 시진핑은 2013년 6월 미·중 정상회담에서 "하나의 산에 두 마리 호랑이가 있을 수 없다"라는 속담을 부정하고 "태평양은 넓기 때문에 두 마리 호랑이가 살 수 있다"라고 말하며 미국과 신형 대국관계를 제시했다.[108] 2013년 10월 건국 이후 처음으로 개최된 정치국 상무위원 7인이 모두 참석하는 주변외교업무좌담회에서 향후 5-10년간 중국 주변의 외교전략 목표 기본방침 및 총체적 구조 확립을 논의했다. 이 회의에서 그는 주변 외교의 기본방침으로 친성혜용(親誠惠容)[109] 개념을 제시하였고 분발유위(奮發有爲)[110]라는 외교 추진입장을 표명하였다. 이후 중국 외교는 러시아와 밀착, 일본 견제, 한국과 유대 강화, 북한 제재 동참 등 미국과 직접적인 대결을 피하면서 국익을 확대하는 정책을 취하고 있다.

향후 중국이 고도성장기의 병폐를 치유하고 새로운 도약을 위한 뉴노멀 시대로 전환하는 과정에서 저성장에 따른 실업 문제가 발생하는 것은 명백하다. 일대일로와 같은 사업을 통해 새로운 수요가 창출되고 성장이 지속되면 이상적이겠지만, 그 효과를 맛보기까지 상당한 세월과 투자가 소요된다. 따라서 구조조정 과정에서 경제침체와 사회

---

108) Caitlin Campbell and Craig Murray, *China Seeks a "New Type of Major-Country Relationship" with the United States*(U. S.-China Economic and Security Review Commission Staff Research Backgrounder, U. S.-China Commission, 2013. 6. 25.), p. 2.

109) 친(親)은 선린우호, 성(誠)은 성심과 성의, 혜(惠)는 호혜적 원칙에 근거한 협력, 용(容)은 포용적 사고 추구를 의미한다. 2014년 아시아교류 및 신뢰구축회의 등 국제회의 및 정상회담에서 시진핑은 친성혜용의 이념을 수시로 언급하고 있다. "시진핑 국가통치의 핵심 '이웃과 더불어 살자'", 『중국인민일보』 한국판(2016. 5. 6.).

110) 분발하여 성과를 이룬다는 의미로서 보다 적극적으로 국제문제에 관여하여 국가이익을 극대화하는 방침으로 해석된다.

불만이 뒤따를 것이다. 국지적 시위는 설득과 무력으로 봉합할 수 있지만, 그 문제점이 중국 역사에서 고질적으로 반복된 '지방에서 중앙 권력 약화와 봉기 파급'을 유발한다면 중국 공산당 내부의 분열과 변화가 불가피할 것이다. 이 점에서 시진핑 주석이 뉴노멀로 접어들었다는 것을 직접 언급한 것은 의미심장하다. 사전에 이를 공식화함으로써 향후 예상되는 구조조정 과정과 저성장에 따른 내부 불만을 제압할 명분을 확보한 것이다.

결론적으로, 미·중 양국이 '합리적 행위자'라고 가정할 시 서로의 장점에 기대어서 실리를 도모하는 정책을 상당 기간 지속할 것이다. '미국 제조업 경쟁력이 중국을 추월할지 여부'는 협력을 경쟁의 성격으로 전환시킬 수 있는 변수이다. 필자는 그 전환이 셰일혁명의 지속에 따라 배럴당 10달러 수준으로 유가가 하락할 때 가능할 것으로 판단한다. 시장접근성을 상쇄할 저렴한 운송비용과 노동비용을 상쇄할 에너지 비용 효과가 발생한다면 중국은 의류·신발 같은 저(低)부가가치 산업에서조차 매력 있는 제조업 분업의 장소가 될 수 없을 것이다. 중국에 투자한 외국자본들이 북미나 타 지역으로 철수하고, 중국은 대미 수출 감소와 경쟁 격화에 내몰리면서 성장률 하락과 실업률 상승에 직면하게 된다. 그러나 이 시나리오는 미국 스스로의 달러가치 하락과 국제에너지 시장에서 미국에 대항하는 연합체의 형성을 초래한다. 시차가 있겠지만 중국도 셰일혁명에 의한 에너지 가격 하락의 혜택을 누릴 것이다. 중국은 단기적으로 미국이 지닌 에너지 가격의 비교우위를 상쇄시킬 정도로 저렴한 인력을 시장에 참여시킬 수 있으며 중·장기적으로는 저렴한 가격의 에너지를 확보 및 공급하게 될 것이다. 앞서 기술한 바와 같이 '중동'이라는 변수가 작용하기 때문이다.

2) 한국-일본의 선택과 해로안보

미국은 동아시아 동맹국들에게 '안보 우산'을 제공하고 있다. 또한, 셰일혁명에 힘입어 에너지라는 경제적 당근을 제공하기 시작했다. 한국은 세계 에너지 소비 10위이며 에너지 수입의 96.5%를 해외에 의존하고 있다. 2012년 기준 석유는 세계 4위 수입국이며 천연가스는 세계 2위 수입국이다. 석유의 85%는 중동에서 수입하며 천연가스는 중동과 아시아에서 수입한다.[111] 중동 원유와 천연가스는 선적 기간까지 포함하여 25일이 소요되는 긴 항로를 거쳐 운송된다. 선물 및 현물 시장 가격에 운송료가 추가되며, 천연가스의 경우 액화 및 기화 비용까지 더해진다.[112] 한국은 중동 및 아시아 정세에 따라 에너지 공급이 줄어드는 위험을 감수해야 하므로 에너지 공급원의 다변화는 필수적이다.

한국은 김대중 정부 시절부터 노동자들의 임금 상승분을 상쇄하기 위한 방안으로 저렴한 에너지 구입을 위해 러시아와 협상을 진행하였다.[113] 그러나 리스크 비용까지 포함하는 가격 문제와 남·북한 대결이라는 정치적 상황으로 인해 협의와 선언만 난무한 채 진전되지 못하

---

111) 우리나라의 에너지 종류별 공·수급 현황 및 산업부분별 소비구성에 대해서는 『2016 에너지 통계 핸드북』(한국 에너지관리공단, 2016) 참조.

112) 우리나라는 북한으로 인해 고립된 섬과 같은 특징을 지니고 있으므로 고비용의 액화천연가스 수입이 불가피하다. 2012년 기준 미국의 천연가스 공급가격이 2.8달러/mmbtu이고 유럽의 가스 파이프 운송천연가스(PNG) 공급가격이 9.3달러/mmbtu인 반면, 한국이 수입하는 액화천연가스(LNG) 가격은 14.7달러/mmbtu이다. 통상 PNG 가스의 운송비용은 LNG의 1/3에 불과하다. 이재호(2013), pp. 153-157.

113) 임상범 저, 『한·중·일 에너지 삼국지』(좋은땅, 2015). 당시 바이칼 연안 도시 이르쿠츠의 코빅타 가스전에서 하얼빈-장춘-단둥-평택 또는 단둥-신의주-평양-서울-평택의 총 4,100km 가스 파이프라인 구상을 추진했다. 1999년 5월 김대중 대통령의 러시아 방문 시 한·중·러 3자 추진방식시행을 결정했으나 이후 가격 및 정치적 문제로 결렬되었다.

고 있다.[114] 박근혜 대통령이 2013년 10월 18일 공식 주창한 유라시아 이니셔티브도 북한의 핵실험과 미사일 발사로 인해 전면 중단된 상태이다.

일본은 후쿠오카 원전사태 이후 원자력에서 천연가스로 인프라 전환을 도모하고 있다. 중동산 천연가스 가격은 원전 운용비용보다 경제성이 낮으므로 대체 공급원이 필요하다. 한국과 일본은 2016년 6월 26일 완공된 파나마 운화 확장 덕분에 액화터미널이 있는 멕시코 만에서 남미를 우회하지 않고 수입할 수 있게 되었다.[115]

한국과 일본은 중동에 치우친 에너지 공급원을 미국과 러시아로 분산할 수 있다. 미국산 셰일가스와 러시아 극동의 천연가스가 경제적으로 의미 있는 공급원이 되는 시기는 다음의 ②와 ③이 ①보다 우세해지는 경우이다. ②의 경우 미국의 수출쿼터 제한이 경제 전반에 효과를 미칠 수 있을 정도로 충분한 수준까지 해제되어야 한다. ③의 경우 한국은 북한 경유 문제를 해결해야 하며 일본은 북방 4개 도서 반환과 평화협정 체결 문제를 해결해야 한다.

① 중동으로부터 천연가스 수입액:
천연가스 비용 + 액화 비용 + 수송 비용 + 기화 비용
② 미국으로부터의 셰일가스 수입액:
셰일가스 비용 +액화 비용 +
수송 비용(운하 확장으로 40일에서 15일로 단축) + 기화 비용

114) 이재호(2013), pp. 153-157.

115) 위의 책, pp. 153-157. 대륙으로 연결되지 않는 수요처로 천연가스를 운반하기 위해서는 가스를 액화해야 한다. 액화를 위한 저장소와 액화 설비 및 적재 시설들은 대규모 자본이 필요하다. 이 때문에 LNG 계약 체결 시 도입 가격을 미리 정하고 통상 20년의 장기계약을 체결한다. 원유의 현물계약은 통상 1-3년이다.; 김관섭, "파나마 운하 확장과 동북아 석유가스 물류 변화", 『울산매일』(2016. 8. 22.).

③ 러시아로부터의 천연가스 수입액:

천연가스 비용 + 파이프라인 수송 비용

현재 우리나라는 미국산 셰일가스를 수입하기 위한 조치를 시행했다.[116] 다만, 미국 에너지부 산하 연방에너지규제위원회가 승인하는 수출물량과 인프라건설, 가격이 걸림돌로 작용한다. 이 때문에 미국산 셰일가스가 명실상부하게 우리나라의 새로운 에너지 공급원으로 자리 잡기까지는 상당한 시일이 소요될 것이다.[117] 한국의 THAAD 배치와 일본의 헌법 개정 등 동맹 강화라는 용어로 표현되는, 미국 정책과의 동조는 미국 정부로 하여금 미국 내 환경단체와 보호무역주의자들의 반대를 무마하며 한국과 일본에 대한 셰일가스 수출 물량을 확대시키는 요소로 작용할 것이다.

오바마 행정부는 동아시아 국가들이 중국 주도의 자유무역협정을 통해 중화경제권에 편입되고 경제권 내 위안화가 통용되는 상황을 막기 위해 환태평양 경제동반자 협정(TPP: Trans Pacific Partnership)을 추진 중이다.[118] 군사적으로는 중국의 남중국해 영유권 강화를 차단하기 위해 중국과 대척관계에 있는 동남아 국가들과 공조하며 영유권 분쟁에 개입하고 있다.[119] 2016년 11월 미국 대선 투표에 의해 대통령으로 당

---

116) 한국가스공사는 멕시코 만 루이지애나 주 사빈에 위치한 LNG 수출기지에서 2017년부터 20년간 연 350만 톤 물량의 도입계약을 체결했다. 이권형 외(2012), p. 7.

117) http://www.ferc.gov/about/ferc-does-asp; Michael Ratner, *U. S. Natural Gas Exports: New Opportunities, Uncertain Outcomes*(Congressional Research Service, 2015. 1. 28.), pp. 7, 14-15.

118) 레이쓰하이(2014), pp. 225-227. TPP는 금융자유화를 포함한다. 고정환율제 유지의 관치금융으로 미국의 위안화 평가절상 요구에 저항하고 있는 중국이 참여할 리 만무하다. TPP가 발효되면 중국과 주변 아시아 국가들 간 무역의 원가는 올라가는 반면 미국과 이들 국가와의 무역원가는 하락한다.

119) 노효동, "오바마, 중국에 남중국해 가시적 조치 촉구… '군사기지화 중단'", 『연합뉴스』(2016. 2. 17.).

선된 트럼프는 TPP를 무효화하고 보호무역주의 기조를 강화할 것임을 천명하였다.[120] 그러나 앞서 기술한 바와 같이 제조업의 미국 회귀는 제조업 특성과 산업구조상 한계가 있다. 셰일혁명에 의한 달러강세는 제조업 회귀를 어렵게 만들 것이다. 이윤을 추구하는 기업들과 제한된 소득으로 구매력을 증대하려는 소비자 입장을 동시에 만족시켜 주기에는 한계가 있는 정책이다. 트럼프의 인기영합주의적인 공약은 현실의 벽에 부딪힐 것으로 예상한다.

중국은 미국과 직접 대결을 회피하고 있지만 남중국해 영유권 문제는 두 가지 이유로 인해 강경한 입장을 유지하고 있다. 첫째, 이 문제는 자원 소유권 문제가 아니라 '영토 수호의 민족 자존심' 문제이다. 현재 남중국해에서 해상유전 및 가스 개발이 이루어지는 곳은 영유권 분쟁해역이 아닌 동남아 각 국가의 연안이다. 분쟁 대상 해역에서 중국 주도로 자원탐사 개발이 이루어지고 있지만 자원 매장량은 불확실하며 채산성을 가늠할 수 있는 성과는 나오지 않았다.[121] 또한, 영유권의 역사적 권원 측면에서 중국은 타 국가들에 비해 우위를 점하고 있다. 베트남을 제외한 동남아 국가들의 본격적인 문제 제기가 1994년 유엔 해양법협약 발효 이후라는 점과 동남아 국가들이 기대고 있는 미국이 동 협약을 비준하지 않은 국가라는 점이 중국의 '민족 자존심'을 부채질하고 있다.[122] 둘째, 중국은 유사시 남중국해 영유권 문제를 신창타이로 전환 실패 시 예상되는 내부 반(反)정부 세력의 준동을 억제하고 중국 인민들의 고통 분담을 정당화하는 수단으로 사용할 수 있

---

120) 박수진, "트럼프 TPP 탈퇴 선언, 공정한 양자 무역협정 하겠다", 『한국경제』(2016. 11. 23.).

121) 남중국해 자원개발 현황에 대해서는 정호경, "남중국해 해양영토분쟁 국가들의 영유권 주장과 대응의 한계"(경북대학교 박사학위 논문, 2012), pp. 68-72 참조.

122) "中, '국제협약 가입도 안 한 미국이 무해통항권 주장'", 『연합뉴스』(2015. 10. 29.).

다. 즉, 미·중 경제관계 악화, 일대일로 실패에 따른 내부 불만을 외부로 전이시킬 수 있는 사안이다. 이를 위해 사전에 인공섬들에 대한 영유권 주장을 강화하는 조치—레이더 및 미사일 배치—들을 실행하고 있다. 에너지 안보 관점에서 중국에게 중요한 것은 서부 지역 에너지 개발과 일대일로 지역 국가들과 에너지 협력이며 동남아 영유권 해역 개발은 시급한 사안이 아니다. 따라서 남중국해 영유권 문제는 '영토를 수호한다는 민족 자존심의 문제'로 부각시키면서 향후 미국과 중국 간 경제관계 전개가 극한 상황으로 치닫게 된다면 '해상교통로 차단'이라는 위협 수단으로 활용할 것이다.

우리 입장에서 동아시아 영유권 문제는 해상교통로 안정성 문제이다. 우리는 다음과 같은 네 가지 이유로 인해 향후에도 상당 기간 동중국해 및 남중국해 해상교통로에 의존할 수밖에 없다. 첫째, 앞서 언급한 바대로 셰일혁명에도 불구하고 가까운 시일 내 에너지 공급원의 다변화를 달성할 수 있을 정도로 미국산 셰일가스의 수입물량을 늘릴 수 없다. 이를 위해 미 의회와 환경단체의 반대 무마, 미 정부의 최종 승인, 액화터미널 확장 및 신규 건설 등의 절차가 필요하며 상당 기간이 소요될 것이다. 둘째, 러시아로부터 천연가스 수입은 북한 문제로 인해 난망한 실정이다. 셋째, 미국은 중동 국가들, 특히 사우디의 에너지 수출을 유지시켜야 한다. 원유거래의 달러결제는 기축통화 지위를 유지하기 위한 중요한 수단이다. 또한, 중동 산유국들이 중국과 밀착하는 것을 차단해야 한다. 이 때문에 미국은 에너지 수출국이 되는 상황에서도 OPEC 수장 격인 사우디로부터 석유를 수입하고 있다.[123] 사

123) 미국 에너지부 자료, http://www.eia.gov/beta/petroleum/imports/browser/#/?o=0&ot=PET_IMPORTS.WORLD-US-ALLA. 2015년 미국이 사우디 등 중동 지역으로부터 수입하는 원유는 총수입량의 20.2%인 5억 4천2백만 배럴이다. 사우디 단독으로는 12%에 해

우디를 통한 페트로 달러의 영향력을 유지하기 위해 사우디의 수출시장 유지를 도와주어야 한다. 넷째, 우리나라처럼 원유를 수입하여 화학제품을 만들어 수출하는 입장에서 원유와 천연가스는 대체재로서 한계가 있다.[124] 수출산업을 유지하기 위해서라도 우리나라는 셰일혁명과 무관하게 사우디로부터 원유를 계속 수입해야 하며 그 수송로인 동남아 해로의 중요성은 변하지 않을 것이다.

대한민국은 산업경쟁력 강화 필요, 탄소배출과 미세먼지 문제 해결, 원전의 안정성과 경제성에 대한 우려, 전기자동차의 출현 등으로 천연가스로의 인프라 전환을 촉진하고 있다. 향후 산업생산 및 생활 인프라에서 천연가스 비중이 높아질 것이므로 경제성을 갖춘 새로운 공급원 확보가 필요하다. 결국, 우리의 새로운 에너지 공급원은 미국산 셰일가스와 오일, 러시아 극동의 천연가스와 원유로 귀결될 것이다.

러시아는 우크라이나 사태로 인한 경제제재, 미국 및 중동산 에너지의 대유럽 수출증대 여파로 수출 감소분을 보완하기 위해 중국과 밀착을 강화하고 있다. 일본은 북방 4개 도서 분쟁에도 불구하고 1970년대부터 러시아와 사할린의 에너지를 공동 개발하여 왔다. 러시아는 현재 4개 사할린 프로젝트를 시행 중이며 미쯔비시를 비롯한 일본 에너지 회사들이 참여하고 있다.[125] 2016년 11월 22일에는 마침내 1조 원의 투자기금 조성에 합의하였다.[126] 김대중 정부 시절부터 추진하고

당한다.

124) 국가통계청 자료, http://www.index.go.kr/portal/main/EachDtlPageDetail.do?idx_cd=2455. 2013년과 2014년에 석유제품 수출은 각각 527.8억 달러, 507.8억 달러로 반도체에 이어 2위를 기록했다.

125) 임상범(2015), pp. 76-77.

126) "일본-러시아, 양토협상 진전 없어도 1조 원 투자기금은 조성", 『연합뉴스』(2016. 11. 22.).

박근혜 정부에서 유라시아 이니셔티브로 부활시키려 했던 우리의 북방 자원외교가 결실을 보지 못하는 동안 일본은 사할린에서 일본 홋카이도로 전력과 천연가스를 공급하는 송전망과 가스 파이프라인을 설비하는 프로젝트를 가시화하고 있다.[127)]

우리나라는 안타깝게도 일본에 비해 현실주의 국제정치관이 요구하는, 냉철한 현실인식에 바탕을 둔 유연한 국익 추구의 정책이 부족한 듯하다.[128)] 1999년 이후 추진해 온 한국과 러시아 간 에너지 협력은 사실상 제자리걸음 상태이다. 천연가스 파이프라인과 전력선이 북한을 경유하지 못하는 상황에서 러시아 자원을 활용하는 것은 요원하다. 미국의 해결의지와 직접개입 없이는 사실상 해결 불가능한 북한 핵 문제를 경제협력과 연계하거나, 근거가 빈약한 북한 붕괴론에 기대어 스스로 입지를 축소하는 동안 중국과 일본은 러시아 자원을 선점하며 지분을 쌓아 가고 있다. 러시아와 에너지 협력을 하지 않는 한, 천연가스에 대한 우리의 선택은 파이프라인 천연가스보다 가격이 비싸며 장기계약을 체결해야 하는 액화천연가스에 의존할 수밖에 없다. 이 때문에 경제가 성장할수록 우리의 에너지 안보 수준은 더욱 취약하게 된다.

한국 및 일본에 대한 미국의 셰일가스 수출은 동아시아 및 중동 불안정성이 초래하는 위험들을 분산하는 효과를 지닌다. 그러나 경제성장이 마이너스가 되지 않는다면 국가들의 에너지 수요 절대수치는 항

127) 쿠릴 4개 도서 분쟁이 역설적으로 일본과 러시아 간 에너지 협력 필요성을 촉진하고 있다는 점에 주목할 필요가 있다. 영토 문제는 협상에 의한 일방적 해결이 불가능에 가깝다. 각국 지도자들에게 영토 문제의 핵심은 국내 여론이다. 당사국들의 국내 여론을 만족시키는 유일한 방법은 현상유지하 공동개발이다.

128) 제국주의 통치와 강대국 간 전쟁 경험을 통해 국제정치의 냉혹한 현실을 직시하고 있는 일본은 냉전 시절에도 1972년 시작된 데탕트 분위기에 편승하여 1979년 미·중 수교에 앞서 1974년에 먼저 중국과 수교를 하였다. 북한에 대해서는 고이즈미 총리가 2002년 평양을 방문하여 북·일 수교를 논의하는 등 미래 한반도 상황 변화에 대한 사전 포석을 깔아 놓았다.

상 증가한다. 원유 및 천연가스의 실질 공급원으로서 중동 지역이 차지하는 비율은 줄어들 수는 있지만 절대량의 증가는 대체하기 어렵다. 미국이 중동 수입을 대체할 정도로 셰일가스와 셰일오일 방출을 허락하지 않는 한, 동아시아 해로안보 문제는 변함없이 존재할 것이다.

5. 결론

본 장은 미국-중국 간 경쟁과 협력 양상을 에너지 안보 관점에서 분석한 장이다. 에너지 안보에 대해서는 다양한 정의가 존재한다. 본 장에서는 달러 금융패권이라는 현 국제 정치·경제 환경에서 에너지가 지닌 정치·경제적 의미를 담기 위해 에너지 안보를 '(소득에 기준하여) 안정된 가격으로 현재와 미래 에너지 수요를 조달할 수 있는 정치·경제적 능력'으로 정의하였다. 국가가 지닌 이 능력의 수준에 따라 에너지 안보 수준이 결정된다고 보았다.

미·중 두 강대국이 경쟁하는 현시대는 두 가지 측면에서 과거와 큰 차이가 있다. 첫째, 산업생산과 복리에 필요한 수준의 에너지 확보에 실패하면 경제 혼란이 유발되고 '국내' 정치 불안정과 권력 상실의 위험으로 연결된다. 둘째, 에너지 가격은 미국이 지닌 달러 금융패권 유지와 밀접한 관계가 있다.

미국은 셰일혁명과 달러 금융패권으로 에너지 공급의 키를 쥐고 있다. 저렴한 에너지 공급으로 제조업을 부활시켜 양질의 일자리를 창출하고, 달러가치를 제고시킴으로써 패권국 지위를 강화하려 한다. 중국은 외환보유고와 인구를 바탕으로 서부 대개발 및 일대일로를 통해 내수를 부양하고 수출 경쟁력을 지속하는 전략을 구사하고 있다. 제조업 경쟁력 우위를 지속하기 위해 값싼 노동력뿐 아니라 에너지를 저렴하게 확보해야 한다.

본 장은 미국과 중국이 아직까지는 경쟁보다 상호 협력 동기가 강하다고 분석한다. 저렴한 에너지 공급에 바탕을 둔 미국의 제조업 부활은 제조업 특성, 미국의 산업구조, 높은 인건비, 시장접근성을 고려할 시 한계가 있다. 기축통화 지위를 위해 달러강세를 유지하는 것과 제조업 부활은 상충관계이다. 미국 기업들은 중국의 제조업과 거대한 내수가 유발하는 수익을 외면할 수 없다. 미국에서 제조업 부활은 고가치 브랜드 상품 위주로 국한될 것이다. 셰일혁명에 의한 에너지 독립과 달러강세도 중·장기적으로는 전 세계 달러수요 감소에 따른 달러약세와 미국의 대외 영향력 약화로 귀결된다. 중동 지역의 헤게모니 유지를 위해서도 셰일가스 공급에 의한 유가하락을 방치할 수 없다.

중국은 미국 정부와 투자기관들이 선물시장(futures market)을 통해 주도하는 에너지 가격 결정시스템을 받아들이며 새로운 에너지 공급원을 확보해 나가고 있다. 중국 위안화 위상과 낙후된 금융시스템을 고려할 시 에너지 가격형성에 영향력을 미치는 수준의 국제 선물시장을 설립하고 운영한다는 것은 언감생심이다. 중국은 미국이 셰일가스 공급을 증대하면 그 여파에 의해 에너지 가격 하락의 혜택을 누릴 수 있다. 또한, 세계 제1의 매장량을 가진 셰일가스를 저렴하게 개발할 수 있는 채굴기술의 발달도 기대된다. 현재 중국은 동중국해 바닷물을 서부 내륙까지 끌어들여 셰일 채굴에 활용하는 방안을 거론하고 있다. 춘추전국시대에 대규모 운하와 만리장성을 건설한 치산치수의 역사를 지닌 중국이기에 문제해결 의지와 능력을 결코 가볍게 볼 수 없다.

중국은 숱한 대내외 사건—대약진운동, 문화혁명, 천안문 사태, 냉전 해체, 구소련 해체, 아시아 금융위기, 미국발 세계 금융위기, 유럽 재정위기—을 직접 겪거나 목격하면서 얻은 값진 교훈을 간직하고 있다. 중국 정부가 자본시장을 점진적으로 개방하면서도 관치금융을 유지하는 이유이다. 중국은 달러의 기축통화 지위에 도전하지 않으면서 자원외교 및 일대일로 사업, 자유무역협정을 통해 에너지 공급원과 상품 소비시장을 확보해 가고 있다. 그 과정에서 위안화 결제 범위를 점진적으로 넓혀 가는 현명한 정책을 펼치고 있다.[129)]

우리의 국익을 위해 미·중 양국의 원만하고 협력적인 관계가 중요하다. 그러나 현실은 우리 의도에 개의치 않는 강대국들 간 게임으로 흘러간다. 미국 제조업체들이 적절한 수준의 달러강세 조건하에 실질적인 제조업 부활을 달성하는 시점, 외국 자본들이 중국에서 본격적으로 철수하는 시점을 위기의 시작으로 보아야 한다. 그러나 앞서 기술한 이유들로 인해 현시점에서는 그 가능성이 낮아 보인다.

우리는 미·중 양국이 경쟁보다 협력에 방점을 두고 있는 이 시기를 국가 에너지 안보의 백년지계를 위한 시점으로 활용해야 한다. 그 목적은 에너지 공급원 다변화이며 대상은 미국과 러시아이다. THAAD 배치가 상징하는 동맹 강화를 통해 미국으로부터 충분한 물량의 셰일가스를 수입하도록 해야 한다. 러시아와 북극해 항로협정을 체결하여 북극해를 통한 알래스카 및 북해산 원유의 운송에 대비해야 한다. 무엇보다도, 북방 자원외교를 다시 가동시켜 북한 동해안을 통하는 송유관 또는 연안의 해저 송유관으로 러시아 블라디보스토크의

129) 전병서(2015), pp. 300-302; 윤석천(2016), pp. 136-140.

천연가스를 끌어와야 한다.[130] 러시아를 한반도에서 수익을 창출하는 이해당사자로 전환시킴으로써 정치적으로는 한반도에 대한 주변국들의 정책을 견제하는 수단으로 활용하고, 경제적으로는 우리의 제조업 원가를 절감하며 향후 개발 여지가 많은 시베리아 개발 프로젝트에 동참할 수 있다. 이러한 다변화가 실현된다면 산업경쟁력을 강화할 수 있으며 중동정세 불안정, 미·중 경쟁양상 격화 등의 상황이 발생해도 그 충격파를 감쇄할 수 있다. 향후 우리의 해로안보를 북방, 중동, 남방으로 삼분하고 해군 차원에서 러시아와 북방해로 관리를 위한 협력과 교류를 강화해야 한다.

130) 임형록, "전 세계경제 동향"(2016. 11. 27), p. 33. 임형록 교수는 에너지 확보를 위한 국가백년지계의 중요한 축으로 러시아와 협력강화를 강조한다. 북한 문제로 인해 북한 영토를 통과하는 송유관 건설이 어렵다면 북한 연안의 해저를 통과하는 건설 방안이라도 우선 강구해야 한다고 주장한다.

2장
패권전이 형태에 대한 영향 요인

1.개요

냉전 종식과 중국 부상은 미국-중국(이하 미·중으로 표기) 관계를 국제정치학계의 중심 화두로 자리매김시켰다. 학계뿐 아니라 정부기관, 안보단체, 민간기업 및 연구소, 비정부기구, 언론, 그리고 자유기고가에 이르기까지 두 국가 관계에 대한 관심과 연구는 사실상 의무 사항이 되었다. 미·중 관계에 대한 열정적 관심은 두 가지 사실에서 연유한다. 첫째, 구소련 붕괴 이후 미국 패권에 도전 가능한 잠재 능력을 지닌 국가는 한반도에 인접한 중국뿐이다. 둘째, 미·중 관계는 싫든 좋든 한반도의 미래를 좌우하는 핵심 변수이다.

미·중 관계에 대한 연구 중점은 양국 간 '패권전이(Power Transition)'가 발생할 것인가의 여부, 그리고 그 과정에서 불가피하게 폭력을 수반할 것인가의 여부이다. '패권전이'라 불리는 현상은 두 가지 상황으로 구성된다. 첫째, 국제질서를 규정짓고 이끌어 가는 패권국과 이에 불만을 품은 도전국 간의 국력 추월 또는 추월이 예상되는 상황이다.[1] 둘째, 패권전이 결과로서 새로운 국제질서 규약과 규범이 정착된다. 패권전이 형태는 협상과 타협을 통한 평화적 패권전이와 폭력을 수반하는 패권전이로 나뉜다. 냉전 시기 미국-구소련 간 대결처럼 패권전이 상황이 발생했다가 소멸되는 상황도 국제질서의 변화를 수반했다면 패권전이 형태로 분류할 수 있다.[2]

패권전이 이론은 미국의 국제정치학자 오르간스키(A. F. K. Organski)가 1958년에 제시하였다.[3] 이 이론은 국가별로 서로 다른 국력 성장 속도와 국제질서에 대한 만족도를 핵심 변수로 사용하여 패권전이가 발생한 원인과 과정, 결과를 탐구하는 동태적인 이론이다. 이 이론에 의하면 상호 적대적인 국가들 간 '힘의 균형(Balance of Power)'이 전쟁 발생 가능성을 높이고 "힘의 불균형(Imbalance of Power)"이 전쟁 발생 가능성을 낮춘다. 이 가설은 이후 계량기법을 사용한 경험연구로 뒷받침되었으며 1980년에 발간된 저서를 통해 그 결과가 소개되었다.[4]

패권전이 이론은 케네스 월츠(Kenneth N. Waltz)의 신현실주의(Neo-realism) 이론이 제시한 "힘의 균형이 전쟁 발생 가능성을 낮춘다"라는 주장과 대척점을 이룬다.[5] 또한 존 미어샤이머(John J. Mearsheimer)의 공격적 현실주의(Offensive realism) 이론이 제시한 "현상유지 국가는 없다"

1) 패권전이 이론을 계량 검증한 연구는 국력 지표로 GNP를 사용하여 두 라이벌 국가 간 GNP 수치가 20% 차이 이내로 접근한 상황을 패권전이 상황으로 규정했다. A. F. K. Organski and Jacek Kugler, *War Ledger*(Chicago: The University of Chicago Press, 1980), p. 49.

2) 냉전 종식은 나토 확대와 WTO 설립 등 새로운 국제질서의 출범을 동반하였으므로 패권전이의 형태로 분류할 수 있다. 물론, 그 질서는 기존 미국 중심의 국제정치경제 질서를 공고히 하는 방향으로 구축되었다.

3) A. F. K. Organski, *World Politics* 2nd eds.(New York: Alfred A. Knopf, 1968).

4) A. F. K. Organski and Jacek Kugler(1980).

5) Kenneth N. Waltz, *Theory of International Politics*(New York: McGraw-Hill, 1979). 월츠는 힘의 균형이 전쟁을 억제하고 힘의 불균형이 전쟁을 유발한다고 주장한다.

라는 주장과도 대척점을 이룬다.[6] 미·중 관계는 이러한 현실주의 계열의 이론들뿐 아니라 자유주의 계열의 이론들—상호 의존 이론, 국제기구론, 민주주의 평화 이론—에 의해서도 다양하게 분석된다. 각 이론들은 '패권전이 현상'에 대한 관점(perspective)과 분석틀(analysis framework)을 제공한다. 이들 이론들은 현실을 추상화하기 위해 다양한 요소들 중 특정 요소를 핵심 변수로 선정하며 여타 요소들이 지닌 설명력을 생략한다. 관점이란 특정 요소를 강조하는 것이며 분석틀이란 그러한 과정을 거쳐서 탄생한 인과관계 논리이다.

본 장은 패권전이 형태에 영향을 미치는 요인들에 관한 장이다. 패권전이 형태에 관한 연구는 향후 미·중 관계를 전망하는 데 유용하다. 패권전쟁은 패권전이 형태들 중 하나이며, 그 세부 모습도 폭력 목적, 폭력 수준, 폭력 지속 기간에 따라 다양하게 분류할 수 있다.

패권전이가 어떤 형태로 나타날 것인가에 대한 전망은 패권전이 이론이 지닌 한계를 인식하면서 이루어져야 한다. 또한, 국력 구성요소와 관련하여 시대환경의 변화에도 불구하고 역사적 일관성을 지니는 부분과 그렇지 않은 부분을 구분해야 한다. 권력에 집착하는 인간 욕망이 불변하고 그것을 달성하기 위한 수단을 전략적으로 선택하는 합리성이 몰역사적 속성을 지닌 것이라면, 수단 형태와 사용 방법은 역사의 산물이며 시대환경에 종속된다.

본 장은 패권전이 현상을 설명하기 위해 구조주의 이론에서 사용하는 두 가지 요인들—전쟁 기대효용(expected utility of war), 총국력

---

6) John J. Mearsheimer, *The Tragedy of Great Power Politics*(Norton Company LTD: University of Chicago Press, 2001). 미어샤이머는 월츠의 현실주의 이론을 전쟁 발생 원인을 설명하지 못하는 이론으로 평가한다. 패권전이 이론이 현상유지에 만족하는 국가의 존재를 인정하는 반면, 미어샤이머의 공격적 현실주의 이론은 그러한 국가가 존재하지 않는다고 주장한다.

(aggregative national power) 구성—이 지닌 의미와 작용 경로가 과거 경험과 다름을 강조하며 이를 이해함으로써 21세기 미·중 관계를 올바르게 전망할 수 있다고 주장한다.

본 장의 2절은 패권전이 형태에 대한 구조주의 계열 이론들이 지니는 기능적 한계를 설명하고 패권전이 형태에 영향을 미치는 두 가지 요인을 제시하였다. 3절은 21세기 미·중 관계로 대변되는 패권전이 상황에서 두 가지 요인들을 구성하는 변수와 그들이 미국과 중국에서 작용하는 기능에 대해 평가하였다. 4절은 결론으로서 향후 미·중 관계에 대한 전망을 제시하였다.

2. 패권전이 형태에 대한 구조주의 이론과 영향 요인

1) 변수의 가변성과 전략적 관점

이론은 현상을 관찰하고 분석하는 도구이며 현상의 본질을 이해하도록 안내해 준다. 이론은 간명성(parsimony)[7]을 위해 복잡한 현상을 단순한 인과관계의 모습으로 추상화하기 때문에, 변수 선택과 인과경로(작동기제)의 타당성은 매우 중요하다. 동일한 현상을 탐구하는 여러 이론들 중 구성의 타당성과 경험검증을 통한 신뢰성을 확보한 이론만

7) 간명하고 단순한 이론이 현상에 대한 높은 선험적 확률(prior probabilities)을 가진다는 의미이다. 동일한 현상을 설명하는 이론들 중 그 현상에 대한 선험적인 지식과 정보를 더 많이 지니고 있는 이론일수록 그 현상을 설명하기 위해 사용하는 독립변수의 수가 적다. 즉 이론이 간결하다. Gary King, Robert O. Keohane, Sidney Verba, *Designing Social Inquiry*(New Jersey: Princeton University Press, 1994), p. 20.

이 그 가치를 인정받는다. 논리적 구성으로는 멋있게 보일지라도 현상을 설명하지 못한다면 정책에 활용할 수 없는 장식품에 불과하다.

복잡다단한 국제정치 현상에 대해 간결하고 명쾌한 일반화(generalization)를 추구하는 거시 이론들은, 현상을 결정하는 수많은 변수들 중 핵심적이라고 판단하는 변수들을 선정하여 변수들 간의 인과관계로 현상을 설명하고 미래를 전망한다. 거시 이론들은 간명성과 일관성이라는 미덕을 지니고 있으며 거시적 추세를 설명하는 데 적합하다. 그러나 탐구 대상의 시간과 공간 범주를 축소할수록, 다수 사례에서 특정 사례로 옮겨 갈수록 거시 이론이 지닌 설명력은 변수 선정의 제한으로 인해 약화된다. 개별 사례를 다루는 미시적 수준에서는 더 다양한 관찰을 허용하는 변수나 세분화된 변수가 필요하다.[8] 따라서 현상에 대한 정확한 분석을 위하여, 특정 개념을 나타내는 변수 선택은 시간과 공간 범주에 따라 변할 수 있다는 '가변성'을 수용하고, 변수들 간의 관계를 전략적 관점으로 해석해야 한다. 예를 들어 예나 지금이나 국력의 개념은 동일하다. 다만 그 개념을 나타내는 변수는 시대 환경과 국가별 특성에 따라 달리한다. 거시 수준에서 국력을 나타내는 변수—인구, 천연자원, 영토, 생산력 등—들은 상대적으로 오랜 기간 지속되겠지만 이를 특정 사례에서 활성화하는 미시 수준의 변수—정치체제, 산업구조, 과학기술의 발달 수준, 특정 자원에 대한 의존도, 교육 수준—들은 동시대일지라도 국가별로 달리한다. 미시 수준의 변수들이 지니는 역할과 영향력을 고려하지 않는다면 개별 사례에서 발

8) 이론의 시·공간 범위가 확장되고 변수가 나타내는 개념이 추상화될수록 설명력과 검증 가능성은 줄어든다. 반면, 미시적 수준을 지향할수록 설명력과 검증 가능성이 높아지지만 이론이 추구하는 일반성 확보는 어려워진다. 김웅진·김지희, 『정치학 연구방법론』(서울: 명지사, 2005), pp. 51-53.

생하는 현상을 거시 추세와 연계하여 설명할 수 없다.

변수들 간의 관계에 대한 전략적 관점은 변수들 간에 발생하는 상호 작용의 기제를 염두에 두고 현상을 인과적으로 설명하는 관점이다. 상호 작용은 행위의 원인이 결과로 작용하고 결과가 원인으로 작용하는 '내재적 관계'와 행위자의 '가치 개입'을 전제한다. "닭이 먼저냐, 달걀이 먼저냐?"는 변수들 간의 내재적 관계를 나타내는 대표적 표현이다. 내재적 관계를 유의미한 인과관계로 전환하여 분석하기 위해서는 분석이 적용되는 시·공간적 범주를 연구 목적에 맞게 설계하고, 변수를 정교화하여 변수에 포함된 내재성을 추출 또는 통제하고, 인과관계 경로를 만들어 주는 매개변수를 사용해야 한다.[9] 예를 들어, 무역 규모와 해군력이라는 두 변수는 내재적 관계를 지닌다. 해군력 강화가 자유무역을 보장함으로써 무역 규모 증대를 초래하는 것인지, 무역 규모가 증대함에 따라 이를 보호하기 위해 해군력 증대를 초래한 것인지가 불분명하다. 이 내재적 관계를 인과관계로 전환하기 위해서는 영국 등 과거 해양 강국의 해군력과 무역 규모를 관찰할 수 있는 시·공간 범주를 설정하고, 무역 규모와 해군력 간 내재성을 초래하는 세부변수들—무역 정책, 주 무역 대상 및 품목, 무역 항로 등—을 독립변수 또는 종속변수로 전환하고 여타 변수들의 영향력을 통제해야 한다. 또한 관찰 기간 중 인과경로 상에 존재하는 매개변수—동맹, 예산, 위협 등—와 독립 및 종속변수 간 변동 추이를 조사해야 한다. 이러한 기제를 통해 사전 설정된 시·공간 범주에서 무역 규모(또는 해군력 증대)를 구성하는 어떤 세부변수가 어떠한 경로로 해군력 증대(또는 무역 규모)

9) 내재적 관계가 초래하는 문제를 해결하기 위해 독립 및 종속변수의 세분화 등 다섯 가지 기법을 사용한다. Gary King, Robert O. Keohane, Sidney Verba(1994), pp. 186-195.

를 구성하는 세부변수와 인과관계를 이루고 있는지 규명할 수 있다.

'가치 개입'은 정확한 인과관계 규명과 미래 전망을 위해 반드시 고려해야 하는 요소이다. 현재 시각에서 오감을 통해 인지하는 무수한 현상들은 행위자들 간 누적된 상호 작용의 결과물이며 미래를 만들어 가는 과정의 모습이다. 현상은 결과이면서 과정이므로 현상을 분석할 때에는 결과로만 치부하지 말고 '미래를 만들어 가는 과정'임을 염두에 두어야 한다. '이미 발생한 결과'에 매몰된 설명, 즉 결과론적 입장에서의 설명을 시도할 경우 각 행위자들이 지닌 가치와 상호 작용 과정이 지니는 의미를 파악할 수 없다. 예를 들어, 제2차 석유파동이 발생한 1978년에 향후 30년 이내 전 세계 석유가 고갈될 것이라는 분석과 전망이 유행했다. 당시 추산된 가채 매장량과 석유 소비 추세를 계산해서 나온 결과였다. 수치는 나름대로 완벽했지만 이러한 분석이 간과한 것은 '개체가 추구하는 가치판단'이다. 석유가 부족하다면 그 부족한 상황을 이용하여 '수익'을 극대화하기 위한 인간의 본능적 욕심(집착)이 필연적으로 존재한다. 그 욕심을 채우기 위한 인간의 노력을 분석과 전망에 포함해야 정확한 예측이 가능하다. 즉, 새로운 매장지 탐사, 채굴과 정제와 운송의 원가 절감, 대체에너지 개발 등에 노력과 기술과 자본이 쏠린다는 사실을 포함해야 한다. "알려진 위기는 위기가 아니다"라는 말은 개체(개인, 기업, 국가 등)가 지니는 가치(국력 또는 수익 극대화)와 이를 실현하기 위한 개체 간 상호 작용이 지닌 의미를 반영한다.

행위자들의 '가치 개입'을 중요한 요소로 받아들여야 함에도 불구하고 현상을 결과로만 바라보는 오류를 많이 발견할 수 있다. 국제정치 분야에서는 1980년대 중반에 유행한 미국 쇠퇴론, 1990년대 중반에 유행하고 아직까지도 일부 회자되고 있는 중국 붕괴론, 냉전 종식 이후부터 지금까지 지속되고 있는 북한 붕괴론이 대표적이다. 이 주장들의 공통점은 특정 현상—미국의 지속적인 무역적자 발생—을 상호 작용에 수반되는 현상으로 받아들이지 않고 상호 작용의 결과로만 간주했다는 점이다. 그 현상과 동반하거나 그 현상이 초래하는 다른 현상들—국내 물가 및 고용 안정, 강달러 유지, 기업 효율성 제고 및 신기술 개발 촉진 등—이 지닌 의미를 함께 파악해야 정확한 분석과 전망을 할 수 있다.

변수 선택의 가변성과 전략적 관점은 미·중 관계를 다루는 기존 이론들이 지닌 한계를 규명하고 보완하는 데 유용하다. 미·중 관계의 의미를 보다 정확히 파악하고 올바른 전망을 하기 위해서는 기존 이론들이 지닌 순기능을 살리면서 미시적 수준에서 변수 선택의 가변성을 수용하고 전략적 관점으로 변수들 간의 관계를 규명하는 노력이 필요하다.

2) 패권전이 형태에 대한 구조주의 이론의 기능적 한계

패권전이에 대한 정확한 이해를 위해서는 '패권전이 현상', '패권전이 잠재상황', '패권전이 상황', '패권전이 형태' 등 네 가지 용어의 개념을 정의하여야 한다.

〈그림 2-1〉에서 Defender Preponderant 단계는 패권국이 국력 우위를 점하고 있으나 패권국 지위에 도전할 능력을 지닌 국가(Challenger)의 국력 성장률이 패권국의 국력 성장률보다 앞서는 단계이다. Parity

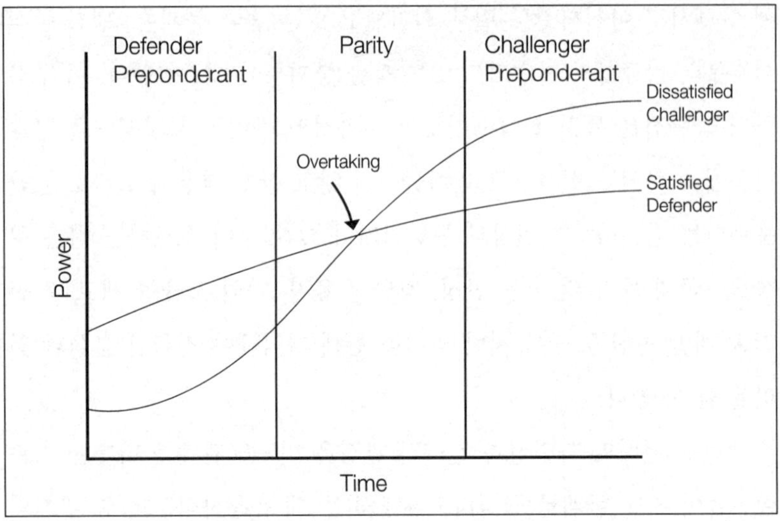

〈그림 2-1〉 패권국과 도전국 간 국력의 불평등 성장에 따른 패권전이 추세[10)]

단계는 도전국 국력이 패권국 국력과 유사한 단계이며 Challenger Preponderant 단계는 도전국 국력이 패권국 국력을 완전히 추월한 상태이다.

본 장에서 '패권전이 현상'이라는 용어는 도전국과 패권국의 지위가 바뀌고 난 이후에 그 과정을 총체적으로 묘사하기 위해 사용한다. 〈그림 2-1〉에서 Defender Preponderant에 해당하는 시점부터 Challenger Preponderant에 이르는 전체 단계를 묘사한다. 패권전이 현상은 두 가지 내용으로 구성된다. 첫째, 국력 순위에 따른 위계적 국제질서에서 국제질서의 규범과 규약을 이끄는 초강대국 또는 패권적 지위에 있는 국가의 국력이 기존 국제질서에 만족하지 못하는 타 국가

10) Jacek Kugler, *Power Transitions: Strategic Policies for the 21th Century*(Seven Bridges Press, 2000), p. 20.

(Challenger)의 국력에 추월당하여 패권 지위가 바뀐다. 둘째, 그에 따라 기존 국제질서를 유지하던 규범과 규약이 도전국과 도전국을 추종하는 국가들의 국익에 유리하게 작용하는 규범과 규약으로 대체된다.[11)]

'패권전이 잠재상황'은 도전국의 국력 성장률이 패권국의 국력 성장률보다 높으며 성장률 추세로 판단 시 가까운 미래에 도전국 국력이 패권국 국력을 추월할 것으로 예상되는 상황이다. 〈그림 2-1〉에서 Defender Preponderant에 해당한다. '패권전이 잠재상황'이라는 용어는 '패권전이 현상'이라는 '사후 결과'로 나타나지는 않았지만 그러한 결과를 잉태할 가능성이 있는 사례들까지 분석에 포함하도록 만들어 준다.[12)]

'패권전이 상황'은 패권국과 도전국 국력이 유사하거나 동등한 수준에 해당하는 상황으로서 〈그림 2-1〉의 Parity 단계에 해당한다.[13)] 2016년 기준 미국과 중국의 국력 규모와 성장률을 고려 시 두 나라의 관계는 '패권전이 상황'이 아니라 '패권전이 잠재상황'에 해당한다.[14)]

'패권전이 형태'는 Parity 단계에서 패권전이 상황이 전개되는 모습을 의미하며 세 가지로 분류한다. 첫째, 평화적으로 패권이 전이되는 형태이다. 둘째, 폭력에 의해 전이가 이루어지는 형태이다. 셋째,

---

11) A. F. K. Organski(1968), pp. 364-367.

12) 이는 선택편의(selection bias)를 피하기 위함이다. '패권전이 현상'에 해당하는 사례들만 종속변수로 선택할 경우 그 현상을 초래한 원인에 대해 알 수 없다. Gary King, Robert O. Keohane, Sidney Verba(1994), pp. 129-130.

13) Kenneth N. Waltz(1979), pp. 107-113. 균형은 완전한 동등함을 의미하지 않고 인식의 오차를 반영하여 타 국가의 국력 대비 80%-120%의 국력 범위에 도달하면 균형으로 간주한다. 패권전이 이론에 의하면 국력 격차가 대략 20% 내로 좁혀질 경우를 패권전이 단계로 분류하며 이 단계에서 전쟁의 가능성은 매우 높아진다.

14) 2016년 기준 중국의 GDP는 11조 3천억 달러로 미국(18조 5천5백억 달러)의 61% 수준이다. 그러나 성장률은 중국이 6.5% 내외로 미국의 2.4%보다 앞선다. Central Information Agency(CIA), THE WORLD FACTBOOK, http://www.cia.gov/library/publications/resources/the-world-factbook/index.html

패권전이 상황에 접어들었지만 이후 도전국이 쇠퇴함으로써 패권전이 상황이 소멸하는 형태이다. 국제정치의 시간적 범주를 나폴레옹 전쟁 이후로 한정한다면 첫째에 해당하는 사례는 2차 대전 이후 미국-영국 사례이다. 둘째에 해당하는 사례는 1차 및 2차 대전 직전 영국-독일, 프랑스-독일, 러시아-독일, 2차 대전 직전 일본-미국 사례이다. 셋째에 해당하는 사례는 냉전 시기 미국-구소련 사례이다. 탈냉전기 러시아-중국, 중국-인도, 그리고 일본-중국 사례들도 국력 추월 추세에 근거하여 평화적 패권전이라고 주장할 수 있으나 이들 전이는 단순한 국력 전이일 뿐이다. 이 사례들은 기존 국제질서를 떠받쳐 주던 규약과 규범 변화를 동반하지 않았기 때문에 패권전이 현상으로 분류할 수 없다.

〈그림 2-2〉는 패권전이 이론에서 주장하는 전쟁 발생 확률이다. 각 지역별 패권전이 사례까지 포함하여 분석한 자료로서 Parity 단계에서 전쟁의 발생 확률이 급격히 증가함을 보여 주고 있다.

패권전이는 구조주의 이론에서 다루는 대표적인 국제정치 현상이다. 장주기론(Long cycle theory), 패권안정론(Hegemonic stability theory) 등 구조주의의 거시 이론과 억제 이론, 게임 이론, 정책결정 이론 등 미시수준 이론들도 패권전이 현상과 밀접한 연관을 가지고 있다. 구조주의에서 구조(Structure)의 의미는 "구조를 구성하는 부분품의 배열 상태"이며[15] 국제정치에서는 "국가 단위 개체들이 국력에 따라 배열된 상태"를 의미한다.[16] 구조주의 이론은 국가 행태가 개별 속성(왕조, 집단지도체

15) Waltz(1979), pp. 80-101. "A structure is defined by the arrangement of its parts."

16) Ibid., pp. 100-101. "Structures are defined by which a system is ordered, by the specification of functions of differentiated units, by the distribution of capabilities across units."

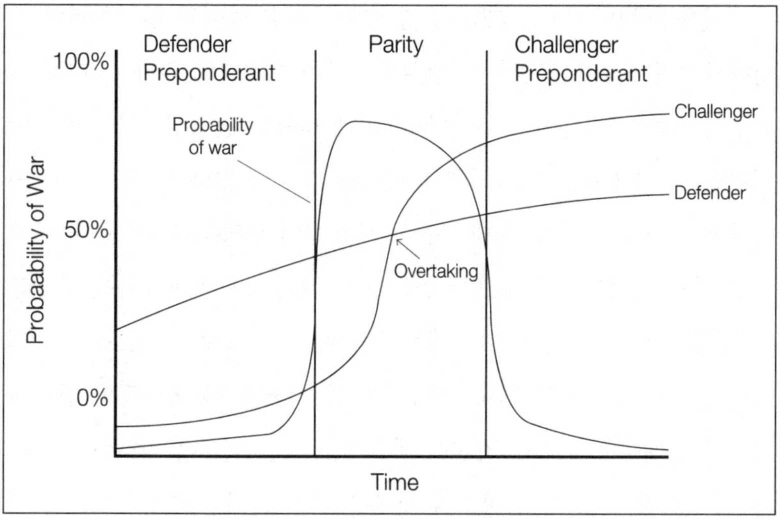

〈그림 2-2〉 패권전이 추세와 전쟁 확률[17)]

제, 1인 독재체제, 대중 민주주의 등)이나 체계 속성(자본주의, 공산주의), 그리고 상호 작용 행태가 아니라 구조에 의해 결정된다고 주장한다. 구조 변화, 즉 국력 배열 상태 변화는 국가별 위상과 국익 범주의 조정 압력을 초래하여 국가 간 갈등을 초래하는 원인으로 작용한다. 구조주의 이론은 국가이익과 관련하여 절대이득(Absolute gain)과 상대이득(Relative gain)에 대한 관점[18)]에 의해 신현실주의와 신자유주의 계열로 나뉜다.[19)]

---

17) Jacek Kugler(2000), p. 25.

18) 상대이득(Relative Gain) 관점은 자국과 타국이 협력하지 않는 경우보다 협력하는 경우에 더 많은 이득을 가질 수 있더라도, 자국의 이득 증가분보다 타국의 이득 증가분이 더 많다면 협력을 하지 않는다는 관점이다. 힘의 균형 이론은 국가들이 상대이득의 관점에서 타국에 대한 정책을 선택한다고 주장한다. 절대이득(Absolute Gain) 관점은 타국과 협력할 경우 비록 타국이 자국보다 더 많은 이득을 얻는다고 하더라도, 협력을 하지 않는 경우보다 이득이 증가한다면 타국과 협력을 한다는 관점이다. Waltz(1979), p. 106. A state worries about a division of possible gains that may favor others more than itself. "A state also worries lest it become dependent on others through cooperative endeavors and exchanges of goods and services."; Robert Powell, "Absolute and Relative Gains in

신현실주의 이론은 케네스 월츠가 주장한 방어적 현실주의와 존 미어샤이머가 주장한 공격적 현실주의 이론으로 양분된다. 방어적 현실주의 이론은 이론이 갖추어야 할 최대 덕목인 간명성이라는 장점이 있지만, 전쟁 효용을 설명하지 못한다는 단점이 있다.[20] 이 이론에 의하면 국가의 최우선 및 최대 목표는 생존이며 무정부적 구조는 생존을 위해 힘의 균형을 추구하도록 만든다.[21] 강대국의 정책목표는 무정부적 국제질서에서 위상을 유지하는 것이며 힘의 균형을 깨트리는 국익 극대화를 추구하지 않는다. 국익 극대화 정책은 타 국가들의 단결과 견제를 초래하여 오리려 자신이 점유하고 있는 위상을 약화하기 때문이다.[22] 반면, 공격적 현실주의 이론은 생존을 위한 현상유지라는 것

International Relations Theory," in *Neorealism and Neoliberalism: the Contemporary Debate*(New York: Columbia University Press, 1993), p. 209.

19) 신(新)이라는 접두어가 붙은 이유는 이들 이론들이 개체 본성, 체제 속성에 의해 국제질서와 국가 행위를 설명하던 고전적 관점에서 탈피하여 구조에 초점을 두고 국가의 행위를 설명하기 때문이다.

20) Randall L. Schweller, "Neorealism's Status-Quo Bias: What Security Dilemma?," *Security Studies* 5, No. 3(Spring 1996), pp. 90-121. 월츠의 주장대로 국가들이 균형 유지에만 집착하고 균형이 전쟁을 방지한다면 전쟁이 발생하는 원인은 오로지 오해, 인지 오류뿐이다.

21) Waltz(1979). "국력의 동등함"은 "실제로 사용가능한 국력의 유사한 배분상태"를 의미한다. 국력이 상이한 규모일지라도 국가 간 실제 사용한 국력이 유사하다고 인식할 경우 힘의 균형 상태로 간주할 수 있다. 균형은 완전한 동등함을 의미하지 않고 인식의 오차를 반영하여 통상 잠재적 적국 국력 대비 80%-120%의 국력 범위에 도달하면 균형으로 간주한다.

22) Ibid., pp. 109, 114. "In every age and place, the units of self-help systems are told that the greater goods, along with their own, require them to act for the sake of the system, not for their own narrowly defined advantage. … The very problem, however, is that rational behavior, given structural constraints, does not lead to the wanted results. The constant possibility that forces will be used limits manipulations, moderates demands, and serves as an incentive for the settlements of disputes. One who knows that pressing too hard may lead to war has strong reason to consider whether possible gains are worth the risks entailed."; Waltz, "the Origins of War in Neorealist Theory," in Robert I. Rotberg and Theodore K. Rabb, eds., *The Origin and Prevention of Major Wars*(Cambridge: Cambridge University Press, 1989), p. 40. "The excessive strength is likely to cause other states to join forces against

은 존재하지 않는다고 단언한다. 생존을 위한 최선의 정책은 균형 유지가 아니라 타 국가들을 압도하는 패권국이 되는 것이며 이를 위해 '기회가 주어진다면' 자신에게 유리하도록 현상타파를 시도한다고 주장한다. 비용과 편익을 계산하여 현상타파가 자신에게 불리하고 상대방에게 유리하다고 판단하는 경우에는 생존을 위해 균형 유지에 집착하지만 자신에게 유리하다고 판단하는 경우에는 균형을 타파하고 국력 우위를 점하려 한다.[23] 두 이론 모두 냉전 시절처럼 힘의 균형이 유지된 양극체제가 안정을 보장하며 다극체제가 불안정을 심화하고 전쟁 발생 가능성을 높인다는 점에 대해서는 동의한다.

방어적 현실주의와 공격적 현실주의의 차이점은 강대국들 간 경쟁과 갈등의 역사에서 '생존' 정책과 '국익 극대화' 정책을 구분하는 경계선이 모호하다는 사실에서 연유한다. 월츠의 관찰에 의하면 생존이 곧 국익 극대화 행위인 반면, 미어샤이머의 관찰에 의하면 국익 극대화 행위가 곧 생존을 보장하는 행위이다. 월츠의 이론은 위험회피(risk-averse) 성향에 근거하는 반면 미어샤이머는 위험수용(risk-take) 성향에 근거하고 있다. 2013년 발생한 우크라이나 사태의 경우 미국과 유럽연합의 국익 극대화 정책(미국 및 유럽연합 주도 나토의 영향권에 우크라이나 편입)이 상대방(러시아)의 견제와 균형 정책(크림합병)을 초래했다는 사실에서 월츠 이론이 옳다고 주장할 수 있다. 또한, 현상타파가 불리할 경우 균형 유지에 집중해야 한다는 측면에서 미어샤이머 이론이 옳다고 주장할 수도 있다. 즉, 방어적 및 공격적 현실주의 이론은 관찰 기간을

them, thereby leaving them worse off than they would have been had they refrained from seeking additional increments of power."

23) Mearsheimer(2001), pp. 2-3. 그 이유는 국제체제가 무정부적 질서라는 점, 어느 국가이든 항상 공격에 사용할 수 있는 군사력을 보유하고 있다는 점, 타 국가들의 의도를 결코 명확하게 알 수 없다는 점 등 세 가지이다.

확장하면 '반증(falsification)불가'라는 한계를 지닌다.[24] 특히 균형과 현상타파가 어떤 조건에서 유리하거나 불리한가에 대해 객관적인 기준을 제공하지 못한다면 결과론적 한계에서 벗어나지 못하며 예측하지 못한 결과들은 정책결정자가 저지른 인지 오류로 환원시키게 될 것이다.

'패권전이'라는 용어를 유행시킨 패권전이 이론은 신현실주의와 신자유주의의 중첩된 성격을 지닌 구조주의 이론이다. 패권전이 이론은 국제질서가 국력 순위에 의한 위계적 구조이며 패권국 또는 초강대국을 중심으로 이 질서에 만족하는 승자연합체(winning coalition) 국가들과 만족하지 않는 잠재적 도전 국가군들로 구성되어 있다고 주장한다. 강대국들 간 전쟁 가능성은 기존 질서를 이끄는 패권국 또는 초강대국과 그 질서를 변화시키려는 도전국 간의 국력 격차가 좁혀져서 힘의 균형 상태로 변화할 때 높아진다.[25] 패권전이 이론은 평화와 안정을 위한 조건이 힘의 불균형 상태라고 주장함으로써 월츠의 주장과 대척점을 이루지만, 패권국 또는 초강대국이 현상타파보다는 현상유지를 선호한다는 점에서는 일치한다. 또한, 일부 국가들—기존 질서에 만족하지 않는 국가들—이 균형보다는 현상타파의 기회를 모색한다고 주장함으로써 미어샤이머의 주장과 부분적으로 일치한다.[26]

---

24) 반증주의(falsificationism)는 칼 포퍼(Karl Popper)가 그의 저서 *The Logic of Scientific Discovery*(1934)에서 제시한 과학 이론의 기본 조건이다. 반증이 불가한 이론은 모든 현상을 설명하고 예측할 수 있다는 것이며 이는 학문의 종착을 의미한다. 가치를 추구하는 생물의 존재와 끊임없이 운동하는 환경에서 반증불가 이론은 존재할 수 없다. 오직 종교 교리와 공산주의 등 전체주의 이데올로기만 반증불가를 주장하고 있다. 김영석, 『사회조사방법론』(서울: 나남출판, 1999), pp. 36-39.

25) Jacek Kugler(2000), pp. 3-7.

26) 월츠와 미어샤이머는 국가들을 만족 및 불만족 국가로 분류하지 않았다. 국가의 속성(attributes)이 국가의 행위를 결정짓지 않는다고 전제했기 때문이다. Waltz(1979), ch. 2; Mearsheimer(2001), p. 4. "Whether China is democratic and deeply enmeshed in the global economy or autocratic and autarkic will have little effect on its behavior."

구조주의 이론의 또 다른 한 축인 신자유주의 계열 이론들은 전쟁 발생보다는 전쟁이 발생하지 않는 현상에 주목하며 그 이유를 설명하는데, 이를 크게 세 가지 이론으로 분류한다. 첫째는 제도주의 이론으로, 국제기구와 협약 등 국제레짐[27]의 중재 또는 완충 기능에 의해 국가 간 갈등이 전쟁으로 비화하지 않는다고 주장한다. 둘째는 민주주의 평화 이론으로, 민주주의 구조 또는 규범이 전쟁 발생을 억제하는 기제로 작용한다고 주장한다. 셋째는 상호 의존 이론으로, 인적·물적 교류에 의한 상호 의존이 전쟁 발생을 억제하는 기제로 작용한다고 주장한다. 이들 이론들 역시 패권전이 상황에 처한 국가가 전쟁을 선택하는 구체적인 이유를 설명하지 못한다. 신현실주의 계열 이론들과 마찬가지로 패권전이 형태에 영향을 미치는 구조적 조건—국제레짐의 존재, 민주주의 체제, 상호 의존 수준—들만 나열하고 있다.

구조주의 이론들은 '패권전이 상황'이 어떠한 '패권전이 형태'로 전개될 것인가에 관한 필요조건을 서술한 이론들이다. 필요조건이 주어지더라도 도화선 역할을 하는 충분조건이 주어지지 않는다면 그 형태를 단정할 수 없다. 이 때문에 이들 이론은 전쟁 발생 위험성이 있는 구조적 상황—힘의 균형, 힘의 불균형, 양극, 다극, 레짐 역할, 체제 구조, 상호 의존 수준 등—을 식별하는 기능을 지니고 있으나 전쟁 발생 자체를 예단하는 기능에는 미치지 못한다. 미어샤이머 자신도 공격적 현실주의 이론에 배치되는 사례들이 존재하며 생략된 변수(Omitted

27) 국제레짐(International regimes)은 국제관계의 쟁점 영역에서 국가들에 의해 합의가 된 명시적 혹은 묵시적인 규칙을 지닌 제도나 그러한 제도가 운영되는 기구까지 총칭하는 용어이다. Stephan D. Krasner, *International Regime*(Cornell Paperbacks, 1995), p. 2. "Regimes can be defined as sets of implicit or explicit principles, norms, rules, and decision-making procedures around which actors' expectations converge in a given area of international relations."

Variables)들이 중요한 영향을 미칠 수 있음을 인정했다.[28)]

구조주의 이론들은 패권전이 상황이 어떤 형태로 전개될 것인가에 대한 정교한 설명을 제공하지 않는다. 패권전이 이론 역시 패권전이 형태에 대한 분석은 수행하지 않았다.[29)] 이들 이론들은 나폴레옹 전쟁 이후 본격화된 서구 산업화 시대를 전제하고 있으므로 금융 산업이 제조업의 생산 및 판매 활동을 선도하는 환경과 그 환경이 총체적 국력과 관련된 내용을 탐구하지 않았다. 다만, 패권전이 이론은 총국력 개념이 지니는 한계성을 인정하고 '조세 추출' 능력을 사용하여 정부역량을 측정하는 계량화를 시도하였다.[30)]

구조주의 이론의 단점을 극복하기 위해 국제정치학자 브루스 부에노 데 메스키타(Bruce Bueno de Mesquita)는 경제학에서 통용되는 '기대효용(expected utility)' 개념을 사용하여 전쟁 기대효용 이론을 만들었다. 그는 1981년 출간한 『전쟁의 함정』(*The War Trap*)이라는 저서에서 전쟁이 일어날 필요조건이 구조적으로 충족되었음에도 불구하고 전쟁이 일어나지 않는 이유와, 필요조건이 부재함에도 불구하고 전쟁이 발생하는

---

28) Mearsheimer(2001), p. 11. "The theory pays little attention to individuals or domestic political consideration such as ideology. It does not matter for the theory whether Germany in 1905 was led by Bismarck, Kaiser Wilhelm, or Adolf Hitler or whether Germany was democratic or autocratic. … These omitted factors, however, occasionally dominate a state's decision-making process; under these circumstances, offensive realism is not going to perform as well."

29) Organski and Kugler(1980), p. 53.

30) Ibid., pp. 227-33. 국가의 조세추출 능력은 각종 관료기구를 동원하여 국내 총생산 중 국가목표 달성을 위해 소비할 인적·물적 자원을 추출하는 능력이다. 국내 총생산 대비 국가가 징수할 수 있는 세금과 실제로 국가가 징수한 세금 간의 비율이 국가의 동원 능력을 나타낸다. 표준적인 조세추출 능력 공식은 'Tax/GNP=A+B1*(Exports/GNP)+B2*(Agricultural Products/GNP)+B3*(Mineral Production/GNP)+Error'이다. 내륙, 해양 등과 같이 국가별 고유한 특성이 다르고 산업발전 단계별로 GNP를 창출하는 요소가 다르므로 위 표준 공식에서 국가별 특징을 반영한 여러 공식들이 파생된다. 이렇게 구한 잠재적인 조세추출 능력을 실제로 국가가 추출한 GNP 대비 조세비율과 비교함으로써 국가의 동원 능력을 가늠할 수 있다.

이유를 설명하였다.[31)]

전쟁 기대효용 이론은 '상대적인 국력 배분 상태'와 '정책선호도' 라는 두 가지 변수로 전쟁 발생 여부를 설명한다. 정책결정자는 다른 정책수단들보다 전쟁 효용이 더 크다고 '기대'할 경우에 전쟁을 선택한다. 전쟁을 선택하는 국가들은 전쟁을 선택해야 하는 합리적인 근거가 있어야 한다. 첫째는 '싸울 이유'가 있어야 하며 둘째는 전쟁이 문제해결 수단으로 적합한가의 여부이다. '정책선호도'는 전자를 의미하며 '상대적인 국력 배분 상태'는 후자를 의미한다.[32)] 국가 i와 j가 상대방에 대해 가지는 전쟁 기대효용 공식은 다음과 같다.[33)]

$$EU_{ij} = [P_i(U_{ii}-U_{ij}) + (1-P_i)(U_{ij}-U_{ii})]S_j' + (1-S_j')(U_{ii}-U_{ij}) - U_{sqi}$$

$$EU_{ji} = [P_j(U_{jj}-U_{ji}) + (1-P_j)(U_{ji}-U_{ii})]S_i' + (1-S_i')(U_{jj}-U_{ji}) - U_{sqj}$$

전쟁은 EUij와 EUji가 양(+)의 값어치를 나타낼 때 발생한다. 두 국가가 모두 음(-)의 기대효용치를 가지면 전쟁은 발생하지 않고 현상유지가 지속된다. 한쪽이 양의 기대효용치를 가지고 다른 한쪽이 음의

31) Bruce Bueno de Mesquita, *War Trap*(New Heaven and London: Yale University Press, 1981).

32) Jacek Kugler(2000), pp. 7-10.

33) Bruce Bueno de Mesquita(1981), pp. 46-49. Uii는 국가 i의 최대 효용이다. Ujj는 국가 j의 최대 효용이다. Uij는 국가 i가 국가 j에 대해 현재 가지는 효용이다. Uji는 국가 j가 국가 i에 대해 현재 가지는 효용이다. Si는 두 국가 간 해결해야 할 문제에 대해 국가 i가 가지는 중요도이다. Sj는 두 국가 간 해결해야 할 문제에 대해 국가 j가 가지는 중요도이다. Usq는 현상유지에 대한 선호이다. 즉, 현상을 바꿀 경우 예상되는 비용을 의미한다. Pi는 국가 i가 국가 j에게 투사할 수 있는 국력으로, 국가 i와 j의 국력을 합친 국력에서 국가 i가 차지하는 국력 비율로 나타낸다. 이는 국가 i가 국가 j와의 전쟁에서 승리할 확률을 의미한다. 1-Pi는 국가 j의 국력이며 국가 i가 전쟁에서 패배할 확률을 의미한다. Pj는 국가 j가 국가 i에게 투사할 수 있는 국력으로, 국가 i와 j의 국력을 합친 국력에서 국가 j가 차지하는 국력 비율로 나타낸다. 이는 국가 j가 국가 i와의 전쟁에서 승리할 확률을 의미한다. 1-Pj는 국가 i의 국력이며 국가 j가 전쟁에서 패배할 확률을 의미한다.

기대효용치를 가지면 협상에 의해 전쟁을 회피할 수 있다.

전쟁 기대효용 이론은 국가 간 정책선호도의 유사성을 수치화한 지표로 효용을 측정한다.[34] 그러나 일반화된 지표가 개별 사례들이 노정한 현실을 만족할 정도로 나타내지 못하고 있다는 점이 한계로 작용한다.[35] 또한, 두 국가 간 선호도 차이를 해소할 협상과 양보 등 전쟁 회피를 위한 구체적인 기제, 전쟁이 협상보다 비용 측면에서 비싼 것이 현실임에도 불구하고 전쟁 선택 가능성이 존재하는 이유에 대해서는 답을 제공하지 않는다.[36] 국력 개념만 활용한 구조주의 이론에 비해 국력과 효용 개념을 동시에 포함시킴으로써 패권전이 상황이 전쟁으로 전개될 조건들을 보다 세밀하게 제시할 뿐이다.

구조주의 이론들과 전쟁 기대효용 이론은 정부역량에 의한 가용국력과 기대효용 등 패권전이 형태를 결정하는 요인들을 제시하고 있다. 이들 요인들은 패권전이 상황을 식별하는 조건과 그 상황이 폭력을 수반한 형태로 전개되는 조건을 개념적으로 설명한다. 다만, 그 요인들을 구성하는 변수들의 시대적 가변성과 작용 경로에 대한 설명을 제공하지는 않는다. 패권전이 형태를 설명하기 위해서는 이론을 구성하는 개념에 맞는 변수들을 시대환경 변화에 부합하게 선택해야 하며 전략적 관점으로 변수들 간의 관계를 설정해야 한다.

---

34) Mesquita(1981), pp. 414-417. 국가 간 정책선호도의 유사성을 측정하기 위해 Bruce Bueno de Mesquita는 Kadella tau 기법을 이용하고 Signorino와 Ritter는 S-score 기법을 고안했다. 기본 원리가 동일하기 때문에 이 두 기법의 결과는 매우 유사하다. t와 S 수치는 '동맹 연결 구조'를 근간으로 국가 간 친밀도를 측정하고 이를 정책유사성을 나타내는 지표로 활용했다.

35) Harrison Wagner, "Review Articles War and Expected Utility Theory," *World Politics,* vol. 36, No. 3(April, 1984), pp. 407-423.

36) James D. Fearson, "Rationalist explanations for war," *International Organization*(Summer, 1995), pp. 379-380.

3) 패권전이 형태에 대한 두 가지 영향 요인

패권전이의 세 가지 형태들은 다양한 모습으로 나타난다. 평화적 패권전이와 전쟁에 의한 패권전이의 양극단 사이에는 무역보복, 자산동결, 금수조치, 군사력 현시, 봉쇄, 소규모 충돌, 고강도 분쟁, 국지전쟁, 총력전쟁의 스펙트럼이 놓여 있다.[37] 어떤 형태로 패권전이 상황이 전개될 것인가에 영향을 미치는 요인은 앞서 기술한 '전쟁 기대효용(expected utility of war)', '정부역량을 포함한 총국력(aggregative national capability) 구성'으로 축약할 수 있다.

'전쟁 기대효용'은 국가가 전쟁을 통해서 얻을 수 있는 '기대효용'이며 그 수준에 따라 패권전이 형태가 달라진다. '총국력'은 국가가 보유한 힘의 총합이다. 힘은 "상대를 움직여서 자신이 원하는 것을 하게 만들고 원하지 않는 것을 하지 않게 만드는 능력"으로 정의한다.[38] 총국력은 인구, 영토, 자원, 경제력, 군사력 등 계량화가 가능한 요소뿐 아니라 이데올로기, 국민성, 문화, 정부역량(government capacity) 등 수치화하기 힘든 모든 요소의 총합을 의미한다. 전시에 국가의 힘은 전쟁수행 능력을 의미하며, 평시에는 정책을 효과적으로 집행할 수 있는 능력을 의미한다.

'총국력 구성'도 패권전이 형태를 결정한다. 전체 국력 크기에서 가용 군사력이 상대적으로 작다면 전쟁을 선택할 가능성은 낮아진다.

---

37) 전쟁은 1,000명 이상의 사상자가 발생하는 충돌 또는 1,000명 이상의 병력이 참전하여 100명 이상의 사상자가 발생한 무력충돌로 정의한다. J. David Singer and Paul F. Diehl, *Measuring the Correlates of War*(Ann Arbor: The University of Michigan Press, 1993), pp. 195-196.

38) Bruce Bueno de Mesquita, *Principles of International Politics: People's Power, Preferences, and Perceptions*(Washington D. C.: CQ Press, 2000), p. 168.

미어샤이머는 강대국들의 국력 요소 중 지상 전투력이 핵심이라고 주장하는 반면,[39] 장주기 이론(Long cycle theory)을 제시한 모델스키는 해군력이 핵심이라고 주장한다.[40] 중요한 점은 국력 총합이 패권전이 상황을 규정지을 수는 있지만 전이형태를 결정짓지는 않는다는 점이다. 패권전이 형태를 규정짓는 것은 국력을 구성하는 요소들 중 자신의 의지를 강요할 수 있는 요소이다. 정부역량은 잠재 국력을 추출하여 사용 가능한 국력으로 전환시키는 능력이다. 정부역량의 크기는 국가 속성 및 이데올로기와 유의미한 관계가 없다. 2차 대전 당시 러시아가 보여 준 놀라운 피해 복구 및 전쟁 지속 능력, 중동 전쟁에서 이스라엘이 보여 준 전쟁 수행 능력, 베트남 전쟁 당시 북베트남의 전쟁 수행 능력 등은 평시에 드러난 국력과 유사시 정부역량이 작용하여 동원한 국력 간에는 상당한 차이가 있음을 보여 준다.[41] 19세기 말의 청나라 조정, 20세기 초의 러시아 로마노프 왕조, 19세기와 20세기 프랑스 제3 공화국 정부, 1975년 베트남 티우 정권의 사례들은 적국보다 높은 총국력에도 불구하고 낮은 정부역량으로 인해 전쟁에서 패배한 사례들이다. 정부역량은 '실제 사용 가능한 국력의 크기'를 규정함으로써 패권전이 형태에 영향을 미친다.

위 두 가지 요인들을 구성하는 변수들은 시대환경에 따라 변화한다. '전쟁 기대효용'은 '전쟁을 해야 할 이유'이다. 그것은 영토 또는 자원 문제이거나 이데올로기, 민족 감정 등 추상적인 문제이다. 패권전이 상황이 폭력을 수반할 것인지의 여부를 판단하기 위해서는 그 시

39) Mearsheimer(2001), ch. 4.

40) George Modelski and William R. Thompson, *Sea power in Global Politics, 1494-1993*(Seattle: University of Washington, 1988).

41) A. F. K. Organski and Jacek Kugler(1980), pp. 90-95.

점에서 전쟁 기대효용을 구성하는 변수가 무엇이며 어떻게 변화하는가를 관찰해야 한다.

'총국력 구성'은 산업화 수준과 구조의 변화에 종속된다. 이 때문에 국가 간 국력의 비교 지표로 광범위하게 사용되는 단순 명목 GDP 수치는 실제 국가 능력을 반영하는 데 한계가 있다. 2010년 이전까지 일본의 달러표시 명목 GDP는 중국과 러시아보다 높았다. 그러나 국제사회에서 일본의 영향력이나 위상이 중국이나 러시아보다 앞선다고 주장하는 것은 비현실적이다. 그 이외에 구매력 기준 국내 총생산(PPP: Purchasing Power Parity),[42] 복합 국력지수(CINC: Composite Index of National Capability),[43] 물가 수준을 비교한 국력지수[44] 등 여러 지표가 활용되지만 현실을 반영하는 데 한계가 있다. 미국을 비롯한 선진국들의 산업구조가 1980년대 이후 금융이 주도하는 구조로 변화했고 중국을 위시한 중진국 그룹 국가들이 제조업을 장악한 상태에서 이러한 수치들에 의한 국가 간 국력 비교 분석의 타당성은 약화되고 있다. 특히 '정부역량'은 권력의 합법성, 리더십, 관료기구의 효율 및 효과, 국민의 자발적 충성심 등으로 구성된다. 국가 간 국력 비교 시 총국력이 아니라 정부역량에 의해 현실에서 사용 가능한 상태로 전환된 국력을 적용해야 한다.

---

42) 2014년에 중국의 PPP 수치는 미국을 추월했다. 그러나 중국의 국력이 미국을 앞선다고 단언하는 사람은 드물 것이다.

43) 철강 생산력, 도시인구 비율 등 7가지 국력 구성요소로 측정한 국력 지표이다. 이 지수로 1816년부터 현재에 이르기까지 강대국들의 국력 비교가 가능하다. 그러나 IT 업종과 금융업 등 서비스가 국가 생산력의 주류를 이루는 21세기에 CINC 자료로 산업 발전 단계가 서로 다른 국가들의 국력을 객관적으로 비교하기에는 한계가 있다. 따라서 유사한 수준의 산업 발전 단계를 가지는 그룹의 국가들 간 비교 분석에 국한해서 사용한다.

44) Angus Maddison, *The World Economy: A Millennial Perspective*(Development Center of the OECD, 2001), pp. 169-172.

3. 미국-중국 패권전이에 대한 두 가지 영향 요인 해석

미국과 중국은 인류 역사상 전례 없는 능력을 보유한 국가이다. 양 국가는 강대국이 되기 위한 기본 조건인 넓은 영토와 풍부한 인적 자원 및 천연자원을 보유하고 있다. 이 사실은 대외 무역과 투자가 사라지는 최악의 경우에도 국가 내부 거래에 의한 자립이 일정 수준 가능함을 의미한다. 미국에는 캘리포니아의 첨단 IT와 엔터테인먼트 산업, 남부와 북부의 에너지 산업 및 중공업, 중동부의 곡물 산업, 동부와 서부의 무역과 금융 등 각 지역마다 비교우위를 지닌 다양한 산업들이 존재한다. 그리고 이 산업들은 연방정부가 시행하는 재정 및 통화 정책에 의해 움직인다. '달러'라는 통화를 매개로 3억 2천만의 인구가 생산과 거래, 소비와 투자에 참여한다는 사실은 미국이 패권국가의 맷집을 지니고 있는 근본적인 이유이다. 중국 역시 서부, 중부, 북부의 에너지 및 제조업, 동부 해안 지대의 무역과 서비스, 북동부의 중공업, 중남부의 곡창 등 드넓은 영토 내 지역별 비교우위를 지닌 산업들이 존재한다. 이 산업들에서 '위안(元)'이라는 통화를 매개로 13억 5천만 인구가 생산과 거래, 소비와 투자에 참여하여 움직인다는 사실은 미국 패권에 대한 잠재적 도전국의 위상을 뒷받침해 주고 있다.[45)]

중국은 불과 160여 년 전까지만 해도 세계 GDP 1위의 지위를 유지했다.[46)] 19세기에 시작된 분열과 혼돈의 시기를 마감하고 1978년부터 과거의 지위와 영광을 되찾는 여정을 지속하고 있다. 〈표 2-1〉은

45) 다만, 농산물 공급 측면에서 중국은 미국, 우크라이나, 동남아시아 각국에 의존해야 한다. 캐나다, 러시아에 이은 세계 3위의 드넓은 영토에도 불구하고 인구 규모에 비해 경작 가능한 면적이 작다는 것이 중국의 아킬레스건이다.

46) Angus Maddison(2001), p. 117.

2014년 말 기준 미국과 중국의 능력과 장단점을 유추할 수 있는 지표들이다. 구매력 기준 GDP 수치상으로 판단 시 명백한 패권전이 상황이다.

패권전이 형태가 어떻게 전개될 것인가에 관한 전망을 하기 위해서는 미국 쇠퇴론만큼이나 중국 쇠퇴론이 유행하였다는 사실을 되새길 필요가 있다. 또한, 중국의 급격한 부상이 2001년 WTO 가입 이후 본격화되었다는 사실을 염두에 두어야 한다.[47] '경쟁과 협력'이라는 용어로 표현되는 상황의 미래를 전망하기 위해서는 다음 물음에 대해 객관적인 관찰과 분석에 근거한 답을 찾아야 한다.

미국과 중국은 과연 어떤 조건에서 전쟁 기대효용에 대해 양(+)의 값어치를 가지는가? 국력 구성요소 변화는 패권전이 상황에서 무엇을 의미하는가? 미국과 중국 정부는 국내외 도전들을 극복할 정부역량을 지니고 있는가?

〈표 2-1〉 미 · 중 주요 경제 지표[48]

	인구	GDP(PPP) (억 달러)	1인당 GDP (U. S. dollar)	경제성장률(%)					산업구조(%)		
				'00 – '10 평균	'11	'12	'13	'14	1차	2차	3차
미국	3억 2천만	18조 5천5백 (17조 4천6백)	55,836.8	2.36	1.6	2.2	1.5	2.4	0.9	20.6	78.5
중국	13억 5천만	11조 3천억 (17조 6천3백)	7,924.7	10.51	9.3	7.7	7.7	7.4	31.4	30.1	38.5

47) WTO 가입 후 중국은 2003년부터 2012년 사이 개혁개방 이후 최고 수준인 연평균 10.7%의 성장을 지속했다.

48) 1인당 GDP는 2015년 기준. http://www.cia.gov/library/publications/the-world-factbook/

1) 전쟁 기대효용: 정치체제와 권력 동인

전쟁 기대효용 이론에 의하면 무력충돌이 발생했다는 것은 두 라이벌 국가들 중 최소 1개 국가가 양(+)의 기대효용치를 가지고 있음을 의미한다. 그러한 상황에서도 폭력의 형태와 수준은 다양하게 나타난다. 평화적 패권전이의 대표적 사례인 미국-영국 사례도 미국으로의 막대한 금 유출, 새로운 국제통화체제 설립, 식민지 포기 등 미국이 제시했던 요구를 영국이 수용함으로써 가능했던 결과였다.[49]

패권전이가 평화롭게 이루어질 것인지 아니면 폭력의 과정을 동반할 것인지는 전쟁을 시도할 효용의 존재 여부와 효용 크기에 의해 결정된다. 그렇다면, 그 효용은 어디에 근거하는가? 누구를 위한 효용인가? 전쟁을 결심할 때 전쟁의 최대 수혜자는 누구인가? 하는 의문이 자연스럽게 뒤따른다.

메스키타는 2001년 제시한 정책선택 이론(Selectorate theory)에서 전쟁을 포함한 국가 정책들을 국내 권력목적과 결합하여 설명하였다.[50] 이 이론은 효용의 근원과 그에 따른 국가 정책결정 행위에 대해 논리적으로 일관된 설명을 제공한다. 독재 국가이든 민주주의 국가이든 전쟁의 효용을 판단하고 전쟁 여부를 결정하는 주체는 일반 국민들이 아니라 권력을 유지하는 승자연합체(winning coalition)이다. 그리고 승자연합체의 크기는 신현실주의자들이 그들의 이론에서 무시했던 정치체제

---

49) 배리 아이켄그린 저, 김태훈 역, 『달러제국의 몰락』(서울: 타임교육, 2011), pp. 81-85; 폴 케네디 저, 김주식 역, 『영국해군력 지배의 역사』(서울: 해양전략연구소, 2010), pp. 559-572.

50) Bueno de Mesquita, *The Logic of Political Survival*(NY: Hoover Institution, 2001). 원문대로 해석하면 후보선출 이론, 유권자 이론, 선정기구 이론 등으로 번역할 수 있으나 본 장에서는 편의상 정책선택 이론으로 명명했다.

와 속성에 따라 달라진다. 봉건 왕조에서 승자연합체는 왕과 왕권을 떠받드는 소수의 봉건 관료들이다. 북한에서 승자연합체는 김정은과 당·정·군을 장악한 고위 직위자들이다. 이들이 가진 철학과 인식이 2천3백만 북한 주민의 운명을 좌우한다. 민주주의 국가에서 승자연합체의 크기는 투표 권한을 가진 구성원들 중 정권창출과 유지에 필요한 구성원의 규모이다.[51)]

지도자는 권력을 창출하고 유지하려는 동기 때문에 승자연합 구성원의 충성심을 확보하는 정책을 펼친다. 정책은 전체 국민들에게 공평하게 배분되는 공공재(public goods) 공급—국방, 치안, 교통, 환경, 저렴한 에너지 가격, 의무교육, 행정서비스 등—과 승자연합 구성원에게만 배분되는 사적재(private goods) 공급—대기업의 법인세 감면 및 규제 철폐, 고소득자에 대한 소득세 감면, 특정 기업 또는 사업에 대한 보조금 지급, 특정인 또는 그룹에 대한 훈·포장 수여, 특정인의 고위급 공직 등용 등—의 정책으로 나타난다. 승자연합에 속한 구성원들은 공공재와 사적재의 혜택을 함께 누리는 반면 그 외 국민들은 공공재의 혜택만 누린다. 지도자는 권력을 위해 승자연합체에 대한 사적재 분배를 위한 정책을 우선시한다. 그런데, 승자연합체 규모는 정치체제와 속성에 따라 다르므로 재원 분배 행태도 그에 따라 달라진다. 민주주의 국가 지도자들은 공공재 공급에 재원을 집중적으로 활용하는 반면, 왕조체제나 독재체제의 지도자들은 사적재 공급에 집중한다.[52)]

---

51) Bueno de Mesquita(2001), pp. 21-22.

52) Ibid., pp. 133-151. 민주주의 국가에서는 승자연합체 규모가 크기 때문에 수많은 구성원들에게 사적재를 공급하기 위해서는 세금을 올려야 한다. 그렇게 되면 경제주체들의 경제활동 의욕은 약화되고 국가경제는 침체될 것이며 지도자에 대한 반감은 깊어질 것이다. 따라서 민주주의가 발달한 국가일수록 지도자는 사적재보다는 가격이 저렴하면서도 지지 획득에 유리한 공공재 공급에 주력하고 세금을 낮게 유지함으로써 승자연합의 지지와 충성을 확보하려 한다. 반면, 북한처럼 승자연합 규모가 작은 체제에서는 권력 유지를

메스키타의 이론은 민주주의가 발달한 국가, 즉 승자연합체 규모가 큰 정치체제일수록 전쟁 효용을 가지기 위해서는 다수 국민–승자연합체 구성원–의 동의와 지지가 필요함을 보여 준다. 반대로, 승자연합체가 작은 정치체제일수록 동의를 구해야 할 대상의 규모가 작아진다. 중세 유럽에서 전쟁이 빈발했던 이유는 권력 유지를 위해 승자연합체 구성원인 봉건 제후들에게 전리품이라는 재화를 제공해야 했기 때문이다. 이처럼 북한이 전쟁을 일으키기 위해서는 전쟁 결과가 김정은을 위시한 소수 승자연합체의 권력 유지 목적과 일치해야 한다. 만일, 현상유지가 김정은의 권력 상실을 의미하는 것이 명백해진다면 전쟁을 선택할 것이다.

권력 창출 및 유지 동인이 대내외 정책의 핵심이며 공공재 및 사적재의 배분이 승자연합체 규모에 좌우된다는 주장은 미국과 중국이 전쟁에 대해 가지는 기대효용을 가늠하는 기준이 된다. 이들 국가 지도자들이 전쟁에 대해 양(+)의 효용을 가지기 위해서는 그 효용의 출발점이 승자연합체의 공공재 및 사적재 이익과 결부되어야 한다. 즉, 승자연합체 구성원들의 이익과 일치하지 않는다면 전쟁에 대한 양(+)의 기대효용을 가질 수가 없다.

미국과 중국은 상반된 정치체제를 유지하고 있다. 미국의 승자연합체 규모는 2000년 이후 실시한 대통령 선거를 기준으로 대략 6천만-7천만 규모이다. 전쟁 효용을 가지기 위해서는 그 효용이 이들 유권자를 대변하는 지방 및 연방정부 관료들과 의원들의 이익과 결부되어야 한다. 그 이외에 독자적인 정치적 영향력을 행사하는 월가의 비즈니스맨들과 수많은 비정부기구들이 지니는 이익도 포함해야 한다.

위해 지배 엘리트층에게만 혜택이 돌아가는 사적재 공급에 치중하게 된다.

정보기술의 발달은 전쟁 효용을 위한 승자연합체의 지지 획득을 어렵게 만들고 전쟁 수행의 효율성을 저하시킨다. 무엇보다도 전쟁 결과는 정부 책임과 권력 변동을 초래한다. 이 같은 국내정치 특성 때문에 조지 부시 대통령은 '이라크의 핵 능력 제거에 의한 미국 국민들의 안전'이라는 이익을 개전 명분으로 내세워야 했다. 이후 이라크전의 후유증과 잘못된 정보 평가에 대한 책임은 공화당의 대권 및 의회 권력 상실로 이어졌다.

독재체제의 경우 전쟁결정과 결과 측면에서 훨씬 단순하고 편리하다. 전쟁 효용은 소수에 불과한 승자연합체의 동의만 얻으면 된다. 1991년 걸프전에서 패배했음에도 불구하고 권력을 계속 유지했던 이라크의 후세인처럼 전쟁에서 패배하더라도 승자연합 구성원들의 충성심만 확보하면 권력 유지에 문제가 없다. 신현실주의 관점으로 표현한다면 이러한 체제 속성 때문에 민주주의 국가들은 '위험회피 성향'으로 균형에 치중하게 되고, 독재체제 국가들은 '위험수용 성향'으로 현상타파에 의한 국익 극대화에 치중하게 된다.

중국을 독재체제로 간주하는 것은 31개 성의 자치 능력과 인민을 대표하는 각 지방 공산당의 역할, 그리고 주요 정책기구 내부의 견제와 균형 메커니즘을 간과하는 오류이다. 겉으로는 공산당 1당 독재체제이지만 실상은 당·정·군을 장악하고 있는 상하이방, 공청당, 태자당 3개 분파 엘리트들 간의 협치로 운영된다. 1인 독재가 아니라 7명의 황제라고 불리는 7인 상무위원에 의한 집단지도체제가 유지되고 있다. 8천만 공산당원들이 선출하는 2,300여 명의 공산당 전국대표 회의와 이들 중에서 선정되는 200여 명의 중앙위원회의 기능과 활동을 고려할 때, 과거 왕조체제나 마오쩌둥의 1인 독재체제와는 확연히 차이가 있다.[53] 특히 중앙위원회 위원들은 8천만 당원들 중 경쟁을 거쳐 선발되며 그 과정에서 20-30년에 걸친 지방정부와 중앙정부 근무를 통해 실력을 쌓고 실적과 능력을 검증받은 사람들이다.[54] 여기에 더해 급속한 경제성장의 결과 노동자·농민의 당이라는 공산당 전국대표 회의에는 중국의 세계 정상급 부호들이 진출하고 있다.[55]

시진핑 주석은 덩샤오핑 시대부터 견지되고 있는 도광양회(韜光養晦) 기조를 기본적으로 유지하며 미국의 심기를 건드리지 않는 전략을 구사하고 있다. 그가 2013년 6월 오바마 대통령과 정상회담에서 제시한 신형 대국관계는 대미 외교 정책의 기본 방침이다. 시진핑 주석은 2013년 9월 실크로드 경제벨트 구상을 제시, 2013년 11월 부패 척결 개혁안을 제시, 2014년 5월 중국 산업의 구조조정과 중속성장에 대비한 정책 추진을 천명했다.

시진핑의 이러한 대내외 정책들은 개인 판단에 따른 것이 아니라 매년 개최되는 중앙위원회 전체 회의의 지속적인 검토와 토론의 결과이며 그 뿌리는 매 5년마다 열리는 공산당 전국대표 회의이다. 중국에서는 국익개념이 개인이나 분파에 의해 규정되는 것이 아니라 31개 성 13억 5천만 인민을 대표하는 8천만 공산당원의 의견을 수렴하여 반영하는 체계를 유지하고 있다. 만일 한반도 사드(THAAD) 배치를 허용하거나, 남중국해 영유권 분쟁에서 기존 정책을 유지하지 못한다면

53) 서진영, 『21세기 중국정치』(서울: 폴리테이아, 2008), pp. 217-228; 강효백, "야당 견제 없는 중국 공산당이 무너지지 않는 이유는", 『중앙일보』 차이나 인사이트(2016. 10. 5.); 강효백, "중국의 7개 붉은 별 그들을 낱낱이 해부한다", 『데일리안』(2016. 5. 15.).

54) 전병서, 『중국의 대전환, 한국의 대기회』(참돌, 2015), pp. 146-151; 〈중국식의 강력한 지도력, 공산당 리더십〉, 특별기획 〈슈퍼차이나〉 PART 6(KBS, 2016. 1. 23.).

55) "수천억대 자산가 수두룩한 중국 공산당…", 『매일경제』(2016. 4. 11.). 전국 인민대표 회의 위원 중 10%에 해당하는 218명이 한화 약 3천6백억 원(20억 위안) 이상의 재산을 가진 슈퍼리치들이다.

시진핑과 태자당 계열의 중앙정치국과 상무위원 엘리트들은 2018년 예정된 19차 중국 공산당 전국대표 회의에서 권력을 상실하게 될 것이다.

결론적으로 미국과 중국의 승자연합체 규모와 구성을 고려한다면 가까운 미래에 미·중 양국 지도자들이 모두 양(+) 수치의 전쟁 기대효용을 가진다고 보기 어렵다. 사드 배치와 동아시아 영유권 분쟁이 미·중 간 경제적 관계 단절과 무력사용으로 연결되기 위해서는 양국 승자연합체 구성원들의 동의가 전제되어야 한다. 다수 유권자들이 대외정책에 무관심한 것은 사실이지만, 여론을 움직이는 구성원들은 그들의 이익과 직결되므로 대외 정책 변화에 민감하다. 양(+) 수치의 전쟁 기대효용을 가지지 못하는 또 다른 이유는 21세기 상호 의존 특징 때문이다. 이 요인은 향후 상당 기간 양 국가의 전쟁 기대효용이 양(+)의 값이 될 가능성이 낮음을 뒷받침한다.

2) 총국력 구성: 국내생산력(GDP)의 근원과 상호 의존

세계 자본주의 역사에서 국내생산력과 관련하여 1차 및 2차 산업생산력이 지니는 의미는 1971년 미국 닉슨 대통령의 금태환 금지 선언에 의해 변화되었다. 이 시기 이전까지 세계경제의 상호 의존은 제조업의 국제적 분업, 생산품들의 수출과 수입, 실물에 대한 투자에 의해 이루어졌다. 이 시기 이후 세계 자본주의는 산업생산과 더불어 '달러의 무한 발권력'이라는 미국 금융패권에 의존하는 금융자본주의로 재편되었다. 현시대는 중국이라는 제조업 주자와 미국이라는 금융업 주자가 사실상 전 세계 상품 및 서비스의 생산과 판매, 투자와 소비를 이끌어 가고 있다.

미국 달러는 1944년 성립된 브레턴우즈 체제를 통해 기축통화가 되었다. 미국은 독점적인 달러 발권력의 대가로 상품과 서비스 거래를 위해 적자를 감수하며 달러를 전 세계로 공급해야 했다. 미국은 자신들이 보유한 금(gold)의 가치를 유지하는 한도에서 달러를 발행 및 공급해야 함에도 불구하고 세계경제성장에 따른 달러 수요 증대와 베트남 전쟁 전비 마련을 위한 국채 남발로 달러를 과다 공급하여 달러가치 폭락을 초래했다. 이에 따라 1971년 닉슨 대통령은 달러와 금의 교환을 금지한다고 선언하여 브레턴우즈 체제가 붕괴되었고, 시장의 수요·공급 원칙에 따라 환율이 정해지는 변동환율 제도로 이행했다. 이 사건은 역설적으로 미국의 금융패권 지위를 더욱 공고하게 만드는 계기가 되었다.[56)]

변동환율 제도의 정착으로 인해 실물 자산에 기대어서 금융으로 수익을 취하는 금융자본주의 활동이 급격히 증가하였다. 1990년대 이후 미국의 경제패권은 과거 강대국들처럼 제조업 생산력에 근거한 패권이 아니라 금융을 통해 타 국가의 제조업 생산을 직간접적으로 통제하는 금융패권으로 변모하였다. 과거에는 찾아 볼 수 없었던 투자은행 등의 금융기관들과 금융수법들이 출현하여 원자재와 주식, 채권, 부동산 등 실물 자산들을 상대로 파생상품, 선물거래, 보험시장 규모를 확대했다.[57)] 미국 정부는 금융기관의 설립과 활동에 제약을 가하던 각종 법규를 철폐하고 투자활동을 촉진하는 법규를 제정하여 이들의 활동

---

56) 배리 아이켄그린(2011), pp. 118-126.

57) Niall Ferguson, *The Ascent of Money: A Financial History of the World*(NY: Penguin Books Ltd., 2008), pp. 441-443.

을 뒷받침했다.[58]

중국 개혁개방 이전에 세계경제의 거래 및 투자 활동들은 달러로 결제되어 왔고 다른 통화들이 도저히 감당하기 힘들 정도로 그 규모가 커진 상태였다. 이러한 환경에서 중국의 성장은 곧 달러의 세계 확산을 도와주고 미국 금융패권을 강화해 주는 매개체로 작용했다. 중국이 세계 공장 역할을 하며 생산된 상품들을 세계로 수출한다는 사실은 세계경제의 달러 의존도를 더욱 심화시켜 미국 금융패권을 강화해 준다는 것을 의미했다.

중국은 개혁개방 정책 이후 열심히 생산을 해서 달러를 벌어들인 결과 2014년 말 기준 3조 9천억 달러의 외환을 보유하고 있으며, 그중 약 1조 2천6백50억 달러가 미국 정부가 발행한 국채이다. 수출이 감소한 2015년에도 매달 400억 달러의 무역흑자를 기록했다. 중국은 미국 국채를 통해 미국의 금융패권을 견제할 수 있다. 미국이 부담해야 하는 국가 부채는 2000년대를 거치면서 급격히 증가했다. 2015년 말까지 누적된 국가 부채는 17조 9천만 달러에 이르며 그중 약 40%는 감세 정책과 이라크 전쟁을 수행했던 8년간의 조지 부시 행정부 기간 동안 발생했다.[59] 미국은 매월 만기로 돌아오는 빚의 원금과 이자를 갚기 위해 신규 국채를 발행해야 하고 세금 부족으로 인한 재정적자를 메우기 위해 또 국채를 발행해야 한다. 그 국채를 매입해 줄 달러를 가진 국가, 즉 수출로 달러를 벌어들이는 국가는 누구인가? 중국이

58) "IMF Working Paper," WP/13/3(IMF, 2013), pp. 7-8. 2011년 IMF 추산에 따르면 전 세계 파생상품시장은 미지급 가치로 따져서 648조 달러에 달했다. 파생영역 자체의 시장가치는 27조 달러였다. 반면, 전 세계 은행자산은 110조 달러, 전 세계 국내 총생산은 70조 달러였다.

59) http://en.wikipedia.org/wiki/National_debt_of_the_United_States; http://www.usdebtclock.org

미국 국채를 사 주지 않는다면 국채시장에서 미국 국채가격은 하락할 것이고 달러가치는 폭락할 것이다. 중국은 달러가치 폭락이 곧 자신들이 보유한 달러표시 자산의 가치 폭락을 의미하므로 어쩔 수 없이 미국 국채를 사 주어야 하는 입장이다. 사실, 미국 국채 이외에 믿을 만한 투자 대상이 없는 것도 지구촌의 엄연한 현실이다. 중국이 추진하는 일대일로 사업과 해외 자원 매입은 그 믿을 만한 자산이 없는 현실에서 나온 대책이다. 만일 미국이 중국의 입장을 고려하지 않고 달러가치의 급격한 상승이나 하락을 유발하는 정책을 펼 경우, 중국은 채권 유통시장에 미국 국채 매각 또는 매수의 정책을 펼침으로써 미국의 독단적인 금융패권 행사를 제어할 수 있다. 이런 상황은 양자에게 모두 치명적인 손실을 초래할 것이므로 무역 및 투자 단절로 치닫는 극단적 상황에서만 가능할 것이다.[60)]

미국에게 좋은 시나리오는 상품과 서비스 개념 창출 및 설계, 첨단 기술 등 제조업을 통제하는 핵심 우위를 유지하면서 중국이 생산자 역할을 수행하고 달러로 모든 무역 및 투자 거래가 이루어지도록 만드는 것이다. 미국 금융 산업이 중국 제조업의 생산·운송·판매 과정에 투자 형태로 기생하여 수익을 만들어 낼 수 있으며 달러 확산에 의한 금융패권 유지가 지속될 수 있기 때문이다. 미국에게 좋지 않은 시나리오는 중국의 경제성장이 위안화 사용 범위와 비중을 동반하는 시나리오이다. 2016년 9월 현재의 상황은 '위안화 국제화'라는 이름으로 후자의 상황으로 전개되고 있다.[61)]

중국은 2008년 미국의 금융위기 이후 위안화에 의한 무역 및 투

---

60) 배리 아이켄그린(2011), pp. 259-260, 269-271; 조지프 나이 저, 윤영호 역, 『권력의 미래』(서울: 세종서적, 2012).

61) 조용만·김재현, 『파워 위안화』(미래를 소유한 사람들, 2015), pp. 127-143.

자결제 비중을 높이고 사용 국가와 지역을 확대하는 행보를 강화하고 있다. 위안화 사용 비중이 높아지고 범위가 확대될수록 달러의 무한 발권력에 기대어 온 금융패권은 약화된다. 이를 극복할 수 있는 방법은 결국 자체 제조업 경쟁력 강화에 의한 달러가치 유지이다. 오바마 대통령이 취임한 2009년부터 제조업 부활 정책을 추진하는 이유가 여기에 있다. 미국은 셰일가스라는 저렴한 에너지 공급을 바탕으로 제조업 부활에 의한 일자리 창출과 금융패권 강화를 동시에 도모하고 있다. 또한 금융자유화를 조건으로 환태평양 경제동반자 협정(TPP: Trans-Pacific Partnership)을 체결하려는 것은 세계 GDP의 40%를 차지하는 지역에서 중국의 무역에 따라붙는 위안화 확산을 차단하려는 의도이다.[62] 위안화 국제화 행보가 지속될수록 중국 제조업이 창출하는 가치사슬에 기생한 미국 달러 영역이 축소되기 때문이다.[63]

〈표 2-1〉에서 본 바와 같이 GDP로 표시되는 총국력 구성 측면에서 미국은 여전히 중국을 압도하는 강대국이다. 중국은 G2 위상에 걸맞지 않게 철저한 정부가 통제하는 낙후된 관치금융 시스템을 유지하고 있다. 중국은 위안화 국제화 과정을 통해 미국의 달러 금융패권에서 탈피하고자 한다. 그러나 전 세계 국가들이 자신들의 자산을 위안화로 갖기 원하도록 만들기 위해서는 거래를 손쉽게 하고 원자재 선물

---

62) 레이쓰하이 저, 허유영 역, 『G2 전쟁』(서울: 부키, 2014), pp. 225-227. TPP는 금융자유화를 포함한다. 고정환율제 유지의 관치금융으로 미국의 위안화 평가절상 요구에 저항하고 있는 중국이 참여할 리 만무하다. TPP가 발효되면 중국과 주변 아시아 국가들 간 무역원가는 올라가는 반면 미국과 이들 국가 간 무역원가는 하락한다. 그러나 2017년 출범한 트럼프 행정부는 TPP 폐기를 추진하며 양자간 협정을 선호한다. 장기적 전략보다 눈앞의 이익을 우선시하는 비즈니스 철학의 결과이다.

63) 가치사슬은 기업이 제품이나 서비스를 생산하기 위해 원재료, 노동력, 자본을 결합시키는 과정을 말한다. 이 과정에서 자본은 제품 경쟁력이 우수한 지역으로 몰리게 된다. 자본을 투자한 금융기관들은 현지 업체들이 담당하는 생산과 판매 과정에서 막대한 수익을 창출한다.

시장 개설 등 모든 투자활동을 진행할 수 있는 금융 인프라와 기법을 갖추어야 한다. 이를 위해 자본자유화조치는 필수적이다. 또한 2차 대전 이후 미국처럼 제조업 국가가 아니라 소비 국가로 거듭나서 세계 각지에서 생산된 상품들을 수입하여 소비해 주어야 한다. 중국은 정부가 직접 환율을 통제하고 금리 수준과 투자허용 수준을 결정한다. 이러한 관치시스템으로 금융패권을 넘볼 정도의 자본자유화 체계를 구축한다는 것은 불가능하다. 결국, 위안화 사용 비중이 높아지고 사용 범위가 확대되어도 미국의 금융패권에 기대어 경제성장을 지속해야 하는 운명에서 벗어나기 힘들다.

중국의 낙후된 금융시스템은 세계 자본주의체제에서 패권국가 지위를 넘보기 힘든 한계를 보여 준다. 그러나 중국은 낙후된 금융시스템 덕분에 동아시아 지역 및 글로벌 차원의 경제위기들을 피해갈 수 있었다. 중국 정부의 관치금융은 일본의 잃어버린 20년, 1990년대 후반 동아시아의 외환위기, 2008년 미국의 금융위기에도 불구하고 그 영향을 최소화하며 고도성장을 지속해 온 비결이다. 중국 정부의 역량은 대약진운동, 문화혁명, 천안문 사태, 냉전 해체, 구소련 해체, 아시아 금융위기, 유럽 재정위기 등을 겪거나 목격하면서 얻은 값진 교훈을 간직하고 실천하는 중국 공산당 지도부의 능력을 대변한다. 앞서 기술한 바와 같이 중국의 정치체제는 1당 독재체제에서 찾아 보기 힘든 인재 검증 및 등용 체제, 능력과 치적에 따른 권력 교체 제도가 작용하고 있다. 중국 지도부는 1990년 중반의 한국처럼 자본시장을 개방한다면 통제할 수 없는 자금 흐름이 발생할 것이고 금융위기가 촉발될 것임을 잘 알고 있다. 따라서 자본자유화를 통제하고 고정환율제를 유지하며 자원외교와 '일대일로(一對一路) 정책'[64]으로 위안화 결제 범위를 조금씩 확장해 가고 있다. 또한 선강퉁·후강퉁으로 대변되는 점진적인 주식시장 개방 등 통제 가능한 범위 내로 자본시장의 개방 폭과 속도를 조절하고 있다. 미국의 금융패권을 인정하면서 먼 미래를 내다보는 행보를 취하고 있는 것이다.[65)]

결론적으로 총국력 구성요소에서 미국은 과거 패권국들과 달리 달러의 무한 발권력이라는 금융패권에 기대어 패권국 지위를 누리고 있다. 이 시스템에서는 중국 경제가 성장할수록 미국은 그 과실들을 일정 부분 동반 향유할 수 있다.[66)] 중국 역시 수출로 벌어들인 미국 정부채권 등 달러표시 자산이 필요하다. 역설적이게도 중국은 달러표시 자산에 대한 의존도 감소를 위해 달러가 필요하다. 중국의 부상을 지속시키기 위해 추진 중인 일대일로 정책과 해외 자원외교를 위해서 중국 위안화보다 달러가 더 필요한 것이 현실이다. 이런 요소들은 군사력 이외의 국력 요소로서 패권국과 도전국의 지위를 평가하는 중요한 요소이다. 2016년 현재 GDP 수치가 의미하는 총국력상 중국 국력은 미국 국력의 60% 수준이다. 세계경제를 움직이는 실질적인 영향력 측면에서 중국이 미국을 추월하기 위해서는 동아시아 지역에서나마 '달러 금융패권'을 대체할 수준의 '위안화 금융패권'을 구축해야 한다. 이는 앞으로도 상당 기간 세월이 흐른 뒤에나 가능할 것이다. 결론적

---

64) 일대일로 정책에 대해서는 이강국, 『일대일로(一帶一路)』(서울: 북스타, 2016) 참조

65) 조용만·김재현(2015), pp. 179-189.

66) 그 경로는 두 가지이다. 첫째는 값싼 중국 제품의 소비를 통해 미국 GDP의 성장을 도모하는 것이다. 미국 GDP의 70%가 소비로 이루어진다. 둘째는 중국에 의해 세계경제의 달러 의존도를 심화시킴으로써 세계경제에 대한 영향력을 유지하는 것이다. 연방준비은행은 금리와 지급준비율을 통해 세계경제의 흐름을 바꾸어 놓을 수 있다. 가장 근본적인 이유는 지구촌 사람들이 다른 어느 나라 통화보다도 달러에 대해 최우선 신뢰를 가지기 때문이다. 그 신뢰의 바탕은 미국이 유지하고 있는 첨단 기술력과 소프트 파워들, 그리고 소비능력이다. 이 부분에서 중국에게 추월당한다면 달러 금융패권도 무너지게 될 것이지만 그러한 일은 발생하기 어려울 것으로 판단한다.

으로 승자연합체 구성과 금융패권이라는 변수를 고려할 시 현재 미·중 관계는 2절에서 언급한 '패권전이 상황'에 해당하지 않으며, '패권전이 잠재상황'에 해당한다. 다만, 중국의 위안화 국제화 성공 여부에 따라 패권전이 상황으로 진입할 수 있으나 예측 가능한 미래에 그렇게 될 확률은 낮다고 판단한다.

4. 결론

본 장은 패권전이가 전개되는 형태에 영향을 미치는 요인을 식별하고 그 요인들이 21세기 미·중 관계에서 어떻게 작용하는가를 분석한 장이다. 구조주의 이론들은 국력 개념을 사용한 가설에 의거하여 라이벌 국가들 간 관계가 패권전이 상황에 처한 관계인가 아닌가를 식별한다. 전쟁 기대효용 이론은 기대효용 개념으로 패권전이 상황들 중 패권전쟁으로 비화될 가능성이 있는 상황을 식별한다. 이들 이론들은 개별 라이벌 국가들 간 패권전이 형태를 규명하는 데 부적합하지만 기대효용, 총국력 구성 등 패권전이 형태에 영향을 미치는 요인들의 개념을 제공하여 패권전이 형태 규명을 위한 연구 토대를 마련하였다.

총국력 구성과 관련하여 본 장은 산업화 구조의 변화를 반영한 '금융패권'이라는 변수를 소개하였다. 이를 근거로 미·중 패권전이 상황이 달리 규정될 수 있음을 주장하였다. 명목 GDP와 추세상 경제성장률 수치를 적용하면 미·중 패권전이 상황은 중국 GDP가 미국 GDP의 80%에 도달하는 2020-2025년의 기간 중 발생한다. 그러나 금융패권 개념을 도입하면 패권전이 상황이 발생하는 시기는 중국 위안화가 세계시장에서 광범위하게 유통되고, 그 결과 미국이 지닌 달러 무한 발권력을 심각하게 잠식하는 시기이다. 중국 GDP가 미국 GDP를 수치상 추월할지라도 미국이 금융패권을 통해 중국 GDP의 상당 부분을 공유하고 통제할 수 있다면 패권은 전이되지 않을 것이다.

전쟁 기대효용 개념은 메스키타의 정책선택 이론을 차용하여 '승자연합체의 지지와 동의'라는 변수를 사용하였다. 정치지도자들이 전쟁에 대한 효용을 가지기 위해서는 자신들의 정치권력을 유지시켜 주는 승자연합체의 동의와 지지가 필요하다. 미·중 승자연합체 규모와 주요 구성원, 그리고 정책을 살펴보면 양 국가 모두 양(+)의 전쟁 기대효용치를 가지기 어렵다는 점을 알 수 있다.

본 장에서 총국력과 전쟁 기대효용을 나타내는 변수들, 즉 금융패권과 승자연합체 중 금융패권 개념은 시대환경에 적합한 국력 개념으로 변화할 수 있으나 승자연합체 개념은 불변의 성격을 지닌다. 본 장은 이 변수들을 적용할 경우 가까운 장래에 미·중 패권전이 상황이 발생하기 어려우며, 발생한다고 할지라도 그 시기는 명목 GDP 추세로 드러나는 시기보다 훨씬 늦어질 것임을 주장한다. 중국이 추가 개발 잠재력과 성장을 위한 정책을 고려할 시 중국 경제가 폭락하는 위기는 발생하지 않을 것이다. 다만, 미국이 구축한 달러 금융패권을 잠식하기에는 극복해야 할 정치경제적 장애가 많이 있으므로 어쩔 수 없이 미국 주도의 세계질서는 상당 기간 존속될 수밖에 없다.

II

격화되는 동아시아 해양갈등

3장
남중국해, 미·중의 갈등 무대

1. 들어가며

2017년 현재 중국은 남중국해 내에 위치한 섬들을 인공적으로 확장하면서 군사기지화를 시도하고 있다. 이에 미국이 '항행의 자유 작전(Freedom of Navigation Operation)'으로 맞불을 놓으면서 양국 간 갈등의 수위가 점점 높아지고 있다. 남중국해를 무대로 중국과 미국의 힘겨루기가 격화하는 것은 비단 두 국가만의 문제가 아니다. 남중국해는 전 세계에서 가장 활발한 해상교통로(Sea Lanes of Communication)가 위치해 있는 해역으로 오일 운반선(oil tanker)의 절반 이상, 톤수 기준으로 상선(merchant ship)의 절반 이상이 통항하는 곳이다.[1] 이른바 G-2로 불리는 두 강대국의 군사안보적 갈등 양상에 국제사회의 시선이 남중국해로 집중되는 이유다.

미국과 중국이 보여 주는 안보경쟁은 국제관계 이론으로 설명

1) The South China Sea Virtual Library Website, http://www.community.middlebury.edu/~scs/intro.html(검색일: 2017. 1. 6.)

이 가능하다. 국제관계를 설명하는 데 있어 종종 인용되는 '치킨게임(chicken game)'은 일명 '겁쟁이게임'으로 차에 탄 두 사람이 서로 마주 보고 달리다가 충돌을 우려한 쪽이 먼저 방향을 바꾸는 순간 겁쟁이로, 즉 패자로 취급받는 게임이다. 반대로 끝까지 차의 방향을 바꾸지 않은 사람은 승자가 된다. 어느 한쪽의 체면과 위신은 깎이겠지만, 그는 궁극적으로 상호 충돌을 피할 수 있다는 긍정의 결과를 낳는다. 문제는 남중국해 군사기지화를 추구하는 중국과 이를 저지하고자 하는 미국의 대응이 흡사 브레이크 없이 서로 마주 보고 달리는 자동차처럼 멈출 조짐이 보이지 않는다는 데 있다. 현재로서는 양국 모두 물러설 의향이 없는 듯하다. 승자가 없는 치킨게임이 진행되고 있는 것이다.

이러한 상황을 인식하고, 이 장은 먼저 남중국해의 지정학적 중요성과 남중국해 영토 분쟁의 현황을 자세하게 설명할 것이다. 다음으로 남중국해를 둘러싼 미국과 중국 간 갈등 양상의 원인과 경과를 논리적으로 설명할 것이다. 이를 위해 국제정치 이론 중 안보딜레마에 관한 현실주의적 시각으로 남중국해 문제를 면밀하게 살펴볼 것이다. 이에 대해서는 수많은 기사와 관련 논문 및 저서가 있기 때문에 가급적 미국과 중국 간에 일어난 주요 사건들을 연대기로 묶어 추적하고, 사건 전후 나타난 양국 간 갈등 양상을 분석할 것이다. 여기에 더해 이 장은 미국과 중국이 추진하고 있는 해양전략의 큰 그림을 조망하고, 각 국가의 전략에 따른 해군력의 움직임을 비교 설명하고자 한다. 이러한 분석을 통해 지정학적으로 두 강대국의 가운데 서 있는 우리나라가 취할 선택지를 제공하는 데 필요한 시사점을 도출하는 것이 이 장의 궁극적인 목표이다.[2)]

2) 이 장은 저자의 관련 연구 내용을 바탕으로 최신 자료를 이용, 수정 및 보완한 것임

2. 선행연구 및 이론적 논의

제2차 세계대전이 끝나고 난 뒤 1990년대 초반까지 당시 민주주의와 사회주의라는 두 이념의 핵심 축이었던 미국과 소련 간의 경쟁과 갈등이 끊임없이 반복되었다. 비록 존 게디스(John W. Gaddis)는 이 시기를 긴 평화(Long Peace)라고 불렀지만,[3] 실제로는 한국 전쟁, 쿠바 미사일위기, 베트남 전쟁, 소련의 아프가니스탄 침공 등에서 볼 수 있듯이 두 국가 간의 충돌이 간접적으로 표출된 아슬아슬한 안보상황의 시기였다. 평화라고 부를 만큼 안정적이지는 않았던 것이다. 또한 더 이상 과거의 패턴(pattern)에 따라 상대방의 반응을 예측할 수 없게 되었기 때문에 미래가 더 안정적일 것이라고 섣불리 낙관하기도 어려운 시기였다.[4] 같은 맥락에서 국제 안보환경을 주도하는 미국과 소련의 전략적 움직임은 전 세계의 관심사였다.

20세기까지만 해도 전 세계에 걸친 미국과 소련의 군비경쟁이 연구의 주요 대상이었지만, 21세기에 접어들어서는 소련 대신 중국이 그 자리를 차지하기 시작했다. 지정학적인 무대 또한 전 세계 수준이 아니라 동아시아에 집중되는 현상을 보이고 있다. 미국과 중국을 주인공으로 한 국제정치를 한 편의 드라마로 보면 남중국해 문제는 압도적으로 관객들의 시선을 사로잡는 클라이맥스로 치닫고 있다고 볼 수 있

을 밝혀둔다. 참고한 연구논문은 다음과 같다. 임경한, "동아시아해양의 국제정치: 미국의 아시아 중시 전략에 따른 동아시아 해양안보 환경 전망", 『동북아연구』 제128권 2호(2013), pp. 43-74; 임경한, "Same Bed, Different Dreams: US-Chinese Power Competition Over the East Asian Seas," 『아태연구』, 제21권 1호(2014), pp. 187-216.

3) John Lewis Gaddis, *The Long Peace: Inquires into the History of the Cold War*(New York: Oxford University Press, 1987), pp. 215-245.

4) Robert Jervis, "Will the New World Be Better?," Robert Jervis and Seweryn Bialer ed., *Soviet-American Relations After The Cold War*(Durham: Duke University Press, 1991), pp. 7-19.

을 것이다. 남중국해를 무대로 미국과 중국이라는 두 주연 배우의 역동적인 움직임을 설명하기 위해서는 국제정치 이론에 입각한 해석이 필요하다. 이론적 설명에 따라 각 국가의 의도와 전략적 움직임이 과연 상호 갈등 양상을 보이고 있는지를 파악하고, 앞으로 나타나게 될 현상을 전망할 수 있기 때문이다.

미국의 아시아 중시 전략이 부각되고 동아시아의 지정학적 가치에 대한 관심이 높아지면서, 아시아에서 미국의 전략적 움직임에 관해 이론적인 설명을 시도하는 연구가 매우 활발하다. 관련 연구의 주제 중 상당수는 미국의 안보전략 변화가 한반도 안보 및 한국의 안보전략에 미치는 함의를 다루고 있거나, 중국이 성장한 경제력을 바탕으로 국방력을 증강하고 무기체계를 현대화하면서 동아시아에서 벌일 미국과의 경쟁을 전망하고 있다. 한편 동아시아 해양에 초점을 두고 분석을 시도한 연구 결과물은 미국과 중국의 해양패권 경쟁을 전쟁 및 국제정치 이론에 맞춰 해석을 시도하는 경향이 있거나, 현재 진행 중인 해군력 경쟁을 사실적으로 정리하고 있다. 연구는 주로 동중국해 및 남중국해 등에서 영토 분쟁을 겪고 있는 중국이 해군력을 증강하는 배경을 설명하고, 중국에 대한 대응 차원에서 일본 및 아세안(ASEAN: Association of South East Asian Nations) 국가들뿐만 아니라 미국의 전략적 움직임을 다루고 있다.

이러한 연구들이 가지는 공통점은 국가들의 안보경쟁이 동아시아의 해양안보환경에 어떠한 영향을 미치는가에 대해 제대로 반영하지 못하거나, 이론적 설명이 다소 제한적이라는 한계를 가지고 있다. 동아시아 해양을 둘러싼 주변 국가들의 인식 수준은 어떤지, 동아시아 해양을 두고 펼쳐지는 미·중의 전략 변화와 양국 간 경쟁 원인이 무엇인지, 중국과 동남아시아 국가들이 추구하는 전략이 충돌하는 경우를 설명하는 이론은 무엇인지 등이 별개의 주제로 연구되고 있다. 또한 이러한 상황의 발생 원인과 전망에 대한 세부적인 설명보다는 현재 상황인식과 주변국의 전략을 소개하는 정도에 그친 연구가 대부분이다. 이러한 이유로 미국의 아시아 중시 전략 이후에 전개되는 최근의 동아시아 해양안보환경에 대한 특화된 설명력이 부족하다. 따라서 국제정치 이론을 이용하여 동아시아 해양의 안보현황을 분석하고, 구체적인 수준에서 미국의 아시아 중시 전략에 따른 동아시아 해양안보환경 변화를 살펴보는 것이 필요하다.

국제정치에서 국가의 행동을 가장 잘 분석하고 전망할 수 있는 논리적인 구조는 현실주의 이론에서 찾을 수 있다. 고전적인 현실주의자로 대표되는 한스 모르겐타우(Hans J. Morgenthau)는 힘(power)의 중요성을 강조하며 국가는 힘을 무기로 국가이익(national interest)을 추구한다는 주장을 내놓았다. 현실주의 가정으로서 힘은 사용이 가능하면서 가장 효과적인 수단이라는 것이다.[5)] 이때부터 현실주의에서 국가 중심적인 가정이 중요해졌고, 국가주권(sovereignty)을 지키기 위한 국가들의 실질적인 준비에 주목하게 되었다. 일반적으로 국가는 합리적인 행동을 하기 때문에 분명한 손익 계산에 따라 국가이익을 극대화하려는 노력을 한다는 것이다. 이후 수많은 논의가 진행되었지만 국제정치에서 가장 중요한 요인은 힘이라는 데에 이견이 있을 수 없었다.

이러한 배경에서 1979년 케네스 월츠(Kenneth N. Waltz)가 『국제정치 이론』(*Theory of International Politics*)이라는 저서를 통해 국가의 행동을 이

---

5) Hans J. Morgenthau, *Politics among Nations: the Struggle for Power and Peace,* 2nd ed.(New York: Alfred A. Knopf, 1954).

해하는 몇 가지 큰 틀을 새롭게 제시했다.[6] 먼저 국제정치는 국가 상위에 어떠한 중앙집권적인 권위체(centralized authority)가 없는 무정부성(anarchy)의 특성을 지닌다는 것이다. 무정부성에 기초한 국제체제의 구조적 특성은 국가들 사이의 힘의 균형(balance of power)을 설명하는 핵심적인 원천이 된다.[7] 갈등과 대립이 상존하는 무정부 상태의 국제질서는 힘의 균형에 의해 안정이 유지될 수 있다는 것이 현실주의의 관점이다. 또 다른 중요한 특성은 국제정치의 행위자인 모든 국가들이 추구하는 노력은 안보(security)를 확보하기 위한 행위라는 것이다. 국가가 중요하게 생각하고 궁극적으로 달성하고자 하는 상태는 국가의 생존(survival)을 유지하는 것이며, 국가는 이를 위해 필요한 수준의 안보를 달성하고자 한다. 힘의 균형이라는 것은 상대적인 힘의 배분(distribution of relative power)을 의미하는데, 국가들은 부상하는 국가에 대한 힘의 균형을 유지하기 위해 스스로 힘을 극대화하는 내적 균형(internal balancing)과 동맹 등을 통해 힘을 키우는 외적 균형(external balancing)을 강구하게 된다.[8]

이로 인한 결과는 안보딜레마 상황이 고조되는 것이다. 로버트 저비스(Robert Jervis)의 설명에 따르면, 안보딜레마란 한 국가의 방어적인 안보능력 확대가 궁극적으로 상대 국가의 안보능력 약화를 초래한다는 것이다.[9] 월츠 또한 무정부적인 국제체제하에서 국가들이 생존을

6) Kenneth N. Waltz, *Theory of International Politics*(MA: Addison-Wesley, 1979).

7) 여기에서 의미하는 국제체제의 구조는 상대적인 힘이 어떻게 배분되어 있는가에 대한 구분이다. 강대국의 수에 기준하여 단 1개의 강대국이 존재할 경우에는 일극체제(unipolarity), 2개의 강대국이 존재할 때는 양극체제(bipolar system), 그 이상의 강대국 수가 있을 경우에는 다극체제(unipolarity)로 구분된다. 이근욱, 『월츠 이후: 국제정치 이론의 변화와 발전』(서울: 한울, 2009), pp. 23-48.

8) Kenneth N. Waltz(1979), p. 168.

9) Robert Jervis, "Cooperation Under the Security Dilemma," *World Politics*, vol. 30, no.

〈표 3-1〉 안보딜레마의 강도

구분	공격 우위	방어 우위
공격-방어 구분 불가능	① 이중 위협	② 안보딜레마 상황 (안보 필요조건들이 양립 가능)
공격-방어 구분 가능	③ 안보딜레마 없음(공격이 가능)	④ 이중 안정

출처: Robert Jervis(1978), p. 211.

위해 추구하는 방식이 비록 의도하지는 않았더라도 국가들 사이의 긴장을 야기하고, 이로 인해 의심과 적대심이 높아질 수 있다는 주장에 동의하고 있다.[10] 따라서 안보딜레마에 갇혀 있는 국가는 어떤 방식으로든 상대보다 안보적 우위를 달성하기 위해 노력한다는 것이며, 그러한 목표를 추구하기 위한 전략을 수립할 수밖에 없게 된다.[11]

안보적 우위를 달성하는 방법을 논의하는 데 있어 군사력을 사용한 공격과 방어에 주목할 필요가 있다. 특히 저비스는 공격-방어 균형(offense-defense balance)과 공격-방어 구분(offense-defense distinction)이라는 2가지 변수를 가지고 안보딜레마의 강도를 설명했다. 2가지 변수의 조합에 따라 안보딜레마의 강도가 가장 높은 순서대로 나열하면 다음과 같다. ① 공격 우위 아래 공격-방어 구분이 불가능한 상황, ② 방어 우위 아래 공격-방어 구분이 불가능한 상황, ③ 공격 우위 아래 공격-방어

2(1978), pp. 167-214.

10) Kenneth N. Waltz(1979), p. 3.

11) 이러한 이론적 배경은 최소한의 생존을 보장하는 것에 중점을 둔 방어적 현실주의(defensive realism)에서 이해할 수 있다. 한편 이와 대비되는 현실주의 이론 중 공격적 현실주의(offensive realism)는 국제적 무정부 상태에서 국가는 생존을 위해 힘을 극대화하며 유일한 패권국이 되고자 한다고 주장한다. 공격적 현실주의에 관한 자세한 설명은 John J. Mearsheimer, *The Tragedy of Great Power Politics*(New York: Norton, 2001); 임경한, "공격적 현실주의 시각에서 바라본 미국과 중국의 동아시아 해양안보경쟁 전망과 함의", 『해양전략』 제149호(2010), pp. 159-195; 이근욱(2009), pp. 23-48.

구분이 가능한 상황, 그리고 마지막으로 ④ 방어 우위 아래 공격-방어 구분이 가능한 상황이다. 이는 〈표 3-1〉에 잘 정리되어 있다.

〈표 3-1〉에서 보듯이 공격-방어 구분이 불가능한 상황은 상대방의 의도를 정확하게 알 수 없기 때문에 안보딜레마 상황을 악화시킨다. 공격-방어 구분이 불가능한 상황에서 공격 우위의 상황이 함께 발생한다면 안보딜레마로 인한 가장 위협적인 안보상황이 형성되는 것이다. 여기에서 알 수 있는 것은 공격-방어 구분에서는 상대방의 의도를 어떻게 인식하는지가 중요하며, 공격-방어 우위의 상황은 공격이 방어보다 더 쉬울 것인가에 대한 판단의 문제라는 점이다.[12] 따라서 국가의 전략적 움직임은 곧 안보딜레마의 강도를 결정짓는 요인이다. 한편 공격-방어를 구분할 수 있다면 상대의 군사력을 관찰하여 의도를 파악하는 것은 물론 안보딜레마도 완화할 수 있으며, 의도적으로 방어 중심의 군사력을 추구하여 상대로 하여금 덜 의심하도록 하는 효과를 얻을 수도 있다.[13] 다음 절에서부터 남중국해가 미국과 중국 및 주변 국가들에게 주는 의미를 살펴보고, 2016년 기준으로 일어나고 있는 분쟁 현황을 정리할 것이다. 이를 통해 궁극적으로는 안보딜레마의 프레임에 따라 미국과 중국의 전략적 움직임을 면밀하게 설명하고자 한다.

---

12) Robert Jervis, *Perception and Misperception in International Politics*(Princeton, N. J.: Princeton University Press, 1976); Sean M. Lynn-Jones, "Offense-Defense Theory and its Critics," *Security Studies*, vol. 4(1995); Robert Jervis(1978), pp. 167-214.

13) 이근욱(2009), p. 73.

3. 남중국해의 지정학적 가치와 영토분쟁 현황

1) 남중국해의 가치

남중국해(South China Sea)는 북쪽인 중국 본토 아래를 기준으로 동쪽으로 필리핀, 서쪽으로는 베트남, 그리고 남쪽으로는 브루나이와 말레이시아로 둘러싸여 있는 반폐쇄적인(semi-enclosed) 해역을 일컫는다. 남중국해는 소규모의 섬(islands), 암초(reefs), 사주(cays), 퇴(banks), 암사(shoals) 등으로 구성되어 있으며, 그 총면적은 350만km^{2}에 달한다. 남중국해의 도서(島嶼)는 각각의 군도가 자리하고 있는 구역에 따라 동쪽에 자리 잡은 프라타스 군도(Pratas Islands), 서쪽에 위치하고 있는 파라셀 군도(Paracel Islands), 중앙에 있는 메이클즈필드 군도(Macclesfield Bank), 그리고 남쪽에 위치한 스프래틀리 군도(Spratly Islands) 등 크게 4개의 군도로 구분된다.

남중국해가 가지는 지정학(地政學)적인 중요성은 매우 분명하다.[14] 먼저, 지리적인 위치에서 보면 남중국해를 둘러싼 주변 국가들에서 연안 100마일(약 200km) 이내 거주하는 인구가 약 5억 명이 넘는데, 이는 전 세계 인구의 거의 10분의 1에 육박하는 수준이다.[15] 따라서 남중국해 내 위치한 무주지로 분류되는 도서에 대한 권리를 가진다는 것은 주변의 에너지 및 수산업 자원을 가지는 것뿐만 아니라 이를 통해 곧 세계적인 무역의 중심에 서는 것과 같은 것이다.[16] 이것이 남중국해

14) 통상적으로 지정학이라는 용어를 많이 사용한다. 지정학은 공간이라는 지리적 요인과 힘 또는 권력이라는 정치적 요인의 관계 사이의 역학이라고 할 수 있다.

15) The South China Sea Virtual Library Website, http://www.community.middlebury.edu/~scs/intro.html(검색일: 2017. 1. 6.)

16) 아시아인들이 22% 이상의 단백질을 수산물 섭취를 통해 해결한다는 사실을 고려하면

주변 국가들에게는 물론이며 남중국해를 경유하는 국가, 그리고 남중국해 주변 국가들과 교역을 하는 전 세계 거의 모든 국가들에게까지 미치는 영향력을 고려할 때 남중국해의 지리적 중요성을 잘 알 수 있다.

해상교통의 요충지로서 남중국해의 가치를 좀 더 자세하게 살펴보자. 과거부터 해상을 통한 운송은 가장 효과적인 교역의 수단으로 자리했는데 21세기에 들어서면서 그 중요성이 더욱 높아지고 있다. 2015년 국제연합 무역개발회의(UNCTAD: United Nations Conference on Trade and Development)에서 발표한 자료에 따르면 해상을 통한 교역이 전체 교역의 80% 이상을 차지하고 있으며, 개발도상국(developing countries) 기준으로는 90% 정도가 해상을 통해서 교역이 이루어지고 있다. 전 세계적으로 해상교역이 차지하는 비중이 높아지는 현실은 자연스럽게 남중국해의 중요성을 더욱 부각시키고 있다.

특히 전 세계에서 가장 바쁜 해상교통로가 위치하고 있는 남중국해는 오일 운반선(oil tanker)의 절반 이상, 톤수 기준으로 상선(merchant ship)의 절반 이상이 통항하는 곳이다.[17] 해상교통의 핵심이 되는 말라카 해협(Straits of Malacca), 순다 해협(Straits of Sunda), 롬복 해협(Straits of Lombok) 등이 모두 남중국해를 경유하고 있으며 연간 기준으로 수에즈 운하의 3배, 파나마 운하의 2배 이상이 될 정도로 교통량이 많다는 사실은 남중국해의 지리적 중요성을 직접적으로 설명해 주고 있다. 중국, 일본, 한국 등 세계경제에서 큰 비중으로 차지하는 아시아 내 무역

수산물을 획득하는 것은 아시아 국가들에게 있어 기본적인 동시에 상당히 중요한 문제이다. Lucio Blanco Pitlo, "Fishing Wars: Competition for South China Sea's Fishery Resources," *ISN*(July 10, 2013); Ding Gang, "Fishing resources key to S. China Sea order," *Global Times*(August 21, 2013); Tom Hancock, "Chinese fishermen on front line of marine dispute," *AFP*(Mar 5, 2013).

17) The South China Sea Virtual Library Website, http://www.community.middlebury.edu/~scs/intro.html(검색일: 2017. 1. 6.)

중심 국가들의 물동량 중 상당 부분이 남중국해의 해상교통로를 통해 운송되는데, 이들 국가들로서는 반드시 통항해야 하는 길목(choke point)이 남중국해에 위치하고 있는 것이다.[18)]

한편 남중국해가 가지는 정치학적 가치는 최근 들어 더욱 주목받고 있다. 앞에서 설명했듯이 미국과 중국이 남중국해 내 몇몇 영토를 중심으로 항행의 자유를 두고 갈등을 겪고 있기 때문이다. 남중국해 문제 해결에 영향력을 가지는 것은 곧 강대국 간 경쟁에서 전략적 우위를 달성하는 것과 같은 맥락으로 이해할 수 있다. 남중국해는 표면적으로는 도서 분쟁을 겪고 있는 주변 국가들만의 관심 해역으로 인식될 수 있으나, 남중국해 도서 영유권 분쟁에 참가하는 일부 국가들이 미국과 안보협력을 강화함에 따라 실제적으로는 미국과 중국이 직접 관여하고 있는 국제적인 관심 해역이다. 최근 들어 미국의 아시아 중시 전략과 중국의 반접근/지역거부(A2/AD: Anti Access/Access Denial) 전략이 남중국해에서 상충하면서 이 해역의 전략적 중요성이 부각되고 있다. 미국으로서는 중국의 확장 정책을 봉쇄할 수 있는 곳이며, 중국의 입장에서는 태평양을 넘어 전 세계로 나아갈 수 있는 길목이 바로 남중국해이기 때문이다.

---

18) 전체 무역량에서 차지하는 비율로 중국은 약 90%, 일본과 한국은 약 80%, 말레이시아와 태국은 각각 85%와 95% 수준이 남중국해를 통해 이루어지고 있으며, 전 세계 원유(crude oil)와 천연가스(natural gas)의 2/3가 남중국해를 통해 동아시아 주요 국가로 수송되고 있다. 이재현, "남중국해 분쟁의 이해와 향후 전망", 『국립외교원 외교안보문제연구소 주요국제문제분석』, No. 2012-32(2012), p. 7.

2) 남중국해 영토분쟁 현황

남중국해 도서 분쟁은 큰 관심을 끌지 못하다가 1970년대에 들어서면서 수면 위로 부상했다. 남중국해 도서 분쟁 당사국들을 중심으로 최근까지 도서 영유권을 차지하기 위해 해양활동이 강화되고, 무력을 사용하여 대치하는 사건이 잦아지는 등 국제사회의 중요한 안보 문제로 등장했다. 1974년과 1988년에 중국과 베트남이 무력충돌하면서 남중국해 도서를 둘러싼 주변 국가들의 긴장이 고조되었다. 1998년에 벌어졌던 베트남과 필리핀 간 무력충돌, 1999년에 말레이시아와 필리핀 간 무력충돌 등의 사례를 비롯해, 2012년부터 여러 차례에 걸쳐 중국 해군이 베트남 어선에 발포한 사건 등은 분쟁 당사국 간 군사력 사용 가능성이 여전히 남아 있다는 것을 보여 주기에 충분하다.

남중국해에서는 크게 스프래틀리 군도, 파라셀 군도, 그리고 스카버러 섬을 둘러싼 영유권 분쟁이 진행되고 있다. 이 중에서 해양영토 분쟁이 가장 격렬하게 나타나고 있는 곳은 스프래틀리 군도이다. 스프래틀리 군도는 남중국해 내에서도 남쪽에 위치하고 있다. 스프래틀리 군도는 북위 8° 38′, 동경 111° 55′를 중심으로 베트남 남부에서부터 필리핀 남부까지 널리 분포되어 있다. 스프래틀리라는 명칭은 1840년대 리처드 스프래틀리(Richard Spratly)라는 영국의 포경선 선장이 남중국해를 항해하면서 발견한 군도에 자신의 이름을 붙임에 따라 최초로 사용되었고 지금까지 이어지고 있다.[19]

스프래틀리 군도의 범위와 크기에 관한 명확한 규정은 각각의 자

19) 스프래틀리 군도를 두고 중국에서는 난사(Nansha) 군도로, 베트남에서는 쯔엉사(Truong Sa) 군도로 부른다. 이 글에서는 현재 분쟁 중인 군도에 대해 한 국가에서 부르는 명칭을 차용하기보다는 국제적으로 명명된 영어명을 그대로 사용한다.

료마다 조금씩 차이가 있지만, 스프래틀리 군도는 최대 230여 개의 섬, 산호초, 사주 등으로 구성되어 있다는 것이 통용되는 사실이다. 스프래틀리 군도는 남중국해 도서 중에서 가장 넓은 해역에 분포되어 있는데 동쪽으로 필리핀 팔라완(Palawan) 섬과 말레이시아 보르네오(Borneo) 섬, 서쪽으로 베트남, 남쪽으로 브루나이, 북쪽으로 중국을 두고 위치하고 있다. 스프래틀리 군도 전체의 면적은 약 50만km^2에 달하며, 군도는 남쪽으로 약 810km, 동서로 약 640km에 걸쳐 분포되어 있다.

스프래틀리 군도 영유권 문제는 남중국해에서 가장 넓은 해역에 관한 문제라는 점에서 분쟁 당사국 사이에서 각각의 주장이 첨예하게 맞서고 있다. 스프래틀리 군도에 대한 관련 당사국들의 주장을 살펴보면, 중국·대만·베트남 등은 전체 도서, 필리핀·말레이시아·브루나이는 일부 도서에 대한 영유권을 주장하고 있다. 2013년 현재 중국·대만·베트남·필리핀·말레이시아의 5개국은 대략 55개의 섬 등을 분할하여 실효적으로 점령하고 있거나 영유권을 주장하고 있으며, 브루나이는 실효적으로 점령하고 있는 곳이 한 곳도 없는 상황이다.

각 국가마다 자국의 영토로 주장하는 근거는 매우 다양한데, 대부분 역사적 권원에서부터 실효적 지배, 지리적 근접성, 대륙붕 확장 등 다양한 사실과 주장에 바탕을 둔다. 전반적인 양상을 살펴보면 중국과 대만, 베트남, 필리핀이 스프래틀리 군도 영유권 주장과 영유권 확보를 위한 실천을 적극적으로 감행하고 있으며, 상대적으로 말레이시아, 브루나이는 스프래틀리 군도 영유권 분쟁에 소극적인 자세를 견지하고 있다. 〈표 3-2〉는 스프래틀리 군도에 대한 각 국가들의 입장을 잘 정리하고 있다.

〈표 3-2〉 스프래틀리 군도 영유권 분쟁 당사국 입장

<table>
<tr><th>분쟁 당사국</th><th>영유권 주장 근거</th><th>영유권 행사 주요 내용</th></tr>
<tr><td>중국</td><td>역사적 사실 및 실효적 점령</td><td>군도 전체 영유권 주장
인공섬 조성</td></tr>
<tr><td>대만</td><td>실효적 지배</td><td>Itu Aba Island 실효 지배
군도 전체 영유권 주장</td></tr>
<tr><td>베트남</td><td>역사적 사실 및 실효적 점령
지리적 인접성</td><td>Spratly Island 등 26곳실효 점령
군도 전체 영유권 주장</td></tr>
<tr><td>필리핀</td><td>지리적 인접성
국제법</td><td>Thitu Island 실효 지배
7개 섬 점유</td></tr>
<tr><td>말레이시아</td><td rowspan="2">질적 지리적 인접성
국제법</td><td rowspan="2">영유권 주장보다는
자원개발의 권리 주장</td></tr>
<tr><td>브루나이</td></tr>
</table>

남중국해에서 두 번째 규모로 큰 갈등을 겪고 있는 파라셀 군도는 북위 16° 30′, 동경 112° 00′을 중심으로 베트남 동부에서부터 필리핀 북서부까지 널리 분포되어 있다. 중국의 하이난 섬(Hainan Island)으로부터 약 300km 남쪽에 위치하고 있는 파라셀 군도는 만조(慢調) 시 가장 높은 곳이 수면으로부터 14m에 불과할 정도로 대부분이 물에 잠겨 있으며, 전체 육지 면적은 약 7.75km^2, 전체 해안선의 길이는 약 518km이다. 파라셀 군도는 최대 130여 개의 섬, 바위, 산호초, 사주 등으로 구성되어 있는데 크게 동쪽의 앰피트라이트 군(Amphitrite Group)과 서쪽의 크레센트 군(Crescent Group) 등 두 구역으로 구분되어 있다.

파라셀 군도에 대한 영유권 분쟁은 역사적으로 그렇게 오래된 문제가 아니며, 파라셀 군도에 대한 영유권 주장은 특히 중국과 베트남 사이에서 치열하게 전개되고 있다. 1970년대 초까지만 해도 동서 두 구역으로 나눠진 파라셀 군도에 대해 동쪽 앰피트라이트 군은 중국이, 서쪽 크레센트 군은 베트남이 각각 점유권을 행사하고 있었다. 중국이

1971년부터 파라셀 군도 해역에 대한 해양조사 범위를 크레센트 군까지 확장하였고, 파라셀 군도 내에서 가장 큰 섬인 Woody Island에 대형 활주로와 항구 등의 군사기반 시설을 지속적으로 건설하기 시작하였다. 이 시기에 베트남은 한창 전쟁 중이었기 때문에 파라셀 군도 해역에서 중국의 확장을 견제하기 어려웠다.[20] 1974년 중국이 무력을 통해 파라셀 군도 서쪽 크레센트 군 전체를 실효적으로 점령하게 되었고, 그 상황이 오늘날까지 지속되고 있다.

중국은 파라셀 군도를 무력으로 점령하고 난 후부터 지속적으로 파라셀 군도 전체에 대한 영유권을 주장하고 있는데, 이로 인해 베트남과의 갈등과 대립이 끊이지 않고 있다. 중국은 파라셀 군도를 실효적으로 점령하고 있으며 국제법에 근거하여 파라셀 군도를 중국령으로 편입하려는 시도를 하고 있다. 파라셀 군도에 대한 중국인들의 여행을 활성화하겠다는 것이 그 첫 번째 계획이다. 군도 내에서 가장 큰 섬인 Woody Island를 관광지로 만들어 국내외적으로 파라셀 군도에 대한 영유권을 정당화하고 이를 적극적으로 홍보하겠다는 의도가 반영되어 있다. 국제법상 도서의 선점 원칙은 '우선 발견과 명명', '우선 경영과 개발', 그리고 '우선 관할권과 주권행사'로 이루어진다는 점에서 중국인들이 파라셀 군도를 여행하게 함으로써 '우선 경영과 개발' 원칙을 실행하고자 하는 것이다.[21]

---

20) 파라셀 군도에 대한 중국과 베트남의 영유권 분쟁 원인에 대해서는 다양한 주장이 있다. 부존자원의 개발 가능성에 대한 관련국의 이해가 상충되었다는 직접적인 원인, 베트남 전쟁 이후 파라셀 군도 영유권 주장 재개를 차단하려는 중국의 사전 포석 작업, 친소련 베트남 정부의 등장과 소련의 역내 해군력 증강에 대한 중국군의 우려, 미·중 국교 정상화에 따른 미국의 파라셀 군도 분쟁 불개입 가능성 등을 중국과 베트남의 분쟁 원인으로 해석이 가능하다.

21) 이동훈, "군용 활주로 점령한 서사군도·남사군도 남태평양이 심상찮다", 『주간조선』 제2021호(2012).

한편 중국의 움직임에 대해 베트남은 파라셀 군도에 대한 중국의 실효적 점령을 인정하지 않고 있으며, 역사적 권원에 따라 파라셀 군도에 대한 영유권이 베트남에 있다는 것을 주장하고 있다. 앞에서도 밝혔지만 베트남은 프랑스의 지배에서 벗어난 이후 파라셀 군도에 대한 영유권을 자동적으로 승계하고 있다는 것을 강조하고 있다. 또한 유엔 해양법협약에 근거하여 배타적 경제수역이나 대륙붕에 관한 국제법적인 해석에 있어서도 파라셀 군도에 대한 영유권 주장이 결코 억지스러운 것이 아니라는 것을 강조한다. 파라셀 군도의 영유권을 확보하기 위한 실질적인 노력의 일환으로 베트남은 파라셀 군도 인근 해안에서 지속적으로 해상사격훈련을 실시하고, 징병과 관련한 규정과 법령을 재정비하는 등 자체적인 군사역량을 강화하는 동시에 미국과의 연합훈련 규모를 확대하고 횟수를 늘리는 등 적극적인 움직임을 보이고 있다.

남중국해 내 영유권 분쟁 중 가장 규모가 작은 스카버러 섬은 북위 15° 09′, 동경 117° 45′에 위치하고 있으며 필리핀 서부로 약 200km, 중국 하이난 섬으로부터 1,200km가량 떨어져 있다. 스카버러 섬은 영어로 Scarborough Shoal 또는 Scarborough Reef로 불릴 만큼 여러 개의 암사로 이루어진 작은 바위섬이다. 공중에서 보면 삼각형 모양을 하고 있는 이 섬은 주변이 거의 산호초로 둘러싸여 있다. 섬의 전체 면적은 150km^{2}에 달하지만, 가장 높은 바위가 수면으로부터 3m밖에 되지 않기 때문에 실질적으로 사람이 거주하는 것이 불가능한 섬이다.

스카버러 섬에 대해서는 중국과 필리핀 양국의 주장이 대립하는데, 필리핀의 주장이 다소 설득력이 있는 것으로 알려지고 있다. 섬의 위치로 보면 확연하게 중국보다는 필리핀에 가깝고, 1950년대부터 현재까지 필리핀이 실효적으로 점령하고 있다는 점에서 필리핀의 주장에 대해 중국이 반박하는 양상으로 전개되고 있는 것이다. 최근 이 섬을 두고 중국과 필리핀이 해상에서 직접적으로 대치하는 국면이 잦아지는 것은 스카버러 섬 영유권 문제에 대한 국제적인 관심을 더욱 증폭시키는 원인이다. 특히 필리핀과 동맹관계에 있는 미국이 직간접적으로 스카버러 섬 문제에 개입할 수밖에 없는 상황은, 스카버러 섬 영유권 해결 과정을 통해 장차 남중국해 도서 영유권 문제 전반에 걸쳐 미국이 어느 정도의 수준에서 실력 발휘를 하게 될 것인지, 또한 미국과 중국의 갈등 양상이 어떻게 전개될 것인지를 판가름할 수 있는 실마리를 제공한다는 측면에서 더욱 중요한 의미를 갖는다.

필리핀은 1965년에 8.3m 높이의 철제 봉을 이용해 필리핀 국기를 게양하는 등 스카버러 섬에 대한 실효적인 점령과 관리를 지속해 오고 있다. 중국이 스카버러 섬을 포함하여 남중국해 전체 영토에 대한 영유권을 주장하기 시작하자, 2009년에는 필리핀의 아로요(Gloria Macapagal Arroyo) 대통령이 스카보로 섬을 자국의 영토로 포함하는 새로운 영토법(geographic baseline bill)에 서명하는 등 스카버러 섬에 대한 중국의 주장에 강경하게 대응하고 있다. 최근 스카버러 섬 인근에서 중국과의 해상 마찰이 빈번해지면서, 1992년 미 해군의 철수 이래 약 20년 만에 필리핀 서남부 해역에서 미국과의 연합해상훈련을 반복적으로 실시하는 등 중국에 대한 무력시위의 수위를 높이면서 중국을 압박하는 전략을 추진하고 있다. 또한 필리핀은 2013년 1월 중국을 상대로 국제해양법재판소(ITLOS: International Tribunal for the Law of the Sea)에 중재재판을 제소하는 등 국제법에 의거한 해결 노력에 박차를 가하고 있다.

4. 남중국해를 둘러싼 미·중 간 갈등

남중국해 분쟁의 가장 큰 문제점은 남중국해에서 스프래틀리 군도, 파라셀 군도, 그리고 스카버러 섬을 둘러싼 주변 국가들의 영유권 분쟁이 진행되는 가운데 미국이 관여하기 시작하면서 실질적으로는 미국과 중국의 충돌과 갈등이 잦아지고 있다는 점이다. 2001년 4월에 발생한 미국 정찰기 EP-3와 중국의 전투기 젠-8의 공중 충돌은 남중국해 해역을 두고 펼쳐지는 국가들의 신경전을 그대로 보여 준 사건이었다. 2009년 3월에는 중국 해군 정보선 1척을 포함한 5척의 중국 선박이 남중국해에서 미 해군 소속 정보함 임페커블(USNS Impeccable) 함에 의도적으로 공격적인 항해 시위를 벌였다. 당시 미 임페커블 함은 민간인을 태우고 중국의 배타적 경제수역 내에서 해양조사 활동을 수행하고 있던 상황이었다. 이러한 양상은 비록 미국과 중국 양국 간에 영유권 문제가 없지만 남중국해에서 두 강대국 간 무력충돌이 발생할 수 있다는 사실을 적나라하게 보여 준 것은 물론이며, 이후 두 국가가 남중국해를 배경으로 팽팽한 대립을 펼칠 것을 예고하는 계기가 되었다.

최근 들어 남중국해를 배경으로 한 미국과 중국의 힘겨루기가 갈수록 격화하고 있는 양상이다. 2016년 1월 30일 미 해군 이지스 구축함 '커티스 윌버'가 남중국해 파라셀 군도 내 중국이 건설 중인 인공섬의 12해리(약 22km) 이내까지 항해했다. 2015년 10월에 이은 2번째 항행의 자유 작전을 실시한 것이다. 미 오바마 대통령은 "국제법이 허용하는 곳이라면 어디든지 비행과 항해, 작전을 계속하겠다"라며 항행의 자유 작전을 지속하겠다는 의도를 공개적으로 밝혔다. 지난 5월에 미 해군은 구축함 '윌리엄 P. 로런스'를 추가적으로 남중국해 인공섬의 12해리 이내로 항행시켰다. 이러한 미국의 움직임에 대해 중국은 "미국의 도발 행위에 필요한 모든 조치를 하겠다"라고 강력하게 반발했으며, 남중국해 인공섬 확장에 더욱 박차를 가하고 있다. 남중국해를 배경으로 두 국가가 벌이는 신경전은 〈표 3-3〉에서와 같이 최근에 발생한 갈등들을 통해 잘 확인할 수 있다.

〈표 3-3〉 남중국해에서의 미·중 간 주요 갈등 사례

연도	사건 당사국	군사적 행동
2015	중국, **미국**	미국, 해군 구축함(라센) 남중국해 인공섬 12해리 이내 '항행의 자유' 작전 실시(10월)
	중국, **미국**	미국, 전략폭격기 B-52 남중국해 화양자오 12해리 이내 상공 비행(1월)
2016	**중국**, 미국	중국, 민항기 2대 융수자오 시험 비행(1월) 미국, 해군 구축함(커티스 윌버) 남중국해 인공섬 12해리 이내 '항행의 자유' 작전 실시(1월)
	중국, 미국	중국, 남사군도 융싱다오에 지대공 미사일 '홍치-9'과 대함 미사일 배치(2월) 중국, 스테니스 항모 전단 항해 시 필리핀 인근서 포위 항해(3월) 중국, 남중국해 우디 섬에 전투기 16대 배치(4월)
	중국, **미국**	미국, 해군 구축함(윌리엄 P. 로런스) 남중국해 인공섬 12해리 이내 '항행의 자유' 작전 실시(5월)
	중국, **미국**	미국, 해군 구축함(디케이터) 남중국해 파라셀 제도를 통과하는 '항행의 자유' 작전 실시(10월)
2017	**중국**, 미국	중국, 새로 건조 중인 항공모함을 '산둥'으로 명명, 향후 남중국해에 배치할 것으로 발표(1월)
	중국, 미국	미군 P-3 오리온 정찰기와 중국 쿵징(KJ)-200 조기경비기가 스카버러 섬 상공 1,000피트 이내 조우(2월)
	중국, **미국**	미국, 해군 칼빈슨 항모 전단이 남중국해에서 해상작전 실시(2월)

1) 미국의 남중국해 전략

미국의 입장에서 보면 남중국해는 미국이 아시아로 회귀하려는 재균형(rebalancing) 정책을 지원할 수 있는 핵심 해역이다. 아시아로의 회귀는 21세기 미국의 외교 정책 변화에서 가장 두드러지는 현상인데, 미국이 아시아로 회귀하는 핵심적인 이유는 아시아가 미국의 경기 회복과 성장을 위해 매우 중요한 지역이라는 전략적 판단에 기초한다. 또한 아시아로 재균형 정책을 추진하는 것은 미래에 가장 역동적인 지역으로 투사할 수 있는 힘을 이동시킨다는 측면에서 미국에게는 아주 자연스러운 현상이라고 평가된다.[22] 이와 같은 맥락에서 미국의 지도자들이 계속해서 미국을 태평양 국가(a Pacific power)로 천명하고 아시아 지역에 올인(All-In)하는 전략을 추진하는 것은 미국의 의도를 잘 보여주는 예다.[23]

남중국해 도서 분쟁에서 중국과 직접적으로 상대하기에는 군사적인 열세를 겪고 있는 미국의 안보협력국(security partner)들이 남중국해 도서 영유권 문제 해결에 있어 미국의 힘을 필요로 하면서, 미국은 자연스럽게 남중국해 문제에 관여하고 있다. 이를 통해 미국은 남중국해를 시작으로 인도양 및 태평양으로의 해양팽창을 시도하는 중국을 견제할 수 있는 거점을 확보하는 것은 물론이며, 역내 동맹국 및 안보협력국들을 지원함으로써 남중국해에서 영향력을 행사할 수 있는 계기를 마련하게 되었다. 결과적으로 미국은 남중국해를 중심으로 안정적

---

22) Patrick M. Cronin, "Contested Waters: Managing Disputes in the East and South China Seas," *East and South China Seas Bulletin 6*(December 2012).

23) 신성호·임경한, "미국의 아시아 올인(All-In) 정책", 『전략연구』 통권 제55호(2012), pp. 153-186.

인 아시아의 안보 문제에 기여하고, 원활한 경제 활동을 보장하는 등 세계질서의 조정자로서의 역할을 담당하고자 남중국해 도서 분쟁 문제에 깊이 관여하고 있는 것이다.

미국은 2015년 10월 미 구축함 라센 함을 중국이 주장하는 남중국해 인공섬인 수비 환초 12해리(약 22km) 이내를 항해시키면서 항행의 자유 작전을 본격화했다. 당시 미국은 인공섬은 중국의 영해가 아니기 때문에 국제법상 적법한 항행의 자유를 행사한 것이라는 것을 강조했다. 이는 2016년에도 커티스 윌버 함, 윌리엄 P. 로런스 함 등의 작전을 통해 지속적으로 이어지고 있으며, 2017년 트럼프 신정부 이후에도 칼빈슨 등 항공모함을 운용하여 항행의 자유를 시현하는 등 당분간 이러한 작전을 멈출 의도가 없는 듯하다.

한편, 미국은 항행의 자유 작전을 역내 국가들과 공유하기 위해 빠른 행보를 보이고 있다. 미국은 일본에 배치되어 있는 로널드 레이건 함에 추가하여 스테니스 핵항모를 추가 파견하여 운용하고 있으며, 필리핀과 외교·국방 회담을 통해 남중국해 분쟁 도서에 대한 합동 순찰 문제를 논의했다.[24] 이러한 논의는 미국이 1992년 이후 24년 만에 아시아 내 동맹국인 필리핀에 다시 주둔할 수 있게 되는 것까지 확장되어 진행되었다.[25] 남중국해 문제 해결에 있어 중국을 견제하고, 미국과 안보적으로 더욱 가까워지려는 필리핀의 구애 작전과 미국의 이익이 합치한 결과이다.

이 밖에도 미국은 호주에게 항행의 자유 작전에 대한 동참을 지속적으로 요구하고 있으며, 일본에 대해서는 그동안 미국이 전담하던 남

24) 권이선, "중국은 남중국해 도서 인프라 확충 나서", 『세계일보』(2016. 1. 16.).
25) 윤정호, "美軍, 24년 만에 필리핀 再주둔… 기지 5곳 확보", 『조선일보』(2016. 3. 22.).

중국해 내 정찰 임무를 일본이 일정 부분 수행해 줄 것을 직접적으로 요구했다. 또한 베트남에 대한 무기 수출 금지 조치를 해제하고, 새로운 정부를 구성한 미얀마와의 관계 강화에도 노력하는 등 지리적으로 중국을 포위하는 국가들과의 관계 강화를 적극적으로 시도하고 있다. 미국은 '신 해상안보구상(New Maritime Security Initiative)'을 추진하여 남중국해 인근의 동남아 국가들의 해상 역량 강화에 주력하겠다는 계획을 밝혔다. MSI의 주요 목적은 인도네시아, 말레이시아, 필리핀, 태국 및 베트남의 주요 5개 동남아 국가들과 해상에서의 제반 문제에 관한 협력관계를 강화하고자 하는 계획의 일환이다. 이렇듯 미국은 남중국해 해역에서 빠르게 진행 중인 중국의 군사기지화를 견제 및 감시할 목적으로 중국을 실질적으로 압박하기 시작한 것이다.

미국의 입장에서 보면 아시아·태평양 해역은 앞으로 미국이 중국과의 힘겨루기를 진행하는 데 있어 필수적인 곳이다. 이에 따라 미국은 미 해군을 중심으로 이 지역에서의 영향력 강화에 박차를 가하고 있다. 2016년 10월 현존 세계 최신예 함정인 미 해군 줌왈트 함(DDG-1000)의 취역식이 있었다. 미 태평양 사령관 해리 해리스(Harry Harris) 제독은 줌왈트 함 취역식 축사를 통해 앞으로 아시아·태평양 해역에서 줌왈트 함의 역할에 대한 기대감을 내비쳤다. 또한 미 해군은 앞으로도 아시아·태평양에 후속함 마이클 몬서(USS Michael Monsoor)와 린든 B. 존슨(USS Lyndon B. Johnson)을 포함한 3척의 DDG-1000급 함정 모두 전력화 이후 미 태평양함대 소속으로 배치될 것임을 밝혔다. 미 해군이 중국의 해양팽창으로 인한 남중국해 도서 영유권 갈등 및 북한의 핵 위협으로 시작된 동북아 안보 불안 등에 적극적으로 관여함으로써 미국의 이익을 확보하겠다는 의지의 표현이다.[26]

2) 중국의 남중국해 전략

중국의 입장에서 보면 남중국해는 서쪽으로는 인도양으로, 동쪽으로는 태평양으로 뻗어 나갈 수 있는 전략적 요충지이다. 이 때문에 남중국해에서의 전략적 우위를 차지하는 것은 단기적으로는 지역적인 수준에서, 장기적으로는 전 세계적인 수준에서 강대국으로서의 영향력을 확보하는 것으로 인식되고 있다. 중국이 남중국해의 거의 전체를 자국의 영해로 규정한 것은 이를 잘 보여 주는 예다. 1978년 개혁·개방 정책을 추진한 이후 급속도로 경제성장을 이룩한 중국으로서는 남중국해를 차지하는 것이 곧 미래 중국의 지속적인 경제성장을 보장할 것이라고 믿고 있다.[27] 중국이 남중국해를 통한 해상무역을 국가경제 발전의 핵심 사안으로 고려하는 이유이다.

이뿐만 아니라 중국의 입장에서는 최근까지 대륙세력으로서의 정책적 방향에서 탈피하며, 해양세력으로서의 잠재적인 성장을 이끌어 낼 수 있는 정책을 추진할 수 있는 곳이 바로 남중국해이다. 중국이 해양국가로의 성장 발판을 마련하는 데 있어 필수적인 해군력 증강을 위해, 남중국해는 중국의 현대화된 해군력을 운용해 볼 수 있는 거대한 실험장으로서의 역할을 제공할 수 있는 곳이다. 남중국해를 포함하여 중국이 목표로 하는 도련선(island chain) 개념은 해군력 능력을 가늠하는 지표가 될 것이다. 이는 중국이 남중국해 전 지역을 확보함으로써 자원 문제를 해결하고, 궁극적으로는 역내 영향력 행사를 직접적으로 실

---

26) 임경한, "미 해군 신형구축함 '줌왈트' 함이 주는 의미와 안보과제", 『KIMS Periscope』 (2017. 1. 21.).

27) 임경한, "중국의 남사군도(Spratly Islands) 분쟁 대응 전략", 『국방정책연구』 제26권 제2호(2010), pp. 171-172.

행에 옮길 수 있는 전략적 거점을 마련하는 것을 넘어, 미국의 접근을 거부하는 목표를 지속적으로 달성하고자 하는 이유이다.

중국의 움직임은 남중국해 내 영토분쟁에 대응하는 강한 의지를 그대로 반영하고 있는 것을 알 수 있다. 시진핑 중국 주석은 "중국의 5대 전구 수립과 전구합동작전지휘기구의 창설은 중국 공산당이 중국의 꿈과 강군의 꿈을 실현하기 위해 내린 전략적 결정이자 강군 개혁을 전면적으로 시행하기 위한 상징적 조치"임을 밝히면서 남중국해를 담당하는 남부전구의 중요성을 강조했다. 5개 전구 중 북부전구는 한반도 유사시 상황 대비, 동부전구는 대만·일본·동중국해, 남부전구는 남중국해와 홍콩 관련 임무, 서부전구는 신장 위구르·티베트 자치구, 인도, 중앙아시아, 중부전구는 수도 방위를 각각 책임지는 군 지휘조직이다.[28] 시진핑 주석의 의지를 반영하듯 왕자오청 남부전구 사령관은 취임 1개월 맞이 『인민일보』와의 인터뷰에서 "남중국해 권익을 지키는 것은 남부전구의 가장 중요한 사명"이라며 "중국군은 남중국해에서 전쟁이 발발할 시 과감하게 전쟁에 나서 전투를 벌일 능력과 싸워 이길 능력을 갖추고 있다"라고 주장했다.[29] 중국은 남중국해의 서사군도, 남사군도 등을 합쳐 만든 행정구역인 싼사 시에 대한 인프라를 확충하여 영유권 강화를 위한 움직임을 적극 지원하려는 준비에도 박차를 가하고 있다.[30] 이는 남중국해를 행정적으로 중국화하고 군의 영향력을 직접적으로 행사하겠다는 계획을 잘 알 수 있는 대목이다.

또한 중국은 수사에서 그치지 않고 실질적인 측면에서 남중국해 영토화하기에 총력을 기울이고 있다. 중국은 남중국해 내 자국의 어선

28) 신동주, "중국군 5대 전구 출범… '군사굴기' 탄력", 『세계일보』(2016. 2. 3.).
29) 신동주·우상규, "중 '남중국해 주권 위해 싸울 준비 돼 있다'", 『세계일보』(2016. 3. 1.).
30) 권이선(2016. 1. 16.).

을 포함한 선박의 항행 안전을 보장하기 위해 2013년부터 수비 환초, 미스치프 환초 등에 활주로 등 군 시설을 본격적으로 건설하기 시작했다. 중국이 현재 추진하고 있는 인공섬 건설 섬은 수비, 게이븐, 파이어리 크로스, 콰테론, 존슨사우스, 휴스, 미스치프 등 7개 섬이다. 중국은 2016년 들어 본격적으로 남중국해 인공섬의 활주로를 가동하기 시작했으며, 지난 2월에는 파이어리 크로스 인공섬에 민간 항공기 이착륙 시험을 두 차례 실시했다. 2017년 현재까지도 중국은 남중국해 인공섬에 대해 시설물 보강 등을 지속하고 있다.

한편 2016년 7월 12일 국제상설중재재판소는 필리핀이 제기한 남중국해 영유권 분쟁 판결에 대해 중국 측 주장을 거의 인정하지 않았다. 이에 따라 중국은 기존에 유지해 왔던 9단선에 의한 남중국해의 관할권, 인공섬 건설을 위한 법적인 정당성 등을 모두 잃게 되면서 앞으로 남중국해에서의 영유권 주장이나 해양활동 등을 어떻게 해 나갈지를 고민해야 한다. 하지만 중국은 이러한 고민을 깊게 하지 않은 듯하다. 중국은 8월 1일 건군절을 맞아 동중국해에서 최대 규모의 해상훈련을 실시했으며, 9월에는 러시아와 함께 남중국해에서 해군 연합훈련을 실시할 계획을 밝혔다. 앞으로도 중국은 무력을 동반한 외교시위에 주력하면서 미국을 포함한 주변 국가들의 남중국해 진입을 차단하는 움직임을 지속할 것으로 보인다.

중국이 남중국해를 지키려는 모든 노력은 중국 해군이 보유하고자 하는 해상전력증강 계획을 통해 구체적으로 확인할 수 있다. 중국 해군은 남중국해를 감시하기 위한 전력 증강에 박차를 가하고 있다. 중국은 자체적으로 항공모함을 2척 건조하는 것으로 알려지고 있다.[31)]

---

31) 박일근, "中 정초부터 군사굴기 박차, 로켓군 창설·인공섬 활주로 가동", 『한국일보』.

새로 건설하는 항모는 라오닝보다 규모가 크고, 젠-15 항공기를 주력 함재기로 운영할 것으로 전망된다.[32] 2017년 1월 중국 해군은 2번째 항공모함을 '산둥'으로 명명하고 장차 전력화 준비에 매진하고 있다. 또한 중국은 최근 건조한 신형 이지스 구축함 4척을 모두 남해에 배치하는 결정을 하는 등 남중국해를 담당하는 남해 함대의 전력 강화를 집중적으로 모색하고 있는 것으로 알려졌다.[33]

특히 중국의 시진핑 주석은 2017년 1월 취임한 미국의 트럼프 행정부에 대해 남중국해에서 미 해군의 접근을 거부하는 입장을 계속 표명하고 있다. 그 일환으로 미국이 지속하고 있는 항행의 자유 작전을 비난하고 있으며, 미 해군의 초계기 활동을 견제하기 위해 자국 전투기의 근접 비행을 지시하는 등 일촉즉발의 상황을 조성하고 있다. 또한 동펑-21D 전략미사일 발사 훈련 장면을 공개하여 미국을 견제하고 있는데, 동펑 미사일이 항공모함 킬러라는 별칭이 있기 때문에 미 해군에 대한 직접적인 위협을 줄 수 있다는 측면에서 상징적인 의미가 있다. 이 밖에도 중국은 093B 공격형 잠수함(SSN) 도입을 지속하고 있는데, 앞으로 093B 잠수함을 094 전략핵잠수함(SSBN)과 함께 활동시킬 시 미국에 대한 억제력을 향상시킬 수 있을 것으로 판단한 것이다. 이러한 중국 해군의 움직임을 통해 앞으로도 중국의 전략은 미 해군의 남중국해 진입을 적극적으로 거부하는 방향으로 전개될 것임을 잘 알 수 있다.

(2016. 1. 4.); 박일근, "中 연초부터 '군사굴기'", 『매일경제』(2016. 1. 5.).

32) 신동주, "부패 척결 주요 현안… 항모 · 잠수함전력 과시", 『세계일보』(2016. 3. 8.).

33) 유용원, "美, 항모 1척 태평양 추가 배치… 中, 새 이지스함 4척 맞대응", 『조선일보』(2015. 10. 28.).

5. 결론 및 전망

미국과 중국의 안보경쟁이 치열해지면서 두 국가 간 전쟁 발발 가능성과 함께 어느 국가의 군사력이 더 우세한가에 대한 논의가 회자되기 시작했다. 이러한 국제적인 관심에 부합하듯 2015년 미 랜드연구소에서 『미-중 군사력 점수표(1996 - 2017)』라는 흥미로운 보고서를 발간했다.[34] 우주를 포함한 항공력에서부터 미사일 능력, 해양력, 사이버 능력 등 총 10개 항목에 대해 미국과 중국의 군사력을 점수화해서 비교한 것이다. 보고서에서 특히 주목할 만한 내용은 미국과 중국의 군사력 사용 가능성을 열어 두고, 분쟁 가능성이 가장 높은 대만(Taiwan)과 스프래틀리 군도의 두 곳에 대해 1996-2017년의 군사력 우위를 비교하고 있다는 점이다. 그중 스프래틀리 군도 인근에서 양국의 군사력 점수를 비교한 내용을 살펴보면, 1996년에는 중국이 미국과 경쟁을 할 만한 능력이 거의 없었다. 중국이 가지고 있는 대륙간탄도미사일은 미군 기지에 닿지 않았다. 공군력 수준도 중국이 미국에 한참 미치지 못하는 정도였으며, 해군력 측면에서 볼 때는 미 해군이 중국 연안으로부터 원거리에서 작전하기 때문에 중국으로부터 위협을 받지 않았다. 전체적으로 미군이 절대적으로 우세하다고 평가할 수 있다.

2010년에 들어서면서 중국군 대비 미군의 군사력 우위가 조금씩 줄어들기 시작했지만, 여전히 상당한 수준 차이로 강력한 군사력을 유지하고 있었다. 특이한 점은 이 시기부터 중국의 미사일이 일본 및 필리핀 내에 위치한 미군 기지에 닿는다는 것이었다. 또한 스프래틀리

34) Eric Heginbotham et al., *The U. S.-China Military Scorecard: Forces, Geography, and the Evolving Balance of Power 1996 - 2016*(http://www.rand.org, 검색일: 2017. 1. 6.).

군도까지 작전 가능한 전투기 수가 1996년 24기 대비 2010년 233기로 기하급수적으로 늘어났다. 이 시기 스프래틀리 군도 분쟁에 대비한 중국의 해양력 수준을 보면 과거 대비 상당한 수준으로 발전했고 특히 미 해군을 위협할 수 있는 잠수함 능력을 향상시켰다. 다만 작전거리 측면에서 미 해군에 비해 상당한 열세에 있었다. 그러나 2017년이라는 가까운 미래를 전망해 보면 상황이 많이 달라진다. 비록 대부분의 군사력 점수 비교에서 미국이 앞서긴 하지만, 그 차이가 근소하다. 특히 해양력 분야에서는 중국 해군이 급격히 성장하여 미·중 양국 모두 남중국해 일정 해역에서 상대방에게 공격을 할 수 있을 것으로 예측한다. 또한 2017년까지 중국군이 원거리 군사력 투사 능력을 확대하여 중국 본토로부터 상당한 원거리에서 미국의 군사력에 대응할 수 있을 것으로 전망한다.

안보딜레마에 대한 이론적 논의를 통해 남중국해 문제에 접근하는 미국과 중국의 전략적 움직임을 해석하면 다음과 같다. 먼저, 미국은 동아시아의 주요 국가 중에서도 중국의 군사력 증강이 곧 자국의 군사력 우위를 상쇄하는 결과를 초래할 것이라고 받아들인다. 이로 인해 미국은 부상하는 중국의 힘에 대한 균형의 필요성을 인식하고 대비한다. 또한 미국은 중국의 군사력 증강 및 장차 사용하려는 의도에 대한 확신이 없다. 이는 미국이 중국의 군사력 증강을 공격-방어로 구분이 불가능한 상황으로 받아들인다는 의미이다. 중국의 군사력 증강 현황과 군사력 투사(power projection)에 대해 미국이 지속적으로 관심을 기울일 것을 예상할 수 있다.

다음으로 중국의 움직임을 전망해 보면, 중국은 지속적으로 자국이 추진하는 안보전략의 방어적인 측면을 강조하면서 미국의 접근을 공격적으로 받아들일 것이다. 이에 대비하는 전략으로는 지금까지 추진하고 있는 남중국해 선점 전략을 지속적으로 추진하면서 미국과의 분쟁 강도를 최대한 낮은 수준으로 유지할 것이다. 그 가운데 남중국해 주요 분쟁해역에서 전력을 투사할 수 있는 능력을 보유하고, 그 이후에 협력적인 자세로 전환하여 안보딜레마 상황을 타개하려는 움직임을 전개할 것이다. 중국의 입장에서 보면 미국과의 관계 악화를 통해 잃는 기회비용이 반대의 경우보다 훨씬 더 크기 때문이다.

그렇다면 앞으로 미국과 중국이 경쟁하는 남중국해의 안보상황은 어떻게 전개될까? 미국과 중국은 공통적으로 최소한 아직까지는 방어 우위의 상황이 더 유리한 것으로 평가한다. 이는 안보딜레마 상황이 발생하지만, 상호 생존을 위해 필요한 안보 조건에는 합의할 수 있다는 것이다. 즉, 양국은 〈표 3-1〉의 안보딜레마 강도에 대한 구분 중에서 ②의 상황을 유지하고, ①의 상황으로 악화되는 것을 거부하려 할 것이다. 미국의 입장에서 중국에 비해 군사력이 우세한 상황에서 적극적으로 세력을 팽창시키려는 시도는 자칫 중국에게 오판의 근거를 제공할 수 있기 때문이다. 또한 중국의 입장에서는 미국에 맞설 만한 준비가 부족한 상황에서 불필요한 자극을 최대한 자제하는 것이 유리하기 때문이다.

마지막으로, 미국과 중국의 경쟁적인 움직임은 결국 무력충돌이라는 최악의 상황으로 수렴하게 될 것인가? 모든 국가는 자국의 이익을 극대화하려는 움직임을 선택할 것이기 때문에, 이 문제의 정답은 앞으로 두 국가가 추구하는 국가이익의 크기와 방향에 달려 있다. 한 가지 확실한 것은 최소한 가까운 시기에 두 국가가 의도적인 충돌을 야기할 까닭은 없다는 것이다. 그만큼의 비용을 지불할 국가이익이 보이지 않기 때문이다. 물론 통제되지 않은 우발적인 충돌은 예외의 상황으로 언제든지 반복적으로 발생 가능하다. 2017년 현재 미국과 중국은 서로 충돌을 향해 달려가는 줄 알면서도 자동차의 운전대를 돌릴 의도가 없는 듯하다. 남중국해라는 한 침대에서 서로 다른 꿈을 꾸고 있는 동상이몽(同床異夢)의 비극적인 현실이다.

4장
센카쿠(댜오위다오) 열도 분쟁과 일·중 간 전쟁 발발 가능성 전망[1)]

1. 개요

동북아의 통일이 그 어느 때보다도 불안정해지고 있다. 동북아 안보 불안정을 심화하는 여러 가지 동인이 있지만 그 핵심에는 역내 국가 간 도서영유권 분쟁이 자리 잡고 있다.[2)] 특히, 센카쿠(중국명: 댜오위다오) 열도 영유권을 둘러싼 일·중 간 대립은 일촉즉발의 무력충돌 상황에 있으며 예측 불가능한 사태도 발생할 수 있는 상황이다.[3)] 그동안 일·중 간 잠재되어 있던 영토분쟁은 2012년 9월 10일 일본 내각이 센카쿠 열도 5개 도서 가운데 3개를 국유화하기로 결정하면서 표면화되

---

1) 이 장은 김기주·황병선, "센카쿠(댜오위다오) 열도 영토분쟁을 둘러싼 일·중 간 전쟁 발발 가능성 전망: 전쟁의 단계 이론 적용과 함의", 『국제정치논총』 제13권, 제53집 2호(2013), pp. 39-68의 내용을 수정·보완한 것임을 밝힌다.

2) 김열수, "동·남 중국해의 도서분쟁: 미·중 전략 속에서의 원인과 전망", 『신아세아』 제18권 3호(2011), p. 92.

3) The National Institute for Defense Studies, *East Asian Strategic Review 2013*(*English Executive Summary*)(Tokyo: The National Institute for Defense Studies, 2013), p. 14.

었고, 이에 대응하여 중국은 센카쿠 열도 영해기선을 선포하는 등 맞대응함으로써 분쟁이 격화되고 있다. 여기에 미국 페네타 전 국방장관이 센카쿠 열도가 미국의 방위공약에 포함된다고 밝히면서, 일·중 간 도서영유권 분쟁이 미국과 중국의 패권경쟁으로 확대되는 양상까지 보이고 있다. 이러한 이유로 센카쿠 열도 분쟁이 중국과 일본 간의 군사력 충돌로 치달을지도 모른다는 국제사회의 우려가 자아내어지고 있다.

국제사회는 센카쿠 열도 영유권을 놓고 일본과 중국의 전쟁 발발 가능성에 대하여 상반된 전망을 내놓고 있다. 예를 들어, 한 연구는 중국 해군의 전투능력이 일본보다 강하지 못하다는 점과 전쟁 발발 시 중국 해군이 심대한 타격을 입게 될 것이라는 점을 들어 전쟁 가능성은 낮다고 평가하였고, 또 다른 연구는 미국이 균형자로서 일·중 양국의 전쟁 가능성을 완화시킬 것이라고 평가하였다.[4] 반면, 중국 내부의 강한 민족주의가 중국 지도부를 압박하여 국제분쟁에서 중국이 물러서거나 양보하기 어렵게 함으로써 양국 간 전쟁 가능성이 높아진다고 분석한 연구도 있다.[5] 이러한 분석들은 해군력과 민족주의 또는 미국의 역할과 같은 단일 변수를 활용해 전쟁 발발 가능성에 대해 상이한 전망을 하고 있다. 하지만 대부분의 연구들이 직관이나 현상적 기술에 그치고 있어 설득력이 부족하고, 단일변수로는 전쟁 발발 가능성을 전망하는 데 한계점을 가지고 있다.[6]

---

4) James R. Homes, "The Sino-Japanese Naval War of 2012," *Foreign Policy*(Aug, 2012); "Why China-Japan War Unlikely," *Asiaone*(September 25, 2012).

5) "China and Japan, Could Asia really go to war over these?," *Economist*(September 22, 2012).

6) 센카쿠 분쟁을 다룬 기존 연구들도 일·중 간 전쟁 발발 가능성보다는 분쟁의 원인과 해법에 관한 논의가 중심을 이루고 있다. 고상두, "센카쿠 열도를 둘러싼 중·일 영유권 분쟁과 민족주의", 『21세기정치학회보』 제21집 2호(2011), pp. 87-107; 김기정·정진문,

그렇다면 과연 센카쿠 열도 도서영유권을 놓고 일본과 중국이 전쟁을 벌일 것인가? 본 연구의 목적은 센카쿠 열도의 영유권을 둘러싼 일본과 중국 사이의 전쟁 발발 가능성을 전망하는 것이다.[7] 본 연구는 직관에 의한 예측이 아닌 경험적으로 검증된 이론적 틀에 의한 분석과 전망을 시도하고자 한다. 즉, 폴 세네세(Paul D. Senese)와 존 바스케즈(John A. Vasquez)가 제시한 'The Steps to War(전쟁의 단계)' 이론을 적용하여 일·중 간 전쟁 발발 가능성을 전망하고자 하는 것이다. 전쟁의 단계 이론은 전쟁 발생 가능성을 높이는 네 가지 독립변수(영토분쟁의 존재, 동맹의 유무, 경쟁관계, 군비경쟁)를 제시하여 미래를 예측하는 데 유용한 틀을 제공한다. 또한 변수들의 조합에 따른 전쟁 발발 확률을 경험적 수치로 제시하여 보다 설득력 있는 전망을 가능하게 한다.

본 연구는 다음과 같이 논의를 전개한다. 먼저, 분쟁과 전쟁에 대한 개념적 정의를 살펴본 후, 전쟁의 단계 이론을 고찰한다. 이를 토대로 전쟁의 단계 이론을 적용하는 데 있어서의 한계점을 분석하고 본 연구에 적용할 변수별 분석지표를 구축한다. 다음으로, 전쟁의 단계 이론이 제시하는 네 가지 변수를 적용하여 센카쿠 열도를 둘러싼 일본과 중국 간 행위 및 상호 작용을 분석할 것이다. 결론에서는 분석된 논의를 정리하고 일·중 간 전쟁 발발 가능성을 평가하며 동북아시아 영토분쟁에 대한 함의를 제시하고자 한다.

"댜오위다오/센카쿠 제도 분쟁에 대한 중국의 정책결정 구조 분석: 군부의 영향력을 중심으로", 『중소연구』 제34권 2호(2010), pp. 69-106; 김용민, "조어 군도와 센카쿠 열도: 중국과 일본의 전략적 충돌이 가진 함의", 『국제지역연구』 제15권 3호(2011), pp. 175-198; 김진기, "영토분쟁 지역에 대한 일본 정부 접근법의 비교연구", 『국제지역연구』 제9권 1호(2005), pp. 22-45; 권태환, "일·중 영유권 갈등과 전망", 『한일군사문화연구』 제11집(2011), pp. 41-65.

7) 본 장은 일·중 간 전쟁을 양국이 센카쿠 열도에 대한 영유권을 놓고 상호 군사력을 사용하여 국지전을 수행하는 것으로 정의한다.

2. 전쟁의 단계 이론: 개념과 이론적 분석틀

1) 개념적 고찰

'분쟁(dispute)'은 '국제분쟁', '영유권분쟁' 등에서 볼 수 있듯이 국제정치 현상을 설명할 때 널리 사용되고 있으나 유사 용어인 '위기', '갈등', '전쟁' 등과 혼용되고 있어 그 의미하는 범위가 분명하지 않은 문제점이 있다. 일반적으로 분쟁은 "한 집단—종족, 인종, 언어, 문화, 종교, 사회·경제, 정치 등—이 다른 집단(들)과 양립할 수 없는 목표를 추구하여 상호 대립하고 있는 상태"를 의미한다. 분쟁이 전개되는 과정에서 서로 군사력을 사용할 것을 위협하며 긴장감을 고조하는 단계는 '위기'로 볼 수 있고, 국지적으로 상대방에게 군사력을 현시하거나 실제 사용하는 단계는 군사분쟁(MID: Militarized Interstate Dispute)이 된다. 그러므로 군사분쟁은 두 국가가 서로에게 군사력을 사용하며 국지적으로 대립하는 것을 의미한다. 이러한 군사분쟁이 확대되면 '전쟁'으로 발전하게 된다.[8)]

분쟁은 주체·목표·수단·지속성이라는 네 가지 측면에서 개념화될 수 있다. 먼저, 주체의 측면에서 분쟁은 적어도 일방은 한 국가 또는 정부여야 하고 그 상대자 또한 국가(정부), 조직, 단체 등이어야 한다. 목표의 측면에서는 양자 간에 존립 또는 발전과 관련한 중대한 이익의 상충이 있어야 한다. 수단의 측면에서는 비평화적, 비외교적 방법을 동원하여 위협하거나 실제 행사해야 한다. 마지막으로 지속성의

8) 배진수, "세계의 도서영유권 분쟁사례와 독도", 『국제정치논총』 제38집 2호(1998), pp. 126-127.

차원에서는 상기의 조건들이 일시적인 것이 아닌 상당 기간 유지되는 것이어야 한다. 종합하면 분쟁이란 '2개 이상의 국가 또는 조직이 상호 중대한 이익의 충돌로 인하여 비평화적 무력수단에 기반을 두고 대립 또는 충돌하는 상태의 지속'이라고 정의될 수 있겠다.[9)]

도서영유권 분쟁은 분쟁 목적에 따른 분류인 영토분쟁에 속한다. 영토분쟁은 영토의 주권행사에 관련하여 불일치가 존재하는 것으로 크게 내륙 영토분쟁과 해양 영토분쟁으로 구분되고, 각각은 다시 영유권 분쟁과 국경분쟁으로 구분된다. 영유권 분쟁은 "영토의 귀속과 배분에 관한 정치적 결정을 둘러싼 분쟁"을 말하며, 국경분쟁은 "이미 정치적 결정이 이루어진 국경 지역의 경계선 획정을 둘러싼 분쟁"을 뜻한다. 그러므로 도서영유권 분쟁과 해양 경계선 획정 분쟁이 해양 영토분쟁에 속한다.[10)] 따라서 일본과 중국이 센카쿠 열도에 대해 자신의 영유권을 주장하며 대립하는 것은 도서 영유권 분쟁에 해당한다.

2) 전쟁의 단계(The Steps to War) 이론: 영토분쟁의 치명성

전쟁의 발발 원인은 개인적, 국내적, 국제정치 구조적 차원에서 매우 다양하게 논의되어 왔다.[11)] 특히 국제정치 구조적 차원에서는 세

---

9) 한국국방연구원 세계 분쟁정보 사이트에서 제공하는 분쟁의 개념을 저자가 재정리하였음. http://kida.re.kr/woww/history/history1_1.asp(검색일: 2013. 2. 20.).

10) 배진수(1998), p. 129; 최정현, 『센카쿠 열도 해양영유권 분쟁과 중·일 관계』, 연세대학교 대학원 정치외교학과 석사학위 논문(2000), p. 17.

11) Manus I. Midlarsky eds., *Handbook of War Studies II*(Michgan: The University of Michigan Press, 2000); Jack S. Levy, "The Cause of War and the Condition of Peace," *Annual Review of Political Science*, 1(1998), pp. 139-165.

력균형 이론과 세력전이 이론 등이 힘의 변화와 전쟁 발발 간의 상관관계를 통해 전쟁 원인을 밝히고 있다. 그러나 이들 이론은 국력이라는 변수를 핵심적 독립변수로 삼고 있어 전쟁의 발생 시기와 조건을 명확히 설명하는 데 어려움을 갖고 있다.

반면, 세네세와 바스케즈가 주장한 전쟁의 단계 이론은 기존 전쟁 발생 원인 연구의 한계점을 극복하고자 다변수형 가설을 제시하고 이를 경험적으로 검증하였다. 전쟁의 단계 이론은 ① 영토분쟁의 존재 유무, ② 외부 동맹 유무, ③ 경쟁관계, 그리고 ④ 군비경쟁의 네 가지를 국가 간 전쟁 발생 가능성(종속변수)을 높이는 독립변수로 상정하였다.[12] 네 가지 변수들의 '단계(Step)'가 정해진 순서를 의미하지는 않는다. 첫째 단계가 영토분쟁인 것은 분명하지만, 그다음 단계는 동맹 체결이 될 수도, 군비경쟁이 될 수도 있다. 중요한 것은 변수들의 순서가 아니라, 각 변수들이 한데 모아져 상호 작용을 통해 전쟁 발발 가능성을 증대시킨다는 점이다.[13] 즉, 전쟁의 단계 이론은 영토분쟁을 하고 있는 두 국가가 타국과 동맹을 맺고 있고 양국이 경쟁관계이며 군비경쟁을 하고 있을 경우에는 두 국가 간 5년 이내 전쟁 발발 확률은 90%에 이른다는 것을 밝혀냈다.[14]

전쟁의 단계 이론은 전쟁 발발의 메커니즘을 다음과 같이 설명한다. 서로 대립하는 국가는 이슈와 불만을 해결하고자 일련의 조치를 취하는데, 이러한 이슈들 중에서도 특히 영토문제와 관련된 것은 전

12) Paul D. Senese and John A. Vasquez, *The Steps to War: An Empirical Study*(New Jersey: Princeton University Press, 2008), pp. 1-3. 저자들은 경쟁관계를 군사분쟁(MID)의 반복으로, 군비경쟁은 군사비 지출 증가율로 조작적 정의를 내렸다.

13) *Ibid.*, p. 23.

14) 세네세와 바스케즈는 COW(Correlates of War) Project의 MID3.02 data(1816-2001)를 사용하였다.

〈표 4-1〉 변수 조합별 전쟁 발발 확률(5년 이내)

위험수준	영토분쟁	외부동맹	경쟁관계	군비경쟁	전쟁확률
4 단계	○	○	○(MID 15회)	○	90%
3 단계	○	○	○(MID 15회)	-	65%
	○	○	○(MID6회)	-	55%
2 단계	○	○	-	-	45%
1 단계	○	-	-	-	15%

출처: Paul D. Senese and John A. Vasquez, *The Steps to War: An Empirical Study*(New Jersey: Princeton University Press, 2008), pp. 272-273.

쟁을 유발할 가능성이 더 높다고 본다. 왜냐하면 영토 관련 이슈는 본질적으로 민감한 사안인 데다가 국내 여론도 강경한 태도를 보이므로 분쟁 당사국들이 서로 타협하기가 어렵고, 분쟁이 지속되면 국가는 상대 국가에게 군사력을 사용할 것을 위협하거나 또는 실제로 군사력을 사용할 가능성이 높기 때문이다.

이런 군사분쟁이 반복해서 일어나면 분쟁 당사국 사이에 경쟁의식(sense of rivalry)이 생겨나고 국가는 자신의 국력을 증대시키기 위해 외부 동맹을 체결하거나 자체 군사력을 증강한다. 이에 상대 국가 역시 대응 동맹(counter-alliance)을 체결하고 자국의 군사력을 증강함으로써 양 국가 간에 군비경쟁이 유발된다. 결국, 양국은 안보딜레마의 늪에 빠져 버리는 것이다. 이와 같은 일련의 조치는 국가가 무정부적 국제질서에서 생존하기 위한 현실주의적 처방에 따른 것이다. 하지만 현실주의적 처방은 전쟁을 방지하기보다, 오히려 전쟁 발생 가능성을 높일 우려가 있다고 본다.[15]

15) Senese and Vasquez(2008), p. 2.

3) 전쟁의 단계 이론의 적용과 한계

전쟁의 단계 이론은 센카쿠 열도 영유권을 둘러싼 일·중 간 전쟁 발생 가능성을 예측하는 데 유용한 이론적 분석틀을 제공한다. 왜냐하면, 직감이나 단편적 분석이 아닌 미래를 예측하는 데 유용한 척도를 제공하기 때문이다.[16] 전쟁의 단계 이론은 전쟁 발생 가능성을 높이는 네 가지 독립변수를 제시함으로써 단일변수형 이론(univariate theory)이나 2-3개 변수를 다루는 여타 다변수형 이론(multivariate theory)에 비해 전쟁 발발 조건을 보다 상세히 정의하고 측정할 수 있도록 해 준다.[17] 뿐만 아니라 전쟁의 단계 이론은 변수들의 조합에 따른 전쟁 발발 확률을 경험적 수치로 제시함으로써 단순히 전쟁이 일어날 가능성이 '있다, 없다' 수준의 예측에서 더 나아가, 가능성이 '높다, 낮다'는 상대적 심도까지 구체적으로 측정할 수 있는 유용한 척도가 된다.

그러므로 본 연구가 전쟁의 단계 이론을 이론적 분석틀로 적용해 센카쿠 열도 영유권을 둘러싼 일·중 간 전쟁 발생 가능성을 전망하는 데는 이론적 타당성이 확보되었다고 할 수 있다. 다만, 전쟁의 단계 이론은 정량적 방법론을 활용하여 과학적 연구를 실시함으로써 이론적 엄밀성을 높였으나, 본 연구는 단일 사례에 대한 정성적 연구를 수행하고 변수들의 조작화가 치밀하지 못하므로 연구의 엄밀성이 부족한 면이 있다. 더불어 본 연구는 전쟁의 단계 이론에서 제시하는 4가지 변수들만 분석하기에 전쟁의 발생을 증가 또는 감소시키는 다양한

16) 이론이 현실 세계를 예측하기 위한 논리적 기반을 제공한다는 점은 이론의 유용성 가운데 하나이다. Jerol B. Manheim et al., *Empirical Political Analysis: Research Methods in Political Science*, 6th ed(New York: Pearson Education, 2005), p. 15; 김웅진·김지희, 『정치학 연구방법론: 경험과학연구의 규준과 설계』(서울: 명지사, 2012), pp. 58-70.

17) 단일변수형 이론과 다변수형 이론에 대해서는 위의 책, pp. 48-50 참조.

변수들(민족주의, 경제적 상호 의존 등)을 종합적으로 분석하지 못하는 한계가 있다. 이러한 제한점에도 불구하고 전쟁의 단계 이론을 적용하여 영토분쟁으로 인한 일·중 간 전쟁 발발 가능성에 대한 사전 연구가 부재하기에 본 연구의 가치는 충분히 있다고 평가할 수 있겠다.

전쟁의 단계 이론을 일·중 영토분쟁 사례에 적용하기 위해서는 변수들을 측정하기 위한 분석지표를 조작화할 필요성이 있다. 먼저, 첫 번째 독립변수인 영토분쟁의 유무는 특정 영토에 대한 주권행사에 국가 간 이견이 일치하지 않은 상태의 존재 유무로 평가할 수 있다. 현재 일·중 양국은 센카쿠 열도를 두고 주권행사에 이견이 있기에 이를 분석 지표로 삼는다. 두 번째 독립변수인 외부 동맹의 유무에 대해 전쟁의 단계 이론은 외부동맹의 유무와 인접성을 측정하였는데, 본 장에서는 일본과 중국이 각각 미일 동맹과 북중 동맹을 맺고 있고 미국과 북한이 상호 동맹국 또는 우방국이 아니기 때문에 이 두 동맹의 역할 분석에 초점을 맞춘다. 세 번째 독립변수인 경쟁관계를 전쟁의 단계 이론은 분쟁국가 간 군사분쟁(MID)의 반복 횟수로 조작화하였다. 즉, 20년간 분쟁국가 간 군사분쟁이 6회 이상 발생했다면 이는 양국이 경쟁관계임을 나타낸다고 보았다. 여기서, 군사분쟁은 낮은 수준인 무력사용에 대한 위협으로부터 높은 수준인 실제 무력사용까지를 모두 포함하므로 본 논문은 이를 준용한다.[18] 네 번째 독립변수인 군비경쟁을 전쟁의 단계 이론은 최소 3년간 연평균 국방비 증가율이 8% 이상일 경우로 측정하였다. 본 장은 이를 준용하여 일·중 간의 국방비 증가

18) COW Project는 MID 수준을 비군사적 행위, 무력사용에 대한 위협, 무력시위, 무력사용, 그리고 전쟁의 5가지 수준으로 분류하고 있으며 전쟁은 무력사용으로 인한 희생자 수가 1,000명 이상인 사례로 조작화하였다. Correlates of War Project, http://www.correlatesofwar.org(검색일: 2013. 1. 15.)

율을 분석할 것이며 더불어 센카쿠 열도에서의 군사분쟁 발생 시 핵심 행위자인 해군력의 증강 양상도 함께 분석지표로 활용하고자 한다.[19] 본 연구에 적용할 변수별 분석지표를 정리하면 다음 〈표 4-2〉와 같다.

〈표 4-2〉 변수별 분석지표

전쟁의 단계	변 수	분석지표
1단계	영토분쟁 유무	센카쿠 열도의 영유권 행사에 대한 일 · 중 이견의 존재
2단계	외부 동맹 유무	미일 동맹, 북중 동맹의 역할
3단계	경쟁관계	군사분쟁의 반복 (무력사용 위협, 무력시위, 무력사용)
4단계	군비경쟁	국방비 증가율, 해군력 증강 양상

3. 센카쿠 열도 영토분쟁을 둘러싼 일·중 간 전쟁 발발 가능성 분석

1) 영토분쟁

센카쿠 열도는 동중국해의 소규모 도서군으로 일본 오키나와 외부에서 서쪽으로 약 420km, 일본 최남단 이시가키지마에서 약 175km, 중국 본토에서 약 350km 떨어진 해역에 위치해 있다.[20] 센카쿠 열도

19) Senese and Vasquez(2008), p. 71.

20) 손기섭, "일본과 인접국 간의 해양자원 확보 및 영토분쟁", 한국국제정치학회 · 한국해양전략연구소 편, 『21세기 해양갈등과 한국의 해양전략』(서울: 한국해양전략연구소, 2006), p. 168.

〈표 4-3〉 센카쿠 열도 영유권에 대한 일본과 중국의 주장 비교

시기	관할국	일본	중국
19세기 말까지	중국	무주지	중국 고유 영토(역사 문헌) 1534년 최초로 중국이 발견
청일 전쟁 후	일본	강제 할양과 무관 1895년 1월 오키나와에 정식 편입	1895년 4월 시모노세키 조약에 따라 강제 할양
제2차 세계대전 후	미국	대일강화조약에 의거 적법 이양	중국의 고유 영토를 일본이 미국에 불법 이양
오키나와 반환	일본	미국 관할에서 복귀	미 · 일이 타국 영토를 거래

출처: 배진수, "동북아시아 지역에서의 해양영토 분쟁의 배경 및 현황", 이춘근 편, 『동아시아의 해양분쟁과 해군력 증강 현황』(서울: 한국해양전략연구소, 1998), p. 49.

는 거리상으로는 남서 제도에 가깝지만 지질적으로는 중국의 대륙붕 상에 있고 공식적으로는 오키나와 현 이시가키 시에 소속되어 있다. 무인도인 센카쿠 열도는 오랜 기간 동안 관심을 받지 못하다가 1968년 실시된 동지나해 해저 학술조사 결과 이곳에 이라크 매장량에 버금가는 원유자원이 매장되어 있을 가능성이 있다는 것이 알려지자 관련국들이 관심을 갖기 시작하였다.[21)]

일·중 양국은 역사적으로 센카쿠 열도의 영유권이 자국에 귀속되어 있다고 주장하고 있다. 센카쿠 열도의 역사적 기원은 중국의 명나라와 류큐의 관계에 기인한다. 류큐는 1372년부터 명과 조공관계를 맺었는데 이는 청대까지 지속되다 1880년경에 끝났다. 그동안 명과 류큐 간에는 조공사절 및 책봉사와 같은 외교적 관계가 있었고 당시 항해를 기록한 중국 측 문헌은 센카쿠 열도가 중국에 속해 있음을

21) 이명찬, "센카쿠제도 문제의 현황과 전망", 2012년도 국방대학교 안보대학원 학술세미나 발표 논문(2012. 11. 28.), p. 33.

나타내고 있다. 반면, 일본은 19세기 말까지 센카쿠 열도가 무주지였고 이에 1895년 센카쿠 열도를 오키나와에 먼저 편입시켰기에 아무런 문제가 없다고 주장한다. 제2차 세계대전이 끝난 후 센카쿠 열도는 미군정하에 놓였다가 1972년 미국이 센카쿠 열도를 포함한 오키나와를 일본에 반환함으로써 일본에 귀속되게 되는데, 이를 일본은 대일강화조약에 근거하여 적법하게 이양했다가 복귀한 것이라고 주장하는 반면 중국은 자국의 고유영토를 일본과 미국이 불법적으로 이양 및 거래하였다고 주장하고 있다.[22)]

미·일 양국의 오키나와 반환협정 체결에 대하여 중국은 1971년 12월 30일 외교부 성명을 통해 "댜오위다오와 부속도서를 반환구역에 편입한 것은 중국의 영토와 주권에 대한 노골적인 침범"[23)]이라고 밝혔으며 다음 해 5월 20일에는 유엔 사무총장에게 항의 서한을 발송하기도 하였다. 하지만 이러한 중국의 강경한 입장은 당시 일본과의 경제적 협력이 절실히 필요했던 중국의 상황으로 인해 바뀌게 된다. 즉, 1972년 중·일 국교정상화 체결과 1978년 중일평화우호조약 체결을 통해서 저우언라이 및 덩샤오핑은 중·일 관계 발전을 위해 센카쿠 열도 문제를 잠정적으로 보류하자고 제안했고, 이를 일본이 받아들여 암묵적인 합의를 이룸으로써 센카쿠 열도 영유권 문제는 장기간 수면 하로 가라앉게 된다. 하지만 정치적 타협을 통한 미해결 보류는 영토분쟁의 근원적 해결 방안이 될 수 없다. 왜냐하면, 정치환경과 정치지도자가 변경되면 이는 언제든지 바뀔 수 있기 때문이다. 1990년대 초 장

---

22) 이창위 외, 『동북아 지역의 영유권 분쟁과 한국의 대응전략』(서울: 다운샘, 2006), pp. 71-76.

23) 마고사키 우케루, 김충식·양기호 역, 『일본의 영토분쟁: 독도, 센카쿠, 북방영토』(서울: 메디치미디어, 2012), p. 82.

쩌민은 총서기가 되면서 소련 붕괴에 따른 공산주의 이데올로기에 대한 지지 약화를 애국주의에 기반한 대외 강경노선 정책으로 만회하려 하게 된다. 이에 대일강경노선의 일환으로 센카쿠 열도 영유권 문제는 다시 수면 위로 떠오르게 되었고 현재까지 주기적으로 양국 간 분쟁의 씨앗이 되고 있다.[24)]

사실, 일·중 양국이 센카쿠 열도에 대한 영유권을 주장하는 현실적인 이유는 동 열도의 전략적·경제적 가치 때문이다. 센카쿠 열도는 페르시아-인도양-말라카 해협-동·남중국해-일본 열도로 이어지는 동북아시아의 핵심 해상교통로의 거점 지역에 위치하고 있다. 일본에게는 중국 대륙 진출과 동시에 중국의 해양 진출을 견제할 수 있는 전략적 거점이 될 수 있고, 중국에게는 태평양 진출을 위한 전진기지를 제공해 주는 동시에 미국과 일본의 군사적 접근을 거부할 수 있는 전략적 요충지이다.[25)] 더불어 동 열도 주변 해역에 석유자원 및 천연가스, 그리고 광물자원이 매장되어 있기 때문에 센카쿠 열도를 확보하는 것은 대륙붕과 배타적 경제수역 설정을 통한 풍부한 어족자원과 에너지자원을 확보함을 의미하는 것이다.[26)]

이와 같이 일·중 양국은 센카쿠 열도의 역사적 권원과 전략적, 경제적 가치를 두고 상호 영유권을 주장하고 있으며 이는 양국 간 무력충돌의 불씨가 되고 있다. 중국이 일본의 영유권을 인정하지 않고 1992년에 센카쿠를 자국령으로 명문화한 사례와 미 중앙정보국(CIA) 및 미 국방성 등을 포함한 국제적 시각이 센카쿠 열도를 분쟁 중인 섬

24) 마고사키 우케루(2012), pp. 84-97.

25) 손기섭, "북방 4도와 센카쿠 열도 해양분쟁의 특성", 『일본문화연구』 제27집(2008), p. 399.

26) 이면우, 『전후 일중관계의 전개 및 향후 양상: 2010년 센카쿠 열도 분쟁의 의미와 영향을 중심으로』(서울: 세종연구소, 2011), p. 23.

으로 인식하고 있는 점[27]을 고려할 때, 일·중 간 센카쿠 열도 관련 영토분쟁은 명백히 존재하고 있다고 볼 수 있다.

2) 외부 동맹

동맹은 국가가 취하는 세력균형의 수단 중 외적균형(external balancing)에 속한다.[28] 만약 분쟁 상태에 있는 국가가 제3국과 동맹을 맺고 있다면, 분쟁 상대 국가는 이를 보다 위협적으로 인식할 것이다. 특히, 분쟁 당사국들이 맺고 있는 동맹국이 인접 지역(contiguity)에 위치해 있거나 또는 강대국일 경우 군사력 투사가 용이함으로 인해서 군사력 사용에 대한 기회가 증가한다.[29] 일본과 중국은 각각 미일 동맹과 북중 동맹을 체결하고 있다. 미국은 초강대국이고 북한은 같은 지역에 위치한 국가이며 미국과 북한이 동맹국 또는 우방국이 아니기에 기본적으로는 전쟁의 단계 이론의 주장에 부합한다. 하지만, 전쟁의 단계 이론은 분쟁 당사국의 외부 동맹 체결 여부와 인접성만을 고려하고 동맹의 수준과 역할의 영향을 고려하지 않음으로써 동맹의 역동성을 간과하였다. 따라서 센카쿠 열도 영유권을 둘러싼 일·중 갈등에 미국과 북한이 어떠한 역할을 할 것인가에 대한 논의가 중점이 되어야 한다.

미일 동맹은 1951년 9월 4일 샌프란시스코에서 열린 강화회의에서 양국이 체결한 미일안전보장조약에 기원을 두고 있다. 미국이 일본

---

27) 마고사키 우케루(2012), p. 100.

28) 이동선, “현실주의 국제정치 패러다임과 안전보장”, 함택영·박영준 편, 『안전보장의 국제정치학』(서울: 사회평론, 2010), p. 85.

29) Senese and Vasquez(2008), pp. 66-69.

과 동맹을 맺은 핵심 목적은 소련의 팽창적 공산주의를 견제하기 위함이었으며, 미일 동맹은 냉전 기간 동안 소련의 아시아 팽창을 성공적으로 막아 냈다. 탈냉전기 초 미일 동맹은 동맹의 목표 설정에 어려움을 겪었으나 1997년 미일신방위협력지침 책정 등 동북아와 아시아-태평양 지역에서의 '지역 안정자'로서 동맹의 역할과 범위를 확장하였고 2001년 9.11 테러 이후에는 비대칭적 위협에 대응하기 위한 미국의 세계적 전략에 적극 호응하였다. 이는 보통국가의 추구와 국제적 역할을 확대하기 위한 일본의 국가전략과도 부합하였다. 2000년대 후반 들어 공고하게 유지되어 왔던 미일 동맹은 2009년 들어선 일본의 민주당 정권의 등장으로 오키나와 후텐마 기지 이전 문제로 인한 갈등으로 잠시 균열 양상을 보였다. 그러나 중국의 부상을 견제하고 북한의 위협을 억제하기 위한 미국의 대아시아 전략과 정상국가로 탈바꿈하려는 일본의 전략적 이익이 수렴하면서 다시 미일 간 '신(新) 밀월' 시대를 열고 있다.[30] 부정할 수 없는 사실은 미일 동맹은 양국 모두에게 외교안보의 핵심 축으로, 향후 일시적인 갈등은 있을지언정 동맹이 급격하게 약화되거나 급진적으로 변환될 가능성은 낮다는 점이다.

센카쿠 열도 분쟁에 대해서 미국은 지속적으로 일관된 입장을 견지해 왔다. 즉, 센카쿠 열도 문제는 미일안보조약의 적용 대상이지만 일·중 양국의 도서영유권 논란에 대해서는 중립적인 입장이라는 것이다. 예를 들어 1996년 11월 미 국방부 동아시아·태평양 담당 차관보

---

30) 정성윤, "미일 동맹과 한국의 안보", 『전략연구』 제50호(2010), pp. 50-58; 김종훈, "미국의 국방기획과 미일 동맹", 『한일군사문화연구』 제9권(2010), pp. 65-96; 남창희·왕유위, "미국의 공해전투 개념과 미일 동맹", 『한일군사문화연구』 제14권(2012), pp. 31-57; 이기완, "동맹정치의 변화와 동맹관계: 한미·미일 동맹을 중심으로", 『국방연구』 제53권 1호(2010), pp. 23-46; 김상연, "미일 '新밀월' 선언… 中, '돌아온 日'에 촉각", 『서울신문』(2013. 2. 25.).

인 커트 캠벨은 센카쿠 열도 문제가 1960년 미일안보조약의 적용 대상이지만 이것이 미국이 일본의 도서영유권을 인정하는 것은 아니라고 언급했다.[31] 이러한 미국의 입장은 2010년 9월 센카쿠 열도 인근 해역에서 조업하던 중국 선장을 일본이 체포해 분쟁이 발생했을 때에도 확인되었다. 또한, 2012년 9월 패네타 전 미 국방장관은 일본 방위상과의 회담 후 가진 기자회견에서 "센카쿠 열도에 대한 미국의 정책은 명확하다. 당연히 우리의 조약에 따른 의무를 수행한다"라고 밝혔으며 량광례 중국 국방부장에게 센카쿠 열도가 미일안보조약의 적용 대상이라는 입장을 직접 전달하였다.[32] 이는 센카쿠 열도에서 일·중 간 군사분쟁이 발생할 경우 미국이 미일안보조약에 따라 군사적으로 개입할 수 있음을 의미한다.[33] 이러한 측면에서, 미·일 양국은 최근 센카쿠 열도 방위에 대한 공동작전 계획을 수립하기로 했다는 점을 공표하기도 하였다.[34]

반면에, 실제로 일·중 간 군사분쟁이 발생하게 되면 미국이 중립을 유지할 수도 있다는 시각도 있다. 미일안보조약 제5조는 "조약국은 일본국 시정하에 있는 영역에 대해 어느 일방이 무력공격을 받아 자국의 평화와 안정을 위협한다고 인정할 경우, 자국 헌법의 규정과 절차에 따라 공통의 위기에 대처하도록 행동할 것을 선언한다"라고 되어 있다. 이는 미국의 자동적 개입을 보장하는 것이 아닌 의회의 승인

31) Mark J. Valencia, "The East China Sea Dispute: Context, Claims, Issues, and Possible Solutions," *Asian Perspective* 31-1(2007), p. 155.

32) 김종현, "美 국방, 中에 '센카쿠 미일안보 적용' 통보", 『연합뉴스』(2012. 9. 21.); 이 외에도 2012년 10월 15일 윌리엄 번즈 미 국무부 부장관은 센카쿠 열도 문제와 관련해 "일본의 입장을 이해하고 있다"고 언급하였다. 김종현, "美 국무부 부장관 '센카쿠 일본 입장 이해", 『연합뉴스』(2012. 10. 15.).

33) 배극인, "美-日 국방장관 '센카쿠 충돌땐 미군 자동 개입'", 『동아일보』(2012. 9. 18.).

34) 한창만, "미일, 센카쿠서 공동 군사작전 추진'", 『한국일보』(2013. 3. 20.).

하에 조건부 개입을 의미하는 것이기에 센카쿠 열도가 미일안보조약의 적용 대상이라는 것이 반드시 미국의 의무적 군사개입을 의미하는 것은 아니라는 것이다.[35] 무엇보다도 미국은 중국과의 군사적 충돌을 동북아의 안정과 자국의 국가이익을 심각하게 침해하는 요소로 인식하고 있고 일·중 간 군사분쟁에 연루되는 것을 크게 우려하고 있다.[36] 따라서, 미국이 지속적으로 센카쿠 열도가 미일안보조약의 적용 대상이라고 공언하는 것은 실제로 군사적 개입을 실행한다는 의미보다는 일·중 간 무력충돌을 억제하기 위한 정치적 압력으로 이해되는 것이 보다 타당하다 하겠다.

2012년 7월 11일 북한은 중국과의 동맹 체결 51주년을 기념하여 북한주재 중국대사 등이 참석한 가운데 옥류관에서 연회를 베풀었다. 북한과 중국의 동맹관계는 1949년 3월 17일 체결된 '조중 상호방위협정'에 기인한다. 이 협정을 토대로 중국은 6.25 전쟁에 개입하였고 전쟁 이후에도 이를 북한과의 군사협력의 틀로써 활용하였다.[37] 북한은 중소분쟁이 심화되는 상황에서 1961년 7월 6일 소련과 '조소 우호협조 및 상호 원조 조약'을, 5일 뒤인 1961년 7월 11일에 중국과 '조중 우호협조 및 상호 원조 조약'(이하 북중 동맹)을 각각 체결했다. 이는 북한과의 동맹 형성을 통해 자국의 전략적 입지를 강화하려던 소련과 중국의 입장을 잘 활용한 북한의 외교적 성과라고 할 수 있다. 근본적으로는 북한과 중국 모두에게 있어서, 흐루시초프의 개인숭배 비판 노선으로부터 김일성, 마오쩌둥 체제를 안정시키고 미국을 중심으로 한 대

35) 마고사키 우케루(2012), pp. 167-169.

36) 이명찬, "센카쿠제도를 둘러싼 중·일 간 갈등과 동북아", 『국제정치논총』 제53집 1호(2013), p. 286.

37) 강정일, "북중 동맹의 공고성에 관한 연구", 『전략연구』 제54호(2012), pp. 133-134.

와 반공포위망을 향한 안보위협에 대응하기 위한 양국의 전략적 선택의 결과라고 할 수 있다.[38)]

북중 동맹은 1970년대 초 시작된 미·중 간 데탕트를 전후하여 약화되기 시작하다가, 냉전이 종식되고 안보환경이 변화하면서 동맹의 결속력은 더욱 느슨해졌고 동맹으로서의 역할도 축소되었다. 특히, 1992년 중국이 냉전 시 우선시했던 안보이익보다 경제적 실익을 위하여 한국과 수교를 체결하자 북중 동맹의 공고성은 더욱 약화되었고, 북한 핵 문제를 다룸에 있어서도 중국이 북한을 무조건적으로 감싸지 않고 북한 제재를 위한 유엔결의안에 서명한 점은 북중 동맹이 명목상으로만 남아 있다는 반증일 수 있다.[39)]

하지만, 이러한 북한과 중국 간 불협화음들이 북중 동맹의 와해를 의미하지는 않는다. 중국은 북중 동맹을 통한 대미 견제와 유사시 한반도에의 개입 정당화, 그리고 국제사회에서의 영향력을 확대시키고자 하고 있기 때문에 북중 동맹을 통해 북한을 제도적으로 관리·통제하고자 하고 있다. 한편, 북한은 북중 동맹에 기반한 체제안정과 대미, 대한국 전략을 수행하고 있다. 결국, 북중 동맹이 사실상 효력을 상실한 것이 아닌 양국의 지정학적 이익이 변화한 것일 뿐이며, 따라서 북중 동맹은 지속적으로 진화·발전할 것으로 판단하는 것이 옳을 것이다.[40)]

---

38) 박병광, "북중 동맹과 한미 동맹의 비교: 성립 배경과 조약 내용을 중심으로", 국가안보전략연구소 편, 『중북우호협조 및 상호원조조약과 한미 동맹』 (서울: 국가안보전략연구소, 2011), pp. 57-59.

39) 동맹을 통해 얻을 이익에 대한 기대가 북한과 중국 간에 서로 상이하기 때문에 북중 동맹이 군사적 동맹이라기보다 정치적 동맹에 더 가깝다고 보는 시각도 있다. 최명해, 『중국·북한 동맹관계: 불편한 동거의 역사』(서울: 오름, 2009), p. 402.

40) 박창희, "지정학적 이익 변화와 북중 동맹관계: 기원, 발전, 그리고 전망", 『중소연구』 제113호(2007), pp. 27-56; 이상숙, "북중우호조약의 현대적 함의와 양국관계", 『주요국제문제분석』 No. 2011-31(2011), p. 11; 강정일(2012), pp. 147-149.

미일 동맹에 비해 북중 동맹의 결속력이 약한 것은 사실이다. 하지만, 미일 동맹과는 다르게 북중 동맹은 자동개입조항[41]을 포함하고 있다. 따라서, 센카쿠 열도 영유권을 놓고 일·중 간 국지전이 발생하는 경우, 중국이 요청하면 북한은 어떠한 형태로든 중국을 군사적으로 지원해야 한다. 그래야만 한반도 유사시 북한도 중국으로부터의 군사적 지원을 기대할 수 있기 때문이다. 그러나, 북중 동맹이 일·중 간 영토분쟁을 전제로 맺은 동맹이 아니며 북한의 군사적 능력이 제한적이므로, 북중 동맹이 일·중 간 군사분쟁 발발 가능성에 미치는 영향은 매우 미미하다고 보는 것이 타당할 것이다. 이러한 인식은 북한이 한·일 간 독도 문제에서는 일본을 지속적이고 강도 높게 비난해 왔으나, 센카쿠 열도 분쟁에서는 그러지 않았다는 점에서도 확인된다.

3) 경쟁관계

경쟁관계(rivalry)는 극단적 경쟁관계에 놓인 두 국가의 심리적 적대감을 의미한다. 경쟁관계인 국가들 간에는 경쟁의식이 작동되어 통상 특정 사안에 대한 의견 불일치와 대립이 상존하고 이는 분쟁 행위의 반복으로 표출된다.[42] 분쟁이 반복해서 일어나면 어느 한 국가 또는 양 국가가 상대 국가를 강압하거나 협박하여 군사력 사용을 고려하

---

41) 북중 동맹 제2조는 "체약 쌍방은 어느 일방에 대한 어떠한 국가로부터의 침략이라도 이를 방지하기 위해 모든 조치를 공동으로 취한다. 일단 체약 일방이 어떠한 한 개의 국가 또는 몇 개의 국가들의 연합으로부터 무력침공을 당함으로써 전쟁 상태에 처하게 되는 경우에 체약 상대방은 모든 힘을 다해 지체 없이 군사적 및 기타 원조를 제공한다"라고 명시하고 있다. 주평, "중북관계에서의 동맹요소: 변화와 조정", 국가안보전략연구소 편, 『중북우호협조 및 상호 원조조약과 한미 동맹』(서울: 국가안보전략연구소, 2011), p. 34.

42) Senese and Vasquez(2008), p. 69.

게 된다. 이는 국내 강경론자들의 주장에 힘을 실어 주기 때문에 국가끼리 서로 양보하거나 타협하기 어렵게 하고 분쟁의 강도를 더욱 증가시킨다. 이같이 국내외 상황이 서로 결합하면 무력사용을 동반할 가능성이 높아진다.[43)]

역사적으로 일본과 중국은 다수의 전쟁과 분쟁 등으로 인해 상호간에 깊은 불신감과 적대감을 가지고 있다.[44)] 근대 이후 시기만 보아도 양국은 청일 전쟁을 포함한 5차례의 전쟁을 치렀으며 1873년부터 2006년까지 50차례의 크고 작은 군사분쟁(MID)을 경험했다. 경쟁관계의 개념처럼 양국은 반복되는 갈등관계 및 무력충돌 양상을 지속적으로 보이고 있다. 이에 일·중 관계는 현재도 합의된 경쟁관계(Consensus Rivalry)로 분류되어 있다.[45)]

중국이 자신의 영유권을 주장하기 시작한 1971년[46)]부터 2012년까지 센카쿠 열도와 관련된 일·중 간 주요 분쟁은 6차례 발생했다. 양국 간 물리적 분쟁의 시작은 1978년 중국 선박이 센카쿠 열도 인근 해역을 침범하는 사건으로부터 시작되었다. 이 사건으로 일·중 간 긴장이 고조되었으나 1978년 8월 일·중 평화우호조약 체결 당시 양국이 센카쿠 열도 문제의 해결을 보류한다는 방침을 세워 사태가 진정되었다.[47)]

1996년 7월 일본 보수우익단체가 센카쿠 열도에 등대를 세우고

---

43) *Ibid.*, pp. 183-184.

44) Willem van Kemenade, *China and Japan: Partners or Permanent Rivals?*, Netherlands Institute of International Relations, Clingendael Diplomacy Papers No. 9(2006), p. 97.

45) Soonkun Oh, *How Rivalries End: Understanding Dynamics of the Rivalry Termination Process*, Ph. D. Dissertation, University of South Carolina(2012), p. 63. 합의된 경쟁관계는 경쟁관계에 대한 정의에 대하여 관련 전문가들의 의견 일치가 이루어진 사례를 의미한다.

46) 중국이 영유권을 주장한 1971년이 결정적 기일(critical day)이 된다. 이명찬(2012), p. 40.

47) 최정현(2000), p. 63.

일본의 영유권을 주장하자 양국의 대립이 다시 격화되었으며, 이에 대한 반작용으로 중국 우익 집단도 중국의 영유권을 주장하며 센카쿠 열도에 상륙하였고 이 과정에서 홍콩 출신 청년 한 명이 익사하기도 하였다.[48] 1997년 4월에는 일본 오키나와 현 의원이 센카쿠에 상륙하여 일장기를 꽂는 사건이 발생하여 또다시 분쟁화되었으나 1997년 7월 중·일 동중국해 어업협정이 체결됨에 따라 분쟁이 확대되지 않고 소강 국면에 접어들었다.[49]

2004년 3월에는 센카쿠 열도에 상륙한 중국인 7명을 일본이 체포하는 사건이 발생하였는데 중국은 자국민을 체포한 것은 국제법 위반이라며 즉시 석방할 것을 요청했다. 이에 일본은 중의원 안전보장위원회에서 센카쿠 열도 영유권에 대한 확인 결의를 만장일치로 통과시킨 후 양국 관계를 고려하여 중국인 7명을 강제퇴거시킴으로써 사건은 일단락되었다.[50] 2010년 9월에는 센카쿠 열도 인근 해역에서 조업중이던 중국 선박을 일본 해상보안청 순시선이 단속하는 과정에서 중국 어선과 일본 순시선 간 충돌 사고가 발생하였다. 일본 해상보안청은 공무집행방해 혐의로 중국 어선 선장을 체포하였고 이에 중국은 다섯 차례의 주중 일본대사 소환과 항의, 8회의 성명 발표, 중국인의 일본 관광 억제, 중국 내 일본 기업의 사업 인가 지연, 그리고 희토류의 대일본 수출 금지 등 전방위적 외교적·경제적 압력을 행사하였다. 결국 일본이 중국 선장을 석방함으로써 분쟁의 확대는 방지되었다.[51] 이

48) 유철종, 『동아시아 국제관계와 영토분쟁』(서울: 삼우사, 2006), p. 341.

49) 김영구(1998), pp. 69-72. 센카쿠 열도 영유권과 관련된 배타적 경제수역 경계선 획정은 보류되었다.

50) 손기섭(2008), pp. 400-401.

51) 이명찬(2012), pp. 34-36.

후, 중국은 센카쿠 열도에 대한 법집행 강화 차원에서 어업행정선박을 이용하여 동 해역을 순찰하기 시작했다.[52] 2010년 분쟁이 이전과 다른 점은 중국의 태도가 이전 분쟁에 비해서 강경해졌다는 점이며 이러한 중국의 입장은 이후 분쟁에서 더욱 강화되고 있다는 점이다.[53]

2012년 9월의 분쟁은 일본 정부가 센카쿠 열도 5개 도서 가운데 3개를 국유화하기로 결정하면서 촉발되었다. 비록 일본 정부가 중국의 반발을 우려해 센카쿠 열도를 매입하는 대신 실효지배 강화 조치를 일시적으로 보류하겠다고 발표했으나, 중국의 후진타오 전 주석은 같은 해 9월 9일 APEC 정상회의에서 "일본의 센카쿠 매입은 불법이자 무효"라며 노다 총리에게 강력히 항의하였다.[54] 일본의 국유화에 맞대응하는 차원에서 중국은 9월 10일 센카쿠 열도의 영해기선을 선포하는 한편, 11일에는 해양감시선 2척을 동 열도 인근 해역에 파견하였다.[55] 9월 15일에는 중국 50여 개 도시에서 반일시위가 일어났고, 산둥 성, 칭다오 등지에서는 일본계 기업이 시위대의 공격을 받았다. 9월 23일 중국은 일본에 중·일 국교 정상화 40주년 기념식을 무기한 연기한다고 통보하였다.[56]

이후 센카쿠 열도를 둘러싼 양국의 대립은 진정될 기미를 전혀 보이지 않고 오히려 긴장과 갈등이 증폭되는 양상을 보이고 있다. 특히, 최근 2013년 4월 23일 일본의 극우단체 회원 80여 명이 탄 배 10척이 센카쿠 영해에 진입하자 중국은 해양감시선을 동원하여 이들을 센카

---

52) 이명찬(2012), p. 50.

53) 이면우(2011), p. 24.

54) 김종현, "中·日, 센카쿠 국유화 충돌(종합)", 『연합뉴스』(2012. 9. 10.).

55) 류성무, "中, 교과서에 센카쿠 영토주권 표기 추진", 『연합뉴스』(2012. 9. 14.); 고기정·박형준, "격앙된 中… 센카쿠서 軍무력시위 할 수도", 『동아일보』(2012년 9. 12.).

56) 차대운, "〈센카쿠사태 한 달〉 ① 東亞 안보지형 변화", 『연합뉴스』(2012. 10. 10.).

쿠 열도 영해 밖으로 쫓아냈으며 센카쿠 열도 상공에 중국 전투기 40여 대를 출격시켜 일본의 전투기들과 공중 대치하기도 하였다. 동 사건 이후 중국 외교부는 센카쿠 열도를 중국의 '핵심 이익' 대상으로 최초로 공식 선언함으로써 일본과의 타협 가능성을 원천 봉쇄해 버렸다. 동시에 중국군은 일본과의 군사적 충돌을 대비한 군사적 준비를 강조하였고 중국 국가해양국도 센카쿠 열도에서 일본과의 군사적 충돌 가능성이 높아지고 있다고 분석하였다.[57)]

2012년 9월 시작된 분쟁이 이전 분쟁들과 확연히 차이가 나는 점은 물리적 힘을 통한 시위 및 위협이 빈도와 강도 차원에서 대폭적으로 증가했다는 점이다. 예를 들어, 2012년 9월 이후 중국 정부 선박이 30차례나 센카쿠 열도 영해에 진입하였고 중국 전투기가 센카쿠 열도 영공을 5차례 진입하였으며 중국 항공기에 대응하기 위한 일본 전투기의 긴급출격 횟수도 160여 차례에 달한다. 양국 선박 간 물대포 충돌도 2차례 발생하였고 최근에는 중국 함정이 일본 함정을 사격관제용 레이저로 조준한 사건과 양국 전투기 수십 대가 대치한 사건도 발생했다. 중국은 센카쿠 열도에서 국지전이 발생할 것에 대비해 동중국해 일대에서의 해상훈련과 동부 연안에서의 육·공군 합동훈련을 실시했고, 최근에는 중국 해군의 3개 함대에 속하는 함정들이 센카쿠 열도 무력시위에 참여함으로써 유사시 전 해군전력을 센카쿠 열도에 집중 투입하겠다는 의지를 보이기도 했다. 일본과 미국도 중국을 겨냥해 미국 캘리포니아 주 센클레멘테 섬 훈련장에서 섬 탈환을 위한 연합훈련

57) 차대운, "중국, 센카쿠 대일 압박 강화", 『연합뉴스』(2013. 4. 28.); 신삼호, "중국군 기관지, 센카쿠 충돌 대비 군사준비 강조", 『연합뉴스』(2013. 4. 29.); 황희경, "중국 국가해양국 센카쿠서 군사 대치 가능성 커져", 『연합뉴스』(2013. 5. 9.).

을 실시했다.[58] 이와 같이 일·중 간 센카쿠 열도 분쟁이 시작된 이래 양국 간 분쟁의 주기가 점차 짧아지고 있고 무력시위를 포함한 분쟁의 강도는 점점 높아지는 양상을 보이고 있다. 비록 현재까지는 군사분쟁의 낮은 수준인 무력사용에 대한 위협과 무력시위만 반복되고 있으나, 양국이 상호 강경한 입장을 견지하고 있기 때문에 우발적 사건으로 인한 실제 무력사용의 가능성이 점차 가시화되고 있다고 할 수 있겠다.

4) 군비경쟁

전쟁의 단계 이론은 군비경쟁은 전쟁을 피하기 위한 수단이 아니라 전쟁을 준비하기 위한 것이라고 간주한다. 분쟁 당사국 중 어느 한 쪽이 군사력을 증강하면 상대국은 상대적 취약 상태에 놓이게 되고 이에 힘의 불균형을 균형화하기 위해 상응하는 수준 이상의 군사력을 증강하게 된다. 상호 간에 이러한 'tit for tat'식 행동이 반복되면 전면적인 군비경쟁으로 이어지고, 이는 상호 간 위협인식과 적대감을 더욱 고조시킨다. 따라서 분쟁 당사국 간에 군비경쟁 양상이 나타난다면 서로 군사력을 동원할 가능성이 높기 때문에 전쟁 발발 확률은 증대된다.[59]

엄밀한 의미에서 일본과 중국은 현재 군비경쟁 양상을 보이고 있지는 않다. 왜냐하면 전쟁의 단계 이론의 군비경쟁 측정지표인 최소 3년 이상 평균 8% 이상의 국방비 증가율을 일본이 보이고 있지 않기

---

58) 주춘렬·김용출, "중일 센카쿠 갈등 심화… 하늘 바다서 '일촉즉발'", 『세계일보』(2013. 2. 11.); 황희경, "중 해군, 동남중국해에서 실탄 공격훈련", 『연합뉴스』(2013. 1. 18.); 차대운, "중 선박, 센카쿠 영해 진입… 국유화 후 30번째", 『연합뉴스』(2013. 2. 24.); 차대운, "중국 3대 함대, 센카쿠 '무력시위' 참가", 『연합뉴스』(2013. 4. 18.).

59) Senese and Vasquez(2008), p. 185.

<표 4-4> 중국 및 일본의 국방비 증가율(2008-2012)

구분		2008	2009	2010	2011	2012
중국	국방비(억$)	1067.74	1288.69	1364.67	1461.54	1576.03
	전년 대비 증가율(%)	10.2	20.7	5.9	7.1	7.8
일본	국방비(억$)	591.40	597.35	590.03	595.72	592.42
	전년 대비 증가율(%)	-0.2	1.0	-0.1	0.9	-0.5

출처: Stockholm International Peace Research Institute(SIPRI) Military Expenditure Database를 필자가 재정리

때문이다. 일본은 지속적으로 국방비를 삭감 또는 소폭 증가하였으며 최근 5년간(2008-2012) 평균 국방비 증가율도 0.2%에 불과하다. 반면, 중국은 지난 10년 동안 지속적으로 국방비를 증가하였으며 최근 5년간(2008-2012) 평균 국방비 증가율은 10.3%에 달한다. 이는 세계경제의 성장세 둔화로 인해 미국을 포함한 영국, 프랑스 등 주요 선진국들이 국방비를 삭감하고 있는 추세와 반대되는 현상이다.[60] 일본이 국가재정으로 인해 국방비 증액에 제한점이 있기에 미일 동맹에 의존하여 중국에 대응하려는 경향을 보이고 있는 반면, 중국은 급속한 경제성장을 바탕으로 미일 동맹과의 군사적 경쟁에 대비한 국방비 증액을 지속적으로 실시하고 있다.

한편, 도서영유권 수호에 핵심적인 역할을 수행하는 양국의 해군력 증강은 주목할 만한 사안이다. 중국은 최초의 항공모함인 랴오닝함을 2012년 9월 취역시킨 후 두 달 만에 함재기 이착륙을 성공시켰으며, 2020년까지 2-3개의 항모전투단을 확보할 계획이다. 또한, 중국은 매년 약 2.6척의 신형 잠수함을 취역시키고 있으며 대륙간탄도

60) 국방대학교 안보문제연구소, 『2012년도 안보정세전망』(서울: 국방대학교 안보문제연구소, 2011), pp. 20-26; 최영해·정미경, "동북아 군비경쟁 가열… 中 10년 새 4배로", 『동아일보』(2012. 10. 17.).

미사일 탑재가 가능한 전략핵잠수함전력을 지속적으로 증강시키고 있다. 더불어 2012년에는 장기간 원해작전을 가능하게 해 주는 2만 3천 톤급의 군수지원함 2척을 건조하였고 추가 건조도 계획되어 있다.[61] 일본도 준항모에 해당하는 2만 톤급의 항모형 헬기구축함을 기존 2척에서 4척으로, 이지스 구축함을 기존 6척에서 8척으로 증강 중에 있으며 잠수함전력도 기존 16척에서 22척으로 증강 예정이다.[62] 중국과 일본의 해군력 증강 노력은 해군력의 양적 팽창뿐만 아니라 질적 성장도 가져오고 있으며 이러한 결과로 2000년대 후반 이후 일본과 중국의 해군전력 지수는 크게 증가하였다.[63] 이와 같은 경쟁적 해군력 증강은 양국 간 군사분쟁을 야기하는 촉매 역할을 할 수 있다.[64]

더불어, 일본과 중국은 서로를 위협적으로 인식하고 있으며 이러한 인식은 2000년대 들어 보다 뚜렷해지기 시작했다. 일본은 2004년 신방위계획 대강에서 북한과 중국의 군사적 동향을 동아시아 지역 내 위협요인으로 상정하였고 2005년 방위백서에서도 "지역의 안전보장에 큰 영향력을 보유한 중국은 핵, 미사일 전력, 해·공군의 근대화를 추진하고 해양의 활동범위 확대를 도모하고 있어 향후 일본은 이러한 동향에 주목해야 할 필요가 있다"라고 언급하였다.[65] 2012년 방위백서에서도 일본은 중국이 빠르게 군 현대화를 진행하고 있지만, 국방투

61) 김기주·이승렬, "중국 해군력 부상의 위협성 평가: 능력, 의도, 의지를 중심으로", 『신아세아』 제19권 1호(2012), pp. 183-208.

62) 박영준, "동북아 국가들의 해양전략과 해군력 증강 기원: 동아시아 해양질서 불안정의 기원", 2012 한국국제정치학회 추계학술대회 발표 논문(2012), p. 57.

63) 김종형, "대안적 분석모형에 의한 탈냉전 이후 동북아 재래식 전력지수 평가: 1991-2010 해·공군력을 중심으로" 국방대학교 안전보장대학원 석사학위논문(2011), pp. 109-115.

64) 박영준(2012), p. 58.

65) 일본방위청, 국방정보본부 역, 『2005년 일본 방위백서』(서울: 국방정보본부, 2005), p. 477.

명성이 여전히 불투명하기에 이웃 국가들 간 불필요한 불신과 오해를 불러일으키고 있고 이로 인한 역내 안보 불안을 야기하고 있다고 명시하였다.[66] 이러한 평가는 곧 일본이 중국의 군사력 증강 움직임을 예의 주시하고 있으며 이에 대응할 수 있는 전략과 전력의 필요성을 인식하고 있음을 의미한다.

중국도 일본이 미국과 협력하여 중국의 부상을 봉쇄하려 한다고 인식하고 있다.[67] 중국은 대만 문제, 동·남중국해 영토분쟁 등에 언제든지 개입할 수 있는 미국의 군사력을 매우 위협적인 요소로 상정하고 있다. 따라서, 미사일방어체계 구축 등 미일 동맹의 강화와 더불어 일본 자위대의 역내 역할 및 영향력 확대를 우려하고 있으며 일본의 군사력 증강도 결국 중국을 견제하기 위한 것이라고 보고 있다.[68]

더불어 2000년대 들어 일본의 우익 성향 강화와 중국의 민족주의 강화는 일·중 간 대립을 심화시키고 있다. 일본의 경우 고이즈미 전 총리 취임 이후 개헌 발언과 야스쿠니 신사 참배, 우익 교과서 검정 통과, 유사법제의 추진 및 통과라는 이른바 보수화 경향이 심화되었고 이러한 경향은 현 아베 정권에서 보다 강화되고 있다.[69] 중국의 경우도 후진타오 체제가 들어서면서 강화된 민족주의 성향이 현 시진핑 체제에서도 유지되고 있으며 이는 일본과의 대립을 증대시키고 있다. 이와 같은 일·중 간 상호 위협인식과 대립의 심화는 양국 간 군비경쟁을

66) Japan Ministry of Defense, *Defense of Japan 2012*(Tokyo: Ministry of Defense, 2012), p. 3.

67) Joseph Y. S. Cheng, "Sino-Japanese Relations in the Twenty-First Century," *Journal of Contemporary Asia* 33-2(2003), pp. 260-261.

68) David Shambaugh, *Modernizing China's Military*(California: University of California Press, 2002), pp. 300-302.

69) 한국전략문제연구소, 『동북아 전략균형 2001』(서울: 한국전략문제연구소, 2001), p. 103; 송화섭 외, "아베 정권의 재등장과 일본의 우경화 가능성 전망", 『주간국방논단』 제1448호(2013), pp. 1-8.

언제든지 촉발할 수 있는 요인이 되고 있다.

4. 결론

지금까지 전쟁의 단계 이론에서 제시한 네 가지 변수를 적용하여 센카쿠 열도 영유권을 둘러싼 일·중 간 행위 및 상호 작용에 대하여 분석하였다. 기본적으로 일·중 간 센카쿠 열도 분쟁은 매우 복합적인 양상을 띠고 있다. 영토분쟁 변수의 경우 분쟁 대상인 센카쿠 열도에 대한 일본의 영유권 행사에 대해 1971년 중국이 이견을 제기한 이래 일·중 간 영유권 주장 대립이 지속되고 있는 점을 볼 때, 양국 간 영토분쟁은 존재하고 있다. 외부 동맹 변수의 경우 미국은 기본적으로 일·중 간 군사적 충돌로 인한 동북아의 불안정과 연루를 원하고 있지 않다. 따라서, 미일 동맹은 전쟁 가능성을 증대시키는 것보다는 중국의 공세적 행위를 억제하고 균형적 역할을 함으로써 전쟁의 가능성을 감소시키는 기능을 하고 있는 것으로 보인다. 북중 동맹은 동맹의 성격과 북한의 군사적 능력을 고려할 시 일·중 간 전쟁 가능성에 매우 미미한 영향을 줄 것으로 판단된다. 경쟁관계 변수의 경우 일·중 양국은 역사적으로 전통적인 경쟁관계를 유지하고 있으며 센카쿠 열도와 연관해서도 양국 간 분쟁의 주기가 짧아지고 분쟁의 강도도 점차 높아지는 추세를 보이고 있다. 특히, 2012년 분쟁 이후 무력사용에 대한 위협과 무력시위와 같은 군사분쟁이 지속적으로 발생하고 있는 점은 양국 간 실제 무력충돌의 기회를 증가시키고 있다. 군비경쟁 측면에서 일본의 국방비 증가율이 제한되고 있기 때문에 엄밀한 의미에서의 일·중 간 군비경쟁 양상은 나타나고 있지 않다.

상기 논의를 종합해 볼 때 향후 일·중 간 센카쿠 열도 영유권을 놓고 국지전이 발발할 가능성이 충분히 있는 것으로 평가할 수 있다. 왜냐하면 센카쿠 열도를 둘러싼 일·중 간 대립 양상이 전쟁의 단계 이론이 제시하는 4가지 변수들 중 최소한 2개 변수를 충족하고 있기 때문이다. 즉, 일·중 간 센카쿠 열도 분쟁은 전쟁의 단계 중 제1단계인 영토분쟁이 명백히 존재하고 있고 제3단계인 경쟁관계 현상도 보이고 있다. 또한, 엄격한 의미에서의 군비경쟁 양상은 발생하고 있지 않으나 양국의 상호 위협인식의 심화와 경쟁적인 해군력 증강은 우려스러운 현상으로 보인다. 다만, 비대칭적 미일 동맹의 구조적 한계를 고려하면, 현상유지를 원하고 있는 일본이 미국의 반대를 무릅쓰고 중국과 무력충돌을 먼저 일으킬 가능성은 매우 낮다고 할 수 있다. 반면에, 현상타파적 성격의 중국이 일본과의 무력충돌 시 미국이 군사적으로 개입하지 않을 것이라고 인식하게 되면 위험을 수용하는 행위를 할 가능성은 높다고 하겠다. 특히, 우려스러운 점은 미국의 아시아로의 중심축 이동(Pivot to Asia) 전략 수행을 위한 미일 동맹의 강화와 센카쿠 열도 영유권 논란에 대한 기존의 중립적 입장이 일본을 지지하는 입장으로[70] 선회함으로써 중국을 크게 자극하고 있다는 것이다. 따라서, 중국이 영유권 분쟁의 주도권을 잡기 위하여 강경한 대외정책 노선으로 대응한다면 일·중 간 국지전의 발생 가능성을 완전히 배제할 수는 없을

70) 미국은 중국의 센카쿠 영해기선 설정이 국제법적으로 부적절함을 지적하며 일본의 입장을 지지하기 시작하였다. Office of the Secretary of Defense, *Annual Report To Congress: Military and Security Developments Involving the People's Republic of China 2013*(Washington D. C.: Office of the Secretary of Defense, 2013), pp. 3-4.

것이다.

전쟁의 단계 이론은 영토분쟁이 현실주의적 정책처방에 의해 다루어질 경우 전쟁 발발 가능성을 높인다는 논리를 기저에 깔고 있다. 영토분쟁이라는 안보위협에 대응하기 위해 외부 동맹의 힘을 빌리고 자체적인 군사력 증강 경쟁을 통하여 대응할 경우 상호 무력사용에 대한 의존도가 높아지고, 이는 양국 간 잦은 무력사용 위협 및 무력시위 그리고 소규모 무력충돌을 발생시키며 결국에는 위기가 고조되어 전쟁 수준으로 분쟁이 확대된다는 것이다. 따라서 현실주의적 접근이 아닌 대화와 협력, 외교적 타결, 국제법에 의한 해결 등 자유주의적 접근을 통해 영토분쟁을 해결해야 한다고 주장한다. 다른 조건이 동일하다면, 현재의 일·중 간 대립 양상은 우발적 무력충돌과 이로 인한 국지전으로의 확대가 충분히 발생할 수 있는 조건이 형성되어 있다. 센카쿠 열도에서의 일·중 간 무력충돌은 동북아시아의 안정과 평화를 심각하게 훼손하는 것은 물론 일본 및 중국과 영토분쟁을 진행 중인 다른 국가들에게도 부정적 영향을 미칠 것이다. 따라서, 양국은 현 상황을 정확하게 진단하고 센카쿠 열도에서의 우발적 무력충돌을 방지할 수 있는 제도의 설치와 함께 영유권 분쟁을 평화적으로 해결할 수 있는 다양한 조치들을 취해야 할 것이다.

5장
북극해를 둘러싼 안보협력과 군비경쟁[1)]

1. 개관

러시아의 푸틴 3기 정부는 강대국 건설을 목표로 적극적인 외교 정책을 추진해 오다 2013년 2월 '新 러시아 연방 대외정책개념'을 발표했다. 이 개념에는 극동 지역 및 해양 진출에 대한 적극적인 추진전략이 포함되어 있다. 이러한 정책을 지지하듯 2015년 6월에 러시아 총리 메드베데프는 북극항로에 대해 유럽-극동 지역-아태 지역을 잇는 최단 항로임을 역설했다. 이어 북극 지역 의회 제1부위원장인 키리축은 "'북극해-베링 해-태평양'으로 이어지는 북극해 항로는 아태 지역 시장을 공략하기 위한 진출로로서 러시아의 사활과 직결된다"라고 언급했다.

이와 더불어 북극해를 둘러싸고 북극해 이사회(Artic Council)[2)] 주변

---

1) 이 글은 충남대 한국해양안보포럼 E-저널 2016년 5월호에 기고한 글을 수정·보완한 내용임.

2) 북극해 이사회: 북극권 국가들이 1996년 북극정책을 논의하기 위해 창설한 정부 간 포럼. 회원국(8개국)은 미국, 러시아, 캐나다, 덴마크, 핀란드, 아이슬란드, 노르웨이, 스웨덴.

국 간 주도권 확보를 위한 경쟁과 협상이 지속되는 가운데 지난 8월 4일 러시아는 UN에 북극해 극점을 중심으로 로모노소프 해령과 그 주변 지형을 러시아의 대륙붕으로 주장하는 내용의 "대륙붕 경계확장 신청서"를 제출하고 그 결과를 기다리고 있다. 또한 2015년 8월 11일 러시아 부총리 겸 극동 지역 대통령 특명대사 트루트네프는 "향후 러시아의 극동개발부가 북극항로 개발 경제모델을 완성할 것이며, 아시아에서 유럽까지 화물을 운반하기 위한 새로운 대안으로 이어질 것이다"라고 밝혔다.

에너지 자원의 보고로 떠오르는 북극해에서 선박 운항 횟수가 2010년 4척에서 2014년에는 71척으로 급격히 증대되면서, 2015년 7월에는 최초로 무르만스크에서 출항하는 북극해 관광을 위한 첫 항해를 시작했다. 2030년이 되면 북극해에서 연중 항해가 가능할 것으로 연구원들은 예상한다. 이곳에 아(我) 정부는 2015년 3월 3일 북극정책 시행 계획으로 북극해를 이용한 러시아로의 플랜트, 기자재 수송 계획안을 발표했다. 이제 북극해에 대한 정부의 관심은 주마간산(走馬看山)으로 멀리서 바라보는 차원을 넘어 현실화되고 있다. 러시아는 북극해의 북동항로를 통해 이어지는 동아시아 지역을 경제협력의 신개척지로서 활용하고, 동아시아를 북극항로의 교두보 역할을 하는 전략적 요충지로 발전시키고 있다.

본문에서 2절은 에너지 자원과 북극항로를 중심으로 하는 북극해의 전략적 가치, 3절은 북극해의 군사동향과 러시아의 해양안보, 그리고 결언으로 북극해가 우리에게 주는 함의를 살펴보고자 한다.

2. 북극해의 전략적 가치(에너지 자원, 북극항로)

에너지 자원을 갈구하는 세계인들은 북극해가 지구 상 마지막 자원의 보고(寶庫)라고 생각한다. 이러한 곳에서 북극해 영유권을 놓고 오랜 기간 인접국들 간 경쟁이 과열되고 있고, 특히 지구 온난화로 북극해의 해빙이 빨라지면서 심해자원 개발 가능성이 점차 가시권에 들어오기 시작한 후 북극해 주변국들에서는 정책적 실현을 위한 노력이 증대되고 있다.

1982년 제정된 유엔 해양법은 북극해에 대한 개별 국가의 영유권을 인정하지 않는 대신 러시아, 미국, 캐나다, 노르웨이, 그린란드(덴마크) 등 인접 5개국에 대해서만 200해리 범위에서 배타적 경제수역(EEZ)을 인정하고 있다. 이에 대해 한국과 일본, 중국 등은 이러한 틈바구니에서 북극을 공유지로 개발할 것을 주장해 오고 있다.[3)]

북극을 둘러싼 영유권 분쟁은 5개국이 합의한 배타적 경제수역 200해리를 상호 간 인정하고 있음에도 불구하고, 러시아는 대륙붕의 연장선을 빌미로 새로운 영유권 주장을 이어 가고 있다.

북극해는 이미 석유 및 가스 자원의 보고(寶庫)에 관한 여러 연구 보고서를 통해 잘 알려져 있다. 미국 지질조사국은 북극해에 아직도 개발되지 않은 전 세계 석유의 약 13%를 차지하는 900억 배럴의 석유와 천연가스의 30%에 해당되는 47.3조 큐빅미터(m^3)가 매장되어 있음을 보고한 바 있다.[4)]

---

3) 최근 캐나다가 경제수역을 북극까지 확장한다는 방침을 세우면서 연안국들의 반발을 불러일으키고 있다. 캐나다의 일간 *Globe and Mail*(글로브앤드메일)은 캐나다 정부가 유엔 대륙붕한계위원회(CLCS)에 북극해 경제수역 확장을 요청하는 신청서를 제출할 예정이라고 최근 보도했다. http://www.daily-liberty.com(검색일: 2016. 4. 5.)

4) Jad Mouawad, "Oil Survey Says Arctic Has Riches," *The New York Times*(July 24, 2008) and

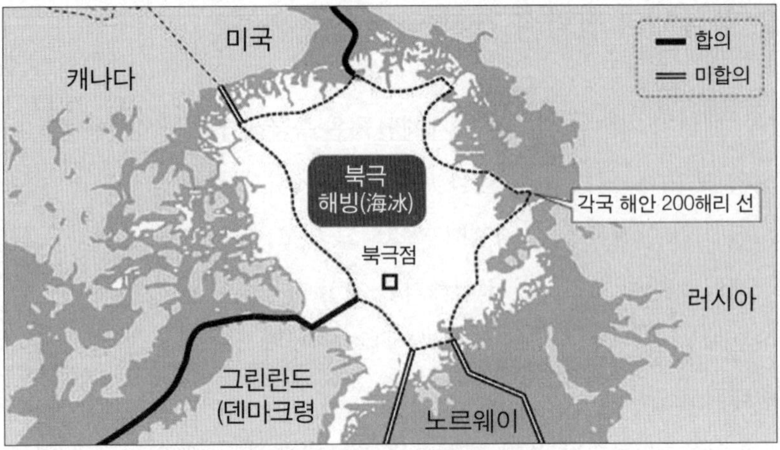

〈그림 5-1〉 치열해지는 북극해 영유권 경쟁[5)]

전 세계는 에너지 자원의 보고에 주목하고 있는 것과 더불어, 북극항로의 변화에도 주목하고 있다. 북극해는 과거의 속도에 비해 현재는 급속도로 해빙이 진행되고 있다. 2015년 여름에 북극해의 전략적 요충지인 무르만스크에서 최초로 북극해를 회항하는 관광유람선이 첫 선을 보인 것은 이를 입증한다. 이 항로가 주목받는 또 다른 이유는 북동항로로 알려져 있는 극동아시아와 유럽 대서양을 연결하는 최단 거리인 항로가 열리면 선박의 연료와 시간이 절약되기 때문이다. 북동항로를 이용하면 부산과 네덜란드 로테르담의 항해 거리는 이집트 수에즈 운하를 통과할 때보다 7,000km 단축된다. 물류산업 중 컨테이너 해상운송에 미치는 영향은 상당히 클 것으로 추정한다.[6)]

Joe Carroll, "Arctic May Hold 90 Billion of Oil, U. S.," *Bloomberg*(July 23, 2008), 김덕기, "북극해의 전략적 가치와 러시아의 전략적 접근"(서울:한국해양전략역구소, 2012), p. 257.

5) 출처: http://www.daily-liberty.com(검색일: 2016. 4. 5.)

6) 북극항로는 캐나다 북부 해역을 따라 대서양-태평양을 잇는 북서항로와 시베리아 북부 해안을 따라 대서양-태평양을 잇는 북동항로로 나뉜다. 북서항로는 사용 빈도가 낮지만, 연중 사용되고 있으며, 서부 시베리아에서 생산되는 석유, 광물 등의 수송 수요가 있어 정

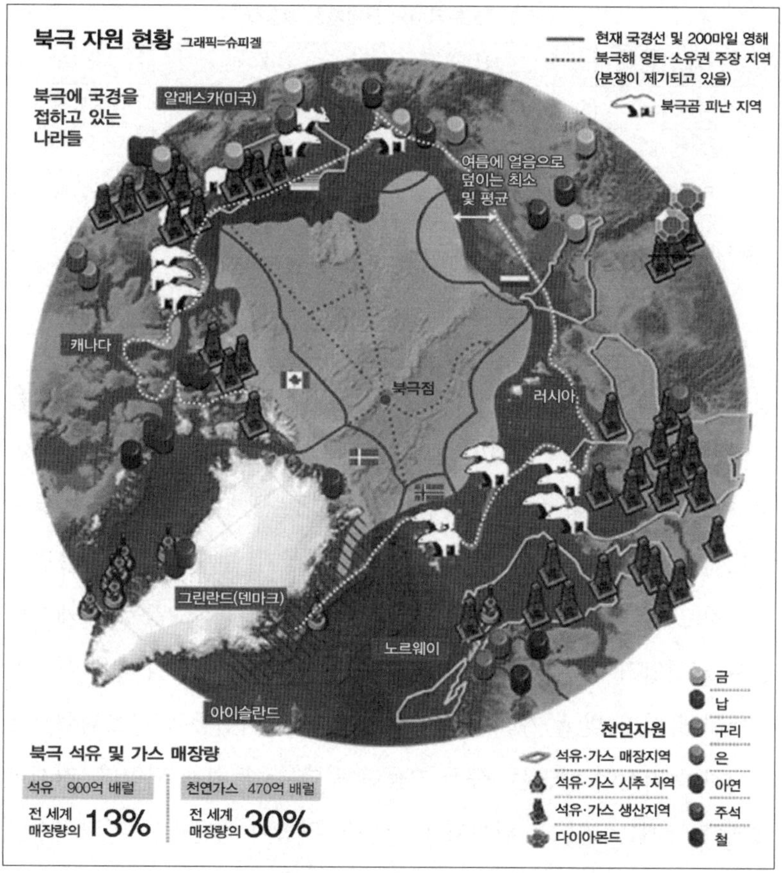

〈그림 5-2〉 북극해의 자원 현황[7]

이렇듯 최근 기후변화와 기술 발전에 따라 에너지 자원과 해상교통로를 포함한 북극해의 전략적 가치에 세계의 관심이 집중되고 있다. 미·러 양국과 캐나다, 노르웨이 및 덴마크 등에 의한 '북극평의회'에

기선 운항도 있을 것으로 전망되고 있다. 북동항로는 러시아를 제외한 타 국가의 선박은 거의 운항되고 있지 않으며, 이 항로 운항 선박의 90%는 러시아 무르만스크 해운 회사가 차지하고 있다.

7) 출처: http://www.dongA.com(검색일: 2016. 4. 6.)

〈표 5-1〉 북극해의 천연자원 매장량[8]

지역	근거자료	석유(10억 배럴)	가스(㎥)
북극해	미국 지질조사국	90(추정)	47.3조(확인)
보퍼트 해	캐나다 북서영토지방정부	-	99조(추정)
러시아	미국 에너지 정보국	60(확인)	47.5조(확인)
러시아의 북극 지역	러시아 정부	3(확인) 67.7(추정)	7.7조(확인) 88.3조(추정)

일본, 중국에 이어 한국 등 6개국이 2013년 5월 19일 옵서버 자격을 승인받았다. 러시아는 이미 대륙붕한계획정, 해양도서경계획정 그리고 자원 개발 및 확보 경쟁 발생을 예상하고 문제를 인지하여 전통적 안보위협으로 정해 두었다. 지구 온난화 현상과 함께 북극의 얼음층이 얇아지고, 이러한 기후변화로 북극해에 새로운 해상교통로가 개척되면서 태평양과 대서양을 최단 거리로 횡단할 수 있는 새로운 항로가 개척됨에 따라 발생 가능한 해상테러 위협을 비전통적 안보위협으로 인식하여 러시아 해군은 '북극 기동전대'를 창설[9]하게 되었다. 러시아에게 북극해는 전통적 위협과 비전통적 위협이 상존하는 전략적으로 중요한 지역이 되었다.[10]

---

8) Jad Mouawad(July 24, 2008); Mikhail Krutikhin, "Arctic Ocean Prospects," *Kommersant*(May 30, 2008). http://www.kommersant.com/p897663/Expert share shis view of possible oil mining in the Arctic zone(검색일: 2016. 3. 3.)

9) 러시아 기동전대 창설 배경은 2009년 3월 "2020년까지 북극에서의 러시아 국가정책 개념서"가 공표되면서 2020년까지 북극군을 창설하는 계획과 연방보안국(FSB)이 북극 지역에 대한 경계활동을 강화할 것이라는 내용을 포함시킨 것에 대한 러시아 국방부의 최초 준비 단계로 판단된다.

10) "얼음 녹은 북극 자원 '신대륙'을 잡아라", 『조선일보』(http://news.chosun.com/site/data/html_dir/2010/12/.../2010121000081.html, 2010. 12. 10., 검색일: 2016. 4. 18.). 북극해 연안국들은 전투기까지 동원해 영유권 분쟁을 진행 중이라는 내용으로 4,261m 북극 심해에 러시아 잠수정이 국기를 꽂고, 총성 없는 전쟁터를 방불케 하며 북극해 영유권 확보를 위해 전쟁도 불사하겠다고 선언했다.

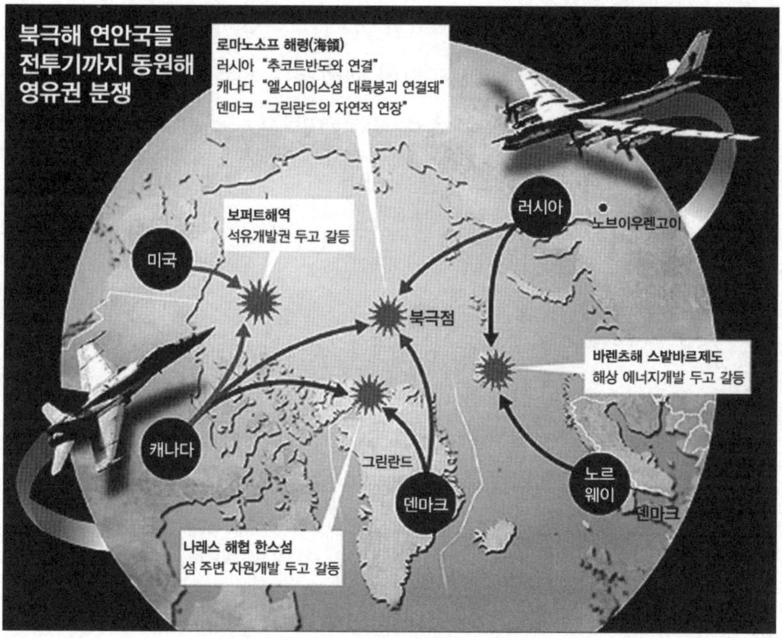

〈그림 5-3〉 북극해의 영토전쟁[11]

3. 북극해의 군사 동향과 해양안보

러시아는 에너지 자원 및 북동항로(러시아 인접 해역) 개척을 위한 전략적 가치가 증대되는 북극해에 대해 군사력 강화를 진행하고 있다. 2014년 4월 25일 러시아 국가안보 이사회 정기회의에서 러시아 대통령 푸틴은 "북극에서 러시아 안보를 강화하는 것이 국가 최우선 과제 중 하나"임을 강조하면서 "효율적인 북극정책 구현을 위해 단일화된

11) 출처: 『조선일보』(2010. 12. 10.) 참조.

정부기구 창설과 잠수함과 수상함을 동시 지원할 수 있는 통합 해군기지를 구축"할 것을 지시하였다. 푸틴 대통령의 언급 내용은 2013년 푸틴 대통령이 승인한 '2020년까지 북극개발 프로그램'[12]의 '군사작전 여건 제공' 분야를 구체화하는 조치이며 전략적 중요성이 높아지고 있는 북극해 군사력 증강을 통해 이 지역에서의 해양 통제권 강화 의지를 표출한 것이다.

최근 북극해 주변국들은 북극해를 둘러싸고 군사화 경향을 보이는 특징을 띠고 있다. 이러한 구체적 사례들을 살펴보면, 첫째, 러시아가 통합군체제로 변화된 후 4개의 통합군관구(동부·서부·중부·남부 군관구)는 지상군과 해·공군을 아우르며, 광활한 러시아 지역을 신속하게 지휘할 수 있도록 지역별로 지휘체계를 일원화했다. 이와 더불어 최근 무르만스크에 위치한 북양함대는 서부군관구에 포함되어 북극해를 관할하는 함대 역할을 해 오다가 2014년 12월 1일 북극해 지역을 전담하는 특별함대 역할 임무를 수행하면서, 북극해를 전담하는 '북극해 지역 특별 군관구'로 인정받게 되었다. 이곳에는 2개의 분함대(노보시비르스크 제도, 제믈랴 프란차이오시카 제도)와 북극 기계화보병 여단(아르항겔스크 지역)이 창설되었고, 공군과 대공방어부대 및 비행장이 포함되었다. 최근 북양함대에서는 자체적으로 북극해 신속 대응 임무에 관한 불시검열이 증대되고 있다. 둘째, 북양함대의 전력증강 사업이 급속히 진행 중에 있다. 2014년 7월 27일 러시아 북양함대는 2020년까지 보레이급 핵잠수함을 비롯한 잠수함 7척, 상륙강습함 2척, 소형구축함 5척 등 함정 40척을 2020년까지 도입할 계획임을 밝혔다. 또한 최근 이슈

---

12) 2020년까지 북극개발 프로그램 전략적 우선 과제: ① 자원기지 확충, ② 군사작전 여건 제공, ③ 북극 환경 보호, ④ 과학적 연구 보장, ⑤ 북극권 국가들의 호혜적 협력

가 되고 있는 2020년까지 건조가 계획된 보레이급 신형 전략핵잠수함 총 8척 중 4척을 북양함대에 배치할 계획임을 발표하였다. 7월 15일에는 개량형 IL-38N 해상초계기를 인수하여 이 중 일부를 북양함대에 배치할 것을 함께 발표하였다. 셋째, 최근 이 지역에 수상함, 잠수함, 해상초계기의 초계활동이 급속히 증가하고 있다. 2014년 5월 21일 러시아 해군사령부는 "2013년에 북양함대 수상함이 총 2회에 걸쳐 북극해 장거리 항해훈련을 마쳤고, 2014년에도 제믈랴 프란차이오시파 제도, 노보시비르스크 제도 및 브랑겔 섬까지의 장거리 항해를 실시했다"라고 언급하였다. 또한 러시아 공식 국방부 사이트에 따르면, 2013년 북양함대 소속 해상초계기는 총 30여 회 이상 북극해를 초계하면서 각종 북극해 항해 정보를 민간선박 등에 제공하였다고 기록되어 있다. 2014년 8월 1일 러시아 국방부 사이트에는 북양함대 소속 TU-142 2대가 북동항로 상 빙하 상태 확인차 비행하였음을 공개하였다. 넷째, 북극해를 둘러싼 러시아 도서와 영토에 군사인프라 건설을 적극 추진하고 있다. 냉전 시대에 사용하였던 핵심군사기지를 재정비하고 있으며, 노보시비르스크 제도의 코텔니 섬에서 함정 부두 공사와 함께 공군 기지를 재정비하는 사업이 진행 중에 있다. 러시아 언론은 이 공사가 완료되면 이곳에 함정과 항공기가 배치되어 북극해 에너지 자원 보호 및 북동항로 이동 선박 감시 임무를 적극 수행할 것이라고 보도하였다.

4. 북극해 분쟁 예상과 옵서버 국가들의 등장

천연자원의 문제가 지정학적 문제로 변질되어 가는 현상이 북극해에서 경험되고 있다. 러시아 대통령의 특단의 결정으로 러시아 북양함대를 서부군관구에서 분리하여 북극권 통합전략사령부의 주요 거점 기지로의 편입을 추진하고 있다. 이러한 계획은 2013년에 확정된 '북극-2020 전략계획'에 의한 새로운 부대 창설에 따른 것이기도 하다. 러시아 신규 사령부 편성은 5번째 군관구 지위를 받을 것이나, 공식적으로 군관구로 불리지는 않을 것이라고 국방부 관계자는 말하고 있다. 편입되는 부대들 중에는 노바야 제믈랴 제도, 노보시비르스크 군도, 제믈랴 프란차이오시파 섬, 브랑겔 섬과 같은 북극권 섬들에 배치되는 부대들도 포함된다. 신규 사령부의 작전지휘는 러시아 국방지휘통제센터가 담당하고, 북극권 통합전략사령부의 관할 구역은 북극점을 기준으로 한 북극권 전 지역이며, 태평양함대 경계 구역과의 지휘 구분은 아직 결정되지 않은 것으로 전하고 있다.

북극권 안보의 위협을 예상하는 이유로는 북극권을 둘러싼 국가들의 군사력 증강을 들 수 있다. 러시아 군사 전문가 이반 카피타네츠는 2010년대에 미국이 북극권에 4개의 공격용 원자력 잠수함 부대를 러시아 연안에 배치할 계획을 예상했다. 바렌츠 해 부대에 SSN-774급 핵잠수함 3척 및 SSN-698급 핵잠수함 2척, 카라 해 부대에 SSN-774급 핵잠수함 2척 및 SSGN-726급 핵잠수함 1척, 랍테프 해 서부 해역에 SSN-774급 핵잠수함 2척 및 SSGN-726 핵잠수함 1척, 랍테프 해 동부 해역 및 동시베리아 해 서부 해역 부대에 SSN-774급 핵잠수함 2척 및 SSGN-726급 핵잠수함 1척을 배치할 것으로 예상하고 있다. 이러한 전력이 배치되면 유럽권 러시아 북부 영토 및 우랄 산맥 지대에 순항미사일 최대 60기, 시베리아 중부 및 우랄 산맥 지대에 순항미사일 최대 534기의 공격을 받을 수 있게 된다.[13)]

2012년 9월에 노르웨이에서는 북유럽 국가, 즉 노르웨이·핀란드·덴마크·스웨덴·아이슬란드 군사 대표 회담이 개최되어 군사통합, 군사정책 및 잠재위협요소 평가에 대한 회의가 진행되었다. 해당 국가들 모두 북극해에서 미확인 핵잠수함 활동에 대한 충돌 가능성을 우려하고 있었다. 또한 북극권 주요 자원의 통제권을 확보하기 위해 북극권 주변 국가들이 북극권 지역 군사화에 착수하고 있다. 특히 아그네타 노르베르크 스웨덴 평화협의회(Swedish Peace Council) 부의장 겸 다국적 NGO '우주 핵무기 반대 글로벌 네트워크' 산하 감시 위원회 위원은, 북극권 내 레이더 배치를 미국에게 허가했다고 전했다. 이러한 일련의 상황들은 북극해를 둘러싼 현대전의 초기 양상을 보이는 것으로 평가되고 있다.[14)]

북극권 국가들(러시아, 캐나다, 미국, 노르웨이, 아이슬란드, 스웨덴, 덴마크, 핀란드)의 자국 이익을 위한 행보들은 협력보다 갈등을 부추길 수 있다. 이에 북극평의회 '옵서버 국가'들의 적극적인 참여는 현 상황에서 북극권 지역의 지정학적 중요성을 증대시키고 있다. 북극평의회 옵서버 국가로는 영국, 독일, 인도, 스페인, 이탈리아, 중국, 네덜란드, 폴란드, 싱가포르, 프랑스, 대한민국 및 일본이 있다. 옵서버 국가들은 북극권 지역에 대한 적극적인 관심을 보이고 있고, 공식적으로 북극권에 대한 발언권은 없으나, 이 지역에서 분쟁이 발생할 시 북극권 국가들에게

---

13) Подберзкин А. И., *Долгосрочные сценарии развития стратегической обстановки, войн и военных конфликтов в 21 веке*(Москва: МГИМО, 2014), СС. 77-79.

14) Там же. С. 80.

영향력을 행사할 수 있다. 북극권 국가들 중에 노르웨이가 옵서버 국가들의 영향력에 가장 큰 관심을 가진다. 노르웨이는 싱가포르, 중국, 대한민국과 같은 국가들과 활발한 교류를 진행 중이며, 해당 국가들이 노르웨이 국익과 관련된 문제 해결에 참여하기를 바라고 있다.

대한민국은 옵서버 국가들 중에서 북극권 문제와 관련해 가장 활발하게 활동하는 국가들 중 하나이다. 대한민국에게 있어 북극해 항로 개척은 북극 항해용 함선 건조 수량을 증가시킬 뿐 아니라 유럽과의 교역량도 증가시킬 수 있다. 이러한 북극해 관련 개발을 위해 한·러 간의 관계가 무엇보다 중요한 역할을 차지한다.

중국의 경우 북극해 문제를 지역 차원의 문제가 아니라 국제적 차원의 문제로 간주하고 있다. 중국의 북극권 정책 추진의 이유 및 목적으로 몇 가지를 들 수 있다. 첫째, 북극권 기후변화가 중국의 환경, 기후적 조건 및 농업에 부정적 영향을 끼친다. 둘째, 북극권 통제권 관련 의제 결정 과정에 영향력을 행사하기 위해 북극이사회에서 입지를 확보해야 한다. 셋째, 중국으로 향하는 전략적 천연자원 공급 루트의 안전을 확보해야 한 것이다.

한편 일본에게 북극권은 혁신적 기술이 적용될 수 있는 시장이다. 또한 북극해 항로를 통해 일본과 서유럽 국가 간 무역 교역량을 증가시킬 수 있으며, 이는 일본 조선업의 선두 지위를 유지하게 할 것이다. 러시아에게도 일본은 북극해 항로 개발을 위한 주요 파트너 국가로 인식되고 있다. 전문가들은 북극해 항로의 연중 항해가 쿠릴 열도의 가치(기항지 건설, 컨테이너 시설 확충 등)를 상승시켜 쿠릴 열도 영유권 분쟁에 새로운 자극이 될 수 있다고 경고하고 있다.

인도도 북극권 지역 활동에 관심을 가진다. 향후 5년간 북극권 연구 개발 예산으로 1,200만 달러를 설정해 두고 있다. 탄화수소 자원 및 북극해 항로 개발과 같은 상업적인 측면과, 북극권 기후변화에 따른 인도양 계절풍 강도 변화 가능성과 같은 환경적 측면에 관심이 있다. 경제적 측면에서는 러시아를, 과학적 측면에서는 노르웨이를 파트너 국가로 정하고 있다.

영국도 몇 가지 목표를 가지고 북극권 정책을 추진 중이다. 첫째, 영국은 북극해 항로의 문지기 국가임을 인정받기를 원하고 있다. 따라서 북극해 항로 통제권으로 북대서양 방면을 영국 정부가 담당하고, 태평양 방면을 미국 정부가 담당할 것을 주장하며 대서양 점거를 위한 지정학적 게임의 주요 국가로 등장하고 있다. 둘째, 자국의 정책을 직접적으로 제시하기보다 영(英)연방 국가들(옵서버 국가 12개국 중 캐나다, 인도, 싱가포르)의 역량을 활용할 것이다. 셋째, 자국의 정책을 조정하기 위해 제3국을 이용할 것이다. 폴란드와 프랑스 국가들의 비영리 및 사회 단체를 이용할 것이다.

그 외에 프랑스는 탄화수소 자원 시추(에너지 업체 Gaz de France 참가 중)와 수산물 확보를 목표로 하고 있다. 이탈리아에게는 북극권이 조선 산업 발전을 위한 좋은 기회가 된다. 이탈리아 석유회사 ENI는 러시아 업체들과 협력 중이다. 스페인은 기후 안정성에 관심을 가진다. 이미 활발하게 진행되었던 스페인의 대서양 및 지중해 항구에 대한 경제적 관심이 상대적으로 하락하기 때문에 오히려 북극권 수송항로 개발에는 관심을 두고 있지 않은 듯하다. 독일은 이미 과학연구 분야에서 북극권 주변국 간 협력관계를 구축했음에도 불구하고 러시아와는 전략적·지정학적 경쟁 대상국으로 활동한다.

북극 평의회 국가든 옵서버 국가든 여러 국가들의 주장에서 명확히 규정할 수는 없지만 몇 가지 위험한 경향을 찾아 볼 수 있다.

첫째, 북극권 관련 논의 의제에서 세계 기후변화와의 연관성에 대한 비중이 매우 부족하다는 것이다. 둘째, 첫째 내용에 기인하는 북극권 환경안보에 대한 안건의 문제가 발생할 수 있다. 연구 자료에는 국익을 보호함에 있어 오늘날 환경 문제가 위험한 행보를 지속하고 있음을 밝히고 있다. 셋째, 북극해 항로 운영의 국가 간 접근 방법이 상이하여 충돌의 위험을 초래하고 있다. 넷째, 북극권 토착 민족들의 생태계 보존에 문제가 발생하고 있다. 다섯째, 북극권 관련 국제법의 혼선이 야기되고 있다.

5. 결론: 북극해가 우리에게 주는 함의

북극해 이사회 5개 회원국은 북극해를 국가 발전의 원동력으로 정해 두고 있다. 특히, 러시아는 국가두마에서 추진하는 정부정책 핵심과제에 북극해 발전 비전을 정해 두고 있다. 무엇보다 정부 차원에서 에너지 자원 확보와 수송항로 선점을 위해 박차를 가하고 있다. 이러한 정부 정책을 뒷받침하기 위해 이 지역의 안보강화에도 전력을 다하고 있다. 러시아가 중시하는 북극해와 동아시아로 이어지는 북동항로는 우리에게도 경제적 및 전략적, 군사안보적 측면에서 여러 가지 의미를 갖는다.

첫째, 경제적인 측면에서 북동항로가 활성화되면 우리는 유럽으로 향하는 물류 운송 기간의 단축으로 비용 절감 효과를 기대할 수 있다. 북극해의 에너지 자원 개발이 현실화되면 북동항로를 통한 에너지의 수급도 가능하게 될 것이다. 둘째, 전략적·군사안보적 측면에서 북동항로는 소말리아와 말라카 해협 항로가 해적 등으로 위협을 받을 시 새로운 대체 항로로서 가치가 증대되고 운용이 가능할 것이다. 한반도 및 쿠릴 열도 위기 사태 시 러시아의 북양함대 전력이 태평양함대로 신속히 증강될 수 있도록 해 주는 것은 러시아에게 안보적으로 장점인데 반해, 우리에게는 안보적 대비를 위해 염두에 두어야 할 사안이다.

이에 따라서, 우리에게 북극해의 전략적 가치 증대에 따른 경제적, 안보적 측면의 중요성은 더욱 증대될 것이고, 이에 따른 대안을 마련해 두어야 한다. 몇 가지 대안을 제시해 보면 다음과 같다.

첫째, 정부의 북극정책 기본계획[15]에 입각해 북극해를 포함한 포괄적인 해양전략이 수립되어야 한다. 포괄적인 해양전략 안에는 해군력뿐만 아니라 해양 관련 정부부처를 포함하는 유기적인 협력안이 마련되어야 한다.

둘째, 한·러 간 해양 협력체를 통해 북극해 관련 논의가 지속되어야 한다. 한국과 러시아 해군 간 한·러 해군회의 의제에 북극해 관련 해양안보 의제를 반영하여 북극해 해양안보에 관한 관심을 증대시켜야 한다.

셋째, 북극해에서의 인도주의적 차원의 구조훈련을 모색해야 한다. 2014년 12월 1일 서베링 해 근해(북극해로 이어지는 관문)에서 좌초된 1753t급 명태잡이 트롤선 '501오룡호' 구조를 위한 러시아의 구조지

15) 2013년 12월 10일 국무회의 시 해양수산부에서 보고함. 보고서에는 국제협력 분야 8개 과제, 과학조사연구 분야 11개 과제, 북극권 비즈니스 분야 10개 과제, 제도 분야 2개 과제 등 총 31개 정책이 포함됨. http://newsis.com/ar_detail/view.html?ar_id=NISX20131209_0012577679&cILD=10400(검색일: 2016. 4. 10.)

원 과정에서 알 수 있듯이, 이 지역에서 운항하는 우리 선박이 사고를 당하거나 문제가 발생하였을 시 적시에 러시아와 상호 협력할 수 있도록 준비하여야 한다. 평소 인도주의적 구조훈련은 상호 지원 협력을 증대시킬 것이다.

넷째, 북극해의 혹한에서도 탐색·구조가 가능하고, 쇄빙의 능력을 갖춘 함정 건조 연구가 이루어져야 한다. 2014년 12월 해군사관생도 순항훈련 시 러시아의 혹한의 겨울 바다를 뚫고 피터대제 만을 통과하여 블라디보스토크 항에 무사히 입항하여 한국 해군 군함의 우수성을 입증하였지만, 이보다 더한 고위도(高緯度)인 베링 해와 북극해까지 이어지는 항해에도 거뜬히 이겨 낼 수 있는 함정 설계에 관심을 기울여야 한다.

다섯째, 북극해 관련 학술연구와 해양전문가 양성을 게을리 하지 말아야 한다. 다양한 북극해 관련 국제학술회의가 진행되고 있고, 북극해에 관련해 논의하고 문제 해결 방안을 찾기 위해 북극 이사회 5개 회원국 및 옵서버 국가 전문가들이 무르만스크에서 개최되는 북극해 해양포럼에 참가하고 있다. 러시아어뿐만 아니라 영어로도 진행되는 이러한 국제포럼[16]에 해양전문가들을 참가하도록 하거나, 지속적

16) 2017년 3월29-30일 양일간 아르한겔스크에서 제4차 북극포럼이 개최된다. 국제북극포럼(The 4th 'Territory of Dialogue International Artic Forum') 주관은 2015년 설립된 '북극발전 국가위원회'이며, 현재 위원장(Dmitry Rogozin)은 부총리로서 국방을 담당하고 있다. 포럼 구성은 2개 주제(① 북극! 생명의 땅, ② 사람과 북극), 3개 주제(① 인적자본 ② 지속가능한 북극개발 ③ 과학기술) 세미나를 포함하여 북극박람회가 열릴 예정이다. 이러한 평화적 차원의 북극개발을 위한 노력과 동시에 2월 16일 블라디미르 푸틴 러 대통령은 연방보안국 회의에 참석해 러시아 극동을 비롯해 북극을 포함한 인프라 시설이 불충분한 국경 지역의 경비를 강화할 것을 당부했다. 이 밖에도 국경지역에서 마약이나 무기, 바이오매스 등의 밀수나 유입에 주의를 기울일 것을 지적하며, "전체적으로 러시아의 안보 및 보안 강화를 위해서는 국경 지역에 대한 철저한 경계 강화가 이뤄져야 한다"라면서 "국제 테러단체들이나 극단 무장세력 차단을 위해 이 같은 조치가 이뤄져야 한다"라고 강조했다. 발레리 멜니코프, "푸틴, 극동 및 북극 러 국경 지역 경비 강화 촉구"(Sputnik Korea, 2017. 2. 16., 검색일: 2017. 2. 26.) 참조.

인 모니터링을 통해 북극해의 변화를 탐구하고 우리의 대응방안을 모색해 나가야 할 것이다.

6장
쿠릴 열도의 전략적 가치와 군사력 강화[1)]

1. 개관

2015년 12월, 일본의 아베 총리가 러시아를 방문하여 북방 4개 도서(러시아는 쿠릴 열도로 호칭[2)])의 영유권 문제에 대해 러시아 측과 논의한다는 기사가 언론에 보도되었다.[3)] 현재 쿠릴 열도는 러시아가 실효적 지배를 하고 있음에도 불구하고 아베 총리가 러시아를 방문하는 것에는 어떤 속내가 있는 것일까? 독도를 일본의 영토로 주장하는 의도의 연장선 상에 있는 것일까? 러시아는 이러한 아베 총리의 방문을 수용한 것일까? 중·일 간의 센카쿠 열도(중국명: 댜오위다오) 영유권 주장의 문제가 동북아 정세의 판도를 좌지우지하고 있는 이러한 시점에 쿠

---

1) 이 글은 충남대 한국해양안보포럼 E-저널 2015년 12월호에 기고한 글을 수정·보완한 내용임.

2) 일본에서는 주로 '북방 4개 도서'라는 용어를 사용하는 반면, 러시아는 '남쿠릴 열도'라는 표현을 사용한다. 본 장에서는 러시아가 실효적 지배국가인 점을 고려하여 '남쿠릴 열도' 또는 '쿠릴 열도'라는 용어를 사용한다.

3) 김현태, "日 집권당 부총재 내달 러시아 방문… 영토분쟁 논의", 『연합뉴스』(http://www.yna.co.kr, 2015. 12. 20., 검색일: 2015. 12. 20.).

릴 열도의 새로운 문제 제기로 관심이 집중되고 있다.

일본은 북방 4개 도서에 대해서 조속히 해결해야 될 외교·안보 사안으로 정의하고 있다.[4] 이러한 맥락에서 2012년 당시 일본 관방장관(스가)이 1월 10일 북방 4개 도서에 대한 영유권을 주장하자 러시아 외무부는 이 도서에 대한 입장을 명백히 표명한다. 그해 7월 당시 메드베데프 러시아 대통령과 경제·국방 분야 인사들이 쿠릴 열도 남부 4개 섬을 방문한 이후[5] 격화된 러-일 간 외교 갈등이 군사 분쟁으로 확대될 가능성을 내포하고 있고, 현재까지 그러한 갈등 양상은 계속 이어져 오고 있다.

최근 들어서 쿠릴 열도에 대한 문제가 단순히 러-일 간의 해양영토 분쟁의 수준을 넘어서 거론되고 있다. 따라서 본 연구에서는 쿠릴 열도의 역사적 배경과 전략적 가치, 이 지역에서의 최근 러시아의 전력증강 동향, 향후 러-일 양국 간 쿠릴 열도와 관련한 외교갈등이 군사분쟁으로 확대될 가능성은 있는지와 한반도의 안보에 미치는 영향력에 대해 전망해 보려 한다.

---

4) 일본은 방위백서에 '북방 4개 도서' 문제가 빠른 시기에 해결되기를 희망한다고 적고 있다. 인터넷 영문판 2015년 일본 방위백서, Part I. Security Environments Surrounding Japan, Chapter 4. Russia, http://www.mod.go.jp/e/publ/w_pa\-per/2015.html(검색일: 2015. 12. 20.)

5) 쿠릴 열도 남부 4개 섬과 관련하여 양국 간 첨예한 입장 차이는 '러일 평화협정' 체결의 걸림돌로 작용하고 있다. 러시아는 쿠릴 열도의 일부에 대해 2차 세계대전 승전의 전리품으로 반환 불가를 주장하고 있고, 일본은 역사적으로 자국의 고유 영토로서 즉각 반환을 요구하고 있다.

2. 남쿠릴 열도 4개 섬의 역사적 배경

러·일 간의 쿠릴 열도에 대한 영유권은 100년간 4차례나 바뀌었다(〈표 6-1〉).[6] 러시아는 현재 실효적 지배 중이다. 과거 역사를 거슬러 올라가면, 1855년에 쿠릴 열도 4개 섬을 일본령으로 확정하는 '러-일 통상우호조약'이 체결되고, 1875년에는 일본이 사할린을 포기하는 대신 쿠릴 열도 전체를 일본령으로 하는 '쿠릴-사할린 교환조약'을 체결한다. 일본의 쿠릴 열도에 대한 영유권 주장은 1905년 러시아가 러일 전쟁에서 패배하자, 러시아가 사할린 남부를 일본에 할양하는 '쿠릴-사할린 교환조약'을 폐기하고 쿠릴 열도가 일본의 영토임을 선포함으로써 시작하게 된다. 일본이 그토록 쿠릴 열도가 일본의 영토임을 주장하고 영유권을 얻으려 하는 근원이 여기서 출발하지 않았나 생각해 본다.

이러한 역사도 잠시, 1945년이 되자 제2차 세계대전이 종전되고 쿠릴 열도를 소련이 점령하게 된다.[7] 1951년에는 '샌프란시스코 강화조약'[8] 체결을 계기로 일본은 쿠릴 열도에 대한 권리를 완전히 포기하게 된다. 그러나 이후 일본은 지속적으로 남쿠릴 열도는 쿠릴 열도에 포함되지 않는다는 이유로 이를 일본 고유의 북방영토라고 주장하고 있다.

---

6) 이용권, "러일 영토분쟁", 진창수 편, 『동북아 영토분쟁과 일본의 외교 정책』 제4장(서울: 세종연구소, 2008), p. 151.

7) 미국은 미군 단독으로 일본 본토 점령 시에는 50만 명 이상의 희생자가 발생할 것이라고 예측하면서, 소련에 쿠릴 열도에 대한 소유권을 인정하면서 대일 전선 참전을 유도했다고 한다. 임경한 외, 『21세기 동북아 해양전략: 갈등과 협력의 딜레마』(서울: 북코리아, 2015), p. 304.

8) 샌프란시스코 강화조약(1951. 9. 8.): 제2차 세계대전 종결 처리를 위해 일본과 연합국 간 맺은 평화조약으로 "일본의 쿠릴 열도 및 인접 군도에 대한 모든 권리 포기"를 명시. 일본은 "남쿠릴 열도는 쿠릴 열도에 미포함되며 일본 고유의 북방영토"라고 주장.

〈표 6-1〉 사할린 및 쿠릴 열도에 대한 영유권 변화

구분	발생 요인	점유지 및 점유국		특이 사항
1855년 러 · 일 통상 및 국경 조약	통상조약 체결을 위한 러시아의 노력	남쿠릴 열도	일본	사할린 공동 소유
		우루프 섬 이북 쿠릴 열도	러시아	
1875년 쿠릴 열도와 사할린 교환	국제정세 변화에 따른 러시아와 일본 정부의 선택	쿠릴 열도 전체	일본	
		사할린 섬 전체	러시아	
1905년 포츠머스 조약	러일 전쟁 결과	쿠릴 열도 전체 남부 사할린	일본	사할린 섬 (북위 50도 기준)
		북부 사할린	러시아	
1951년 샌프란시스코 조약	2차 세계대전 종결	쿠릴 열도 전체 사할린 섬 전체	러시아	

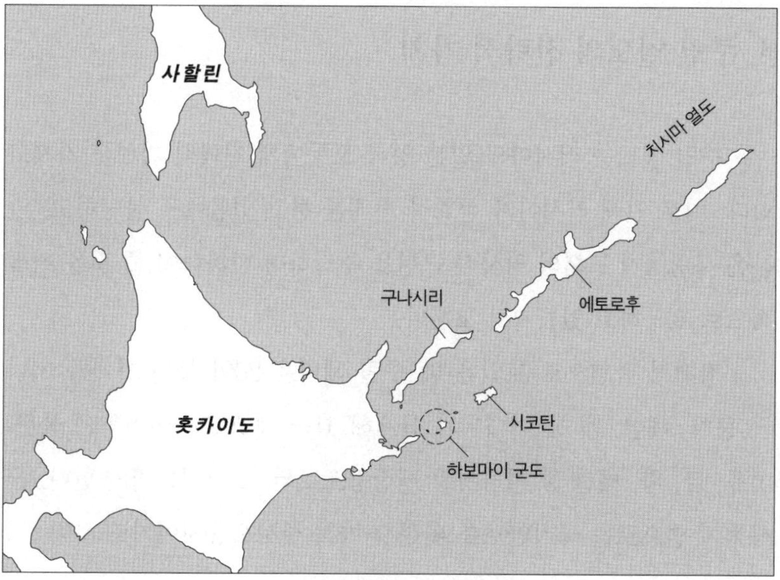

〈그림 6-1〉 남쿠릴 열도 현황

양국은 오늘까지 입장을 달리하고 있는데, 국제법상으로 러시아는 제2차 세계대전 승리의 대가로 쿠릴 열도를 받아 '샌프란시스코 강화조약'으로 남쿠릴 열도에 편입되었다고 주장하는 데 반해, 일본은 당시 러시아가 강점하였고, 남쿠릴 열도는 '샌프란시스코 강화조약'에 적용되지 않았다고 주장하며 일본 고유의 북방영토라고 말하고 있다. 실효적 지배[9]를 하고 있는 러시아는 대통령과 정부 주요 인사들의 방문을 통해 자국의 영토임을 보여 주고 있다. 최근 행정권 행사와 군사력 배치는 이와 무관하지 않다. 이에 반해 일본은 소극적인 대응으로 맞서고 있다.

3. 쿠릴 열도의 전략적 가치

쿠릴 열도는 러시아와 일본 양국 모두에게 전략적 가치를 가지고 있다. 이로 인해 러시아가 실효적 지배를 하고 있음에도 불구하고, 일본은 북방 4개 도서의 역사적 근원을 주장하며 반환하여 줄 것을 지속적으로 요구하고 있는지도 모른다.

경제적 측면으로 보았을 때 쿠릴 해역은 20억 불의 가치를 지니는 꽁치, 해삼, 게 등 어패류가 산재해 있는 세계 3대 어장임은 물론, 석유, 금, 황, 메탄 등 지하자원 매장량으로써 그 가치를 입증한다. 군사적 측면으로는 국가안보를 위한 전략적 군사요충지이기도 하다. 러

9) 러시아가 실효적 지배를 하고 있다는 것은 최근 정치적·외교적·경제적·군사적 조치의 모습을 보면 알 수 있다.

시아 블라디보스토크(의미: 동방의 지배)에 위치한 태평양함대사령부 소속의 전함 및 전략핵잠수함의 태평양으로의 안전한 출구를 확보하고 오호츠크 해로 진입하는 외국 선박을 통제하는 최전방·최일선의 관문으로서 역할을 수행한다. 역사적으로 보더라도 제1차·제2차 세계대전 시에 러시아의 전함들은 일본의 북방에 위치한 소야 해협(홋카이도-쿠나시르)은 러시아가 태평양으로 진출하기 위한 주요 해상교통로이기도 하였다. 반대로 생각해 보면 일본은 유사시 러시아의 전함과 전략핵잠수함의 주 이동 교통로를 완전히 봉쇄할 수 있다.

경제적·군사적 측면보다 항상 우선시되는 것은 사회·정치적 입장으로, 이를 고려하지 않을 수 없다. 국민들은 역사적 진실을 알고 싶어 하고 이러한 진실은 결국 국민들의 자긍심으로 나타난다. 역사적으로 보면 러시아에게 러일 전쟁의 패배는 큰 수치심을 가져다주었다. 그러나 러일 전쟁으로 상실했던 영토를 재확보했다는 자체만으로도 대일 자신감을 고양할 수 있었다. 반대로 일본이 북방영토를 확보할 수 있다면 제2차 세계대전 패전 이후 바닥으로 떨어진 일본 국민의 명예를 회복하게 해 줄 수 있다.

최근 이 지역이 새로운 전략적 가치로 급부상하고 있다. 북극해에서의 급속한 해빙으로 인해 2030년이 되면 1년 365일 회항이 가능해지고, 이 지역의 자원개발과 북극해 항로 개척에 북극해 주변국은 물론 아시아 국가들(중국, 일본, 한국 등)의 관심이 증대되고 있다. 또한, 안보전략적 이해관계가 집중됨에 따라 동아시아로 이어지는 북극해의 북동항로가 개척되면 베링 해-오호츠크 해-동해로 이어지는 항로의 길목에 위치한 쿠릴 열도의 가치 증대는 명약관화(明若觀火)하다.

세계 안보의 도화선은 미국의 아태 지역 중시정책과, 중국의 1

도련선에 이어 2도련선까지 확대를 목표로 증강되는 중국의 해군력과 충돌하는 핵심 해역, 즉 국제적 이슈의 중심에 있는 남중국해에 집중되어 있는 듯하다. 그렇다면 새로운 도화선은 어디일까? 잠시 아시아-태평양으로 눈을 돌리게 되면 해상교통로의 이동로 상에 위치한 쿠릴 열도를 예의 주시할 수 있다. 러-일 간의 영유권 분쟁으로 떠오르는 지역이기도 하지만, 미·중을 견제하기 위한 러시아 태평양함대 사령부의 관문으로 생각해 볼 때 쿠릴 열도의 가치는 극대화되고 있다고 할 수 있다.

4. 쿠릴 열도를 둘러싼 영유권 분쟁

쿠릴 열도의 영유권 분쟁은 이미 역사를 통해 나타난다. 러·일 양국은 나름대로 상이한 입장 차이를 보이고 있다. 러시아는 쿠릴 열도가 국제법적으로 제2차 세계대전 전승의 대가이고, '샌프란시스코 강화조약'으로 남쿠릴 열도에 편입되었다고 주장하는 데 반해, 일본은 제2차 세계대전 시에 러시아(구 소련)가 강제로 점유하였고, 남쿠릴 열도는 '샌프란시스코 강화조약'에 적용되지 않아 일본의 고유한 북방영토라는 상반된 주장을 한다.[10] 이미 실효적 지배를 하고 있는 러시아는 정부 주요 인사들이 방문을 하고 이 지역에 행정권을 행사하고 군사력을 배치하는 등 실효적 지배를 하고 있음을 국제사회에 보여 주고

10) 일본은 1981년부터 2월 7일을 '북방영토의 날'로 지정하여 북방 4개 도서에 대한 반환 의지를 보이고 있다. 대한민국 외교부, 『2015 일본개황』, p. 73 참조.

있다. 이러한 러시아의 행보에 일본은 이렇다 할 대응을 하지 못하고 있다. 미국은 일본의 입장을 지지하고는 있지만,[11] 러시아의 실효적 지배에 관련해 아무런 도움이 되지 못하는 실정이다.

2011년도와 2012년도에 러시아와 일본 간 쿠릴 열도를 둘러싼 갈등이 증대되는 계기가 있었다. 메드베데프 전 러시아 대통령이 2010년 11월 쿠나시르를 방문한 것에 대해 당시 나오토 일본 총리는 2011년 2월에 "용인할 수 없는 폭거"라고 비난하고 나선다. 이에 아랑곳하지 않고 2011년 2월 9일 메드베데프는 쿠릴 열도에 최신 무기를 추가 배치하고 조직을 재정비할 것을 지시한다. 2012년 러시아 대통령 선거에서 승리한 당시 푸틴 총리가 쿠릴 열도 2개 섬을 일본에 반환하는 제안을 하였지만, 일본 노다 요시히코 총리가 2개 섬만을 반환받는 것으로는 안 된다는 확고한 입장을 밝힘으로써 무산된다.[12]

2012년 6월에 미-일 외교 국방장관 회담이 끝난 후 발표한 공동선언문에 쿠릴 열도 문제를 언급한 것에 대해 러시아 외무부는 미국 입장을 비난하고 나선다. 평화조약 체결은 러-일 양자 간의 문제이기 때문에 어떠한 방법으로든 외부의 개입은 양국 간 민감한 현안을 해결하기 위한 대화를 진행함에 있어 긍정적인 분위기를 조성하지 못하고 오히려 문제를 야기할 수 있다고 비난한 것이다.

11) 러시아가 2011년 6월 23일 일본과 영토 분쟁의 대상이 되고 있는 쿠릴 열도(일본명: 북방영토) 문제와 관련하여 일본의 입장을 지지한 미국을 강하게 비판하고 나섰다. 유철종, "러, 쿠릴 열도 분쟁서 日 지지한 미국 비난", 『연합뉴스』(http://www.yna.co.kr, 2011. 6. 23., 검색일: 2015. 12. 28.).

12) 현재 러시아가 실효지배 중인 쿠릴 열도 4개 섬에 적용하면, 4개 섬 중 가장 큰 에토로후 섬의 1/5과 나머지 3개 섬(하보마이 제도, 시코탄 섬, 구나시리 섬)을 일본이 차지하고, 러시아가 에토로후의 4/5를 가지는 방식이 유력하다. 일본 정부는 4개 섬 모두를 반환받아야 한다는 전제 아래 러시아와 외무차관급 반환 협상을 진행하겠다는 공식 방침을 발표한 상태다. http://www.hani.co.kr/arti/international/international_general/585513.html(검색일: 2015. 12. 29.)

2012년 7월에는 러시아가 쿠릴 열도의 사회기반을 정비하는 '쿠릴 열도 사회경제발전 계획'에 따라 남쿠릴 열도를 개발하기 위해 중국인 근로자 10명을 고용한 것에 대해, 일본 정부는 외국인 근로자 고용은 러시아의 관할권을 인정하는 것이기에 수용할 수 없다고 러시아 정부에 항의한다.[13]

5. 쿠릴 열도에서의 러시아의 군사력 증강

남쿠릴 열도에 주둔하고 있는 러시아의 지상군 규모는 동부군관구의 병력 중 약 3,500여 명과 주요 지상군 장비 전차 T-55, 견인포 M-30, 미사일 스트렐라-10 등의 무장이 배치되어 있고, 최근에는 S-300과 S-400 배치를 고려하고 있다.[14] 태평양함대사령부 소속 해군도 이 지역에 전력을 증강배치하고 있다.

2011년 3월 러시아군 총참모부에서는 쿠릴 열도 재무장 프로그램을 발표하였는데, 발표 내용에는 포병사단을 자주포병여단으로 개편하고 로켓여단을 추가 배치하고 S-400 등 최신 방공미사일을 배치할 것과 에토로후 섬에 공격 헬기를 추가 배치 및 시코탄 섬에 공군 지휘소를 설치할 것을 발표하였다.[15] 러 대통령은 2012년 9월 쿠릴 열도에 최신 무기 추가 배치와 조직 재정비 지시에 관한 '쿠릴 열도 전력

13) 김종현, "러, 중 근로자 고용해 쿠릴 열도 개발", 『연합뉴스』(2011. 7. 28.).

14) 드리트리 리톱긴, "대한민국 하늘 지키는 '천궁'엔 러시아 피가 흐른다", 『RUSSIA포커스』(2013. 9. 5., http://www.russiafocus.co.kr, 검색일: 2015. 12. 28.).

15) "러, 쿠릴 열도에 최신 방공 미사일 배치할 것", SBS SNBC(http://sbscnbc.sbs.co.kr, 검색일: 2015. 12. 29.).

증강 계획'을 발표하였다. 이어 러시아 국방부는 그해 5월 쿠나시르와 에토로후 섬에 이동식 대함미사일, 이동용 전략핵무기 토플-M 방공 미사일 시스템, Mi-28 대전차 공격헬기 등 최신예 무기를 배치하는 군사 요새화 계획안을 마련한다. 당시 마카로프 총참모장은 2015년까지 주둔부대가 최신 무기를 갖춰 완전히 새로운 부대로 바뀌고 전투력도 몇 배 향상될 것임을 언급하였다.

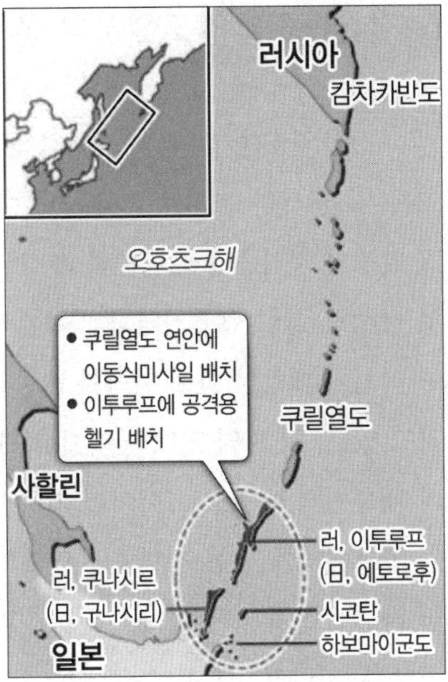

〈그림 6-2〉 남쿠릴 군사력 증강 현황[16)]

러시아는 상륙함 전력 증강 계획 안에 프랑스제 미스트랄 강습 상륙함 4척 도입을 추진하는데 이 중 1번 함을 블라디보스토크 함으로 명명하고 러시아 태평양함대사령부 전력으로 배치할 것을 추진했었다. 쿠릴 열도에서의 안보 강화 차원으로 해석하고 올해 배치를 예상했었으나, 서방의 대(對)러시아 경제제재로 인해 러시아로의 도입은 무산되었다. 배치가 되었다면 쿠릴 열도뿐만 아니라 아태 지역의 안보에 새로운 전환점을 맞이하였을 것으로 추정된다.

16) 강태호, "러시아의 해양정책과 베링 해·쿠릴 열도 미일 분쟁", 『한겨레신문』(2015. 11. 19.).

6. 결론: 쿠릴 열도에서의 군사분쟁 가능성과 함의

쿠릴 열도는 전략적·경제적 군사요충지로서 양국 간 치열한 외교전 및 군사적 조치로 역내 긴장이 고조되고 있다. 이미 시작된 쿠릴 열도의 전력증강을 단순히 러·일 간 쿠릴 열도 영유권 분쟁 차원으로 해석하기에는 이 지역의 기류가 심상치 않다. 영토분쟁 차원을 넘어 러시아 태평양 함대 전력의 해상교통로 확보라는 전략적 의미를 가지고 있고, 이 지역에 대한 러시아 전력 증강이 더욱 구체화될 시 일본의 대응전력 증강으로 이어질 가능성이 내재되어 있다. 미국 또한 미일 안보체제를 중심으로 쿠릴 열도의 영유권 분쟁에 간접적으로 개입할 가능성을 열어 놓고 있다. 중국 또한 북극해 개발과 북동항로와 관련된 동 지역의 영토분쟁을 예의 주시하고 있다.

러시아가 쿠릴 열도에서의 실효적 지배를 명분으로 이 지역에서의 군사력 증강을 지속하면 지금보다 러·일 간 갈등은 더욱 증대될 것이고, 일본의 우익세력들은 이것을 빌미로 여론을 형성하여 일본의 해군력 증강에 힘을 실을 것이다. 또한 영토분쟁에서 수세에 밀려 있는 일본은 역내 러시아 해군력을 견제하려는 미국을 적극 활용하여 미·일 동맹을 통해 러시아를 견제할 것이다. 쿠릴 열도의 영유권 분쟁은 역내 지역안보 문제와 연계되어 있음을 의심치 않는다. 러시아의 강력한 군사적 조치에 대한 일본의 군사적 대응 여부는 앞으로 지역안보의 중요한 변수로 작용할 것이다.

쿠릴 열도 주변 해역은 수심이 깊어서 잠수함 작전이 용이하고 러시아 태평양함대사령부의 전력이 태평양으로 향하는 관문임은 의심의 여지가 없다. 특히, 우리의 어선이 북태평양으로 나가는 통로이면서 해상교통로의 초크 포인트가 되기도 한다. 따라서 우리의 해양안보를 생각하며 러·일 간의 쿠릴 열도 분쟁에 대해 지속적으로 관심을 가지고, 우리에게 미치는 영향력을 분석해야 할 것이다.

7장

냉전기 미국의 전략대잠전 연구: 美 해군의 구소련 SSBN 대응작전[1)]

1. 서론

북한 김정은 정권은 잠수함발사탄도미사일(SLBM) 개발에 박차를 가하고 있다. 2015년 5월 잠수함에서 북극성 1호를 최초 시험 발사했으며, 이어 2016년 4월과 7월에 두 번째와 세 번째 발사 시험을 강행했다.[2)] 아직까지는 북한의 SLBM 능력에 대한 정확한 평가는 되지 않은 상황이다. 다만, 현재 진행되고 있는 북한의 SLBM 발사 개소는 신포 조선소에 위치한 고래급 잠수함이라는 것, 그리고, 북극성 미사일(미국에 의해 KN-11로 명명)은 액체연료 추진방식으로 구소련의 R-27 계

---

1) 본 연구는 저자들의 개인적인 견해로서 저자들이 속한 기관의 공식적인 의견이 아님을 밝혀 둔다.

2) Richard D. Fisher Jr., "North Korea announces third SLBM launch," *Jane's Defence Weekly*(April 29, 2016). 참고로, 북한은 잠수함발사탄도미사일인 북극성 1호뿐 아니라, 2017년 2월 11일에는 동일한 미사일이지만 고체연료를 이용하고 육상에서 운용하는 북극성 2호를 동해로 시험발사하였다. 북극성 2호는 이동형 발사대인 TEL(Transporter, Erector, and Launcher)에서 발사한 것으로 평가되었다. Joseph S. Bermudez Jr., "Finding the Real Site for the Pukguksong-2 Launch," 38 North(February 17, 2017).

열로 추정하고 있다는 정도이다.[3] 그러나 8월 24일 시험발사에서는 SLBM을 고도 500km까지 상승시켜 기술적 진전을 보게 되었다.

잠수함의 은밀성에 더해 수중에서 발사되는 잠수함발사탄도미사일은 예측하기도 어려울뿐더러, 이를 탐지하고 요격하는 등의 조치는 기술적으로도 매우 힘들다. 따라서 위협에 대한 대응방안 수립도 결코 쉬운 문제가 아니다. 수중에서 발사된 북한의 SLBM이 기습적으로 한국의 주요 시설을 타격할 수 있다는 것은 한국으로서는 감내할 수 없는 안보위협이다. 하지만, 무엇보다도 우리에게(안보 전문가이건 일반 독자이건) 북한의 SLBM이 더 큰 중압감으로 다가오는 이유는 생소한 주제이고, 그만큼 관련 지식이 적다는 요인도 있을 것이다.

이에 저자들은 북한의 SLBM 운용에 대한 예상과 이에 대한 대응방안 도출에 도움이 될 만한 사례를 찾아 제시하려 한다. 냉전기 미국과 소련의 경우가 좋은 사례가 될 수 있다. 미국과 소련은 본격적인 냉전이 시작된 1950년대 이후부터 SLBM을 운용해 왔다. 냉전 기간 미·소는 핵탄두미사일을 잠수함에 탑재하여 활용했다. 이를 SLBM(잠수함발사탄도미사일)이라고 불렀으며, 이를 운반하는 잠수함은 SSBN(원자력추진전략탄도미사일 잠수함)이라고 호칭했다. 물론 이러한 전력들은 현재까지도 운용되고 있다. 그러나 굳이 본 연구의 범위를 냉전 기간으로 한정한 이유는 현재 한국과 북한이 군사적으로 대치하고 있는 형국과 냉전기 미-소의 군사적 역학관계가 유사하기 때문이다. 아마도, SLBM을 보유한 국가 간에 이렇듯 적-아 관계가 명확한 다른 예를 찾아보기도 힘들 것이다.

---

3) Fisher Jr., "North Korea announces third SLBM launch."; "North Korea's Ballistic Missile Submarine: Probable Post-Missile Test Maintenance; Construction Hall Externally Complete", 38 North(July 20, 2016).

본 연구의 최우선 목적은 냉전기 소련의 잠수함 위협과 미국의 대응을 살펴봄으로써 현재 북한의 위협에 어떻게 대응할 것인가에 대한 기본적인 구상의 틀을 제시하는 데 있다. 따라서 이 장의 본론에서 다룰 초점은 두 가지이다. ① 냉전기 소련의 잠수함전력의 발전 상황에 대한 고찰과, 다음으로 ② 이러한 소련의 잠수함 위협에 대한 미국의 대응과 교훈을 살펴본다.[4)]

첫 번째 초점인 냉전기 소련의 잠수함전력 발전 현황의 고찰을 통해 저자들은 기간 중 소련은 독일 잠수함 기술을 바탕으로 현대적 잠수함전력을 발전시키기 시작하였으며, 냉전 초기에는 경제적 전력운용과 접근거부 전략의 일환으로 잠수함을 우선적으로 건조하였음을 관찰한다. 이후, 1960년대 후반부터 핵전략과 전력투사를 위한 전략잠수함(SSBN) 건설로 초점이 바뀌면서 소련의 SLBM은 미국의 국가안보에 심각한 위협을 주게 되었음을 강조한다.

두 번째 초점인 미국의 대응 및 교훈에서 저자들은 미국의 '전략대잠전'을 소개하며, 미(美) 해군은 전술적 수준의 대잠전 분야를 소련과의 전략적 역학관계에 영향을 미칠 수 있도록 활용하였음을 주장한다. 미국의 전략대잠전의 특징으로서 수중감시체계, 핵추진 공격잠수함, 대잠항공기, 기뢰 등 입체적인 전력을 유기적으로 운용하였음은 물론, 국가급 자산의 지원까지도 받을 정도로 모든 가용 자산을 활용하여 적극적이고 공세적으로 수행하였다는 점도 강조한다.

저자들이 바라보는 연구의 기대효과로서, 냉전기 미국의 전략대

---

4) 이 장은 냉전기 미국의 대응방안 시각에서 작성되었음을 밝혀 둔다. 소련의 입장에서 보면 미국의 잠수함전력도 국가안보에 치명적인 위협이었고, 그에 따라 대잠전 전력과 전술을 발전시켰다. 하지만, 본고의 초점은 소련의 잠수함 위협과 미국의 대응방안이라는 것을 다시 한 번 강조해 둔다.

잠전 분석을 통해 교훈을 도출하고, 북한의 SLBM 위협에 대응방안을 수립하는 데 조금이나마 도움이 될 것을 기대한다. 북한의 SLBM에 대한 대응방안 수립을 위해서는 먼저 북한이 SLBM 잠수함을 어떻게 운용할 것인지에 대한 가정(또는 적 방책)과 분석으로부터 출발한다. 본고에서 다소 많은 분량이지만 심도 있게 다룬 냉전기 소련의 잠수함(SSBN 포함) 운용에 대한 고찰은 미래 북한의 잠수함 위협 양상을 가늠해 볼 수 있는 자료로 활용될 수 있을 것이다. 또한 미국의 전략대잠전(strategic ASW) 사례를 통해 우리의 대응방안 수립을 위한 기본 방향을 제시할 수 있을 것이다.

2. 냉전기 소련 잠수함전력 발전 현황

1) 현대적 개념의 잠수함 건조: 접근거부 전략의 구현

2차 세계대전 직후, 소련이 보유한 잠수함전력은 그리 화려하지 않았다. 2차 대전 동안, 우크라이나와 레닌그라드 같은 해군함정 건조의 중심지가 독일군에게 점령당했던 이유로 잠수함 양산에 문제가 있었던 것은 물론이고, 당시 소련이 건조하던 잠수함 형태는 주로 소형 잠수함들이었다. 예를 들어, 1945년부터 1951년까지 전쟁 기간 전후로 완성된 소련 잠수함은 모두 62척이었는데, 그중 53척이 수중 배수량 350톤에 지나지 않는 Malyutka(XV)급 소형 잠수함이었다.[5)]

세계대전 이후, 죠세프 스탈린(Josef Stalin)은 소련의 함대 및 전력 건설 시설 복구에 많은 노력을 기울였다. 스탈린이 원했던 것은 항공모함, 순양함, 구축함, 잠수함 등 다양한 전력들을 고루 갖춘 큰 규모의 해군이었다. 한편, 당시 잠수함 전문가들 사이에서는 잠수함의 수중작전 능력을 신장시키는 것이 관건이었다. 다시 말해, 더 깊은 수중에서 더욱 빠르게 기동하며 장기간 잠항 작전을 지속할 수 있는 잠수함의 개발을 목표로 했던 것이다. 이때, 좋은 모델이 되었던 것이 독일의 Type XXI급 잠수함이었다.

독일 잠수함인 Type XXI은 냉전 기간 중 소련뿐만 아니라 미국 잠수함 발전의 기원이 되기도 한 의미가 매우 큰 잠수함이다. 따라서 이 독일 잠수함에 대해 짧게나마 언급하고 넘어가는 것이 냉전 기간 중 소련 잠수함전력 발전의 방향을 이해하는 데 도움이 될 것이다. 2차 세계대전 당시 주로 운용되던 잠수함들은 사실 필요시 짧은 시간 동안 '잠항할 수 있는' 수상함에 가까웠다. 예를 들어, 독일이 2차 세계대전 때 운용했던 주 잠수함(U-boat)은 배수량이 770톤밖에 되지 않는 Type VIIC로서, 이는 1차 세계대전 때 운용되던 잠수함들의 성능과 많은 차이가 없었다. Type VIIC의 잠항 최고 속력은 7.5노트(kts)였으며, 잠항했을 때 순항 거리는 속력 4kts일 때 80해리(NM)가 고작이었다.[6] 배터리의 용량도 작아서 잠항 가능 시간도 매우 제한적이었으며, 배터리 충전을 위해서는 완전히 부상해서 디젤 엔진을 작동해야 했다. 2차 대전을 치르는 동안 이러한 U-boat의 제한점이 부각되었으며, 특히 잠수함의 잠항 능력을 강요했던 것은 연합군 전력의 수상 레이더였다. 연합군의 수상함과 항공기에서 레이더를 적극적으로 운용

---

5) Norman Polmar and Kenneth J. Moore, *Cold War Submarines: The Design and Construction of U. S. and Soviet Submarines*(Washington D. C.: Potomac Books, Inc., 2004), p. 23.

6) Ibid., p. 2.

함에 따라 수상에서의(주간과 야간 모두) 잠수함 행동의 자유가 제한되고 그만큼 잠수함의 효과가 떨어지게 된 것이다.

한편, 1930년대 중반, 독일 공학자인 헬무트 발터(Helmuth Walter)는 과산화수소(hydrogen-peroxide)를 이용한 공기불요추진(AIP)체계 등을 포함한 잠수함의 수중 작전 성능을 개선하기 위한 제안을 하고 시험에 착수하였었다. 2차 대전에서 U-boat의 제한적인 능력을 절감하던 되니츠 제독은 이러한 발터의 혁신적인 잠수함을 바로 전쟁에 투입할 수 있을지 여부를 검토했고, 결과는 아직 준비가 부족했던 것으로 판명되었다. 하지만, 개선된 성능의 잠수함을 급조하기 위해 유선형 선체와 배터리의 수를 2배로 늘리는 등 발터의 아이디어가 부분적으로 채택되었고, 이른바 '전기' 유보트('electro' U-boat)가 탄생하게 된 것이다.[7] 게다가 발터가 제안한 스노클 체계도 추가되어 잠수함의 수중 작전 능력의 급격한 성장을 기록하게 된다. 예를 들어, 수중 항속 거리가 6노트 기준 280해리로 기존 유보트와 비교하여 2배 이상이 늘어났고, 디자인 측면에서도 유선형 함교탑을 설치하고, 갑판 상의 포대 등 큰 구조물을 제거하여 항적을 최소화하는 등 수상보다는 수중 작전을 위한 특성이 강화되었다. 이렇게 해서 탄생한 것이 Type XXI 유보트이고, 1944년에 시제함이 건조된 후 1946년에야 비로소 전력화가 되었다. 연합군의 폭격, 재원 부족 등으로 대량 건조가 지연되었고, 전력화될 무렵 이미 전쟁은 마무리 단계였으므로 2차 세계대전에서 그 능력을 제대로 보여 주지는 못했다.

소련이 Type XXI 유보트를 획득하게 된 것은 2차 세계대전이 끝난 후 포츠담 협의(Potsdam Agreement)에 따라 승전국인 미국, 영국, 소련

7) Norman Polmar and Kenneth J. Moore(2004), p. 3.

이 전리품을 분배하는 과정에서였는데, 각 국가별로 완성된 독일 잠수함 10척씩을 나누어 갖게 된다. 이때, 소련에게 할당된 10척의 잠수함 중 4척이 Type XXI 유보트였다.[8] Type XXI는 그 당시 소련이나 미국 모두에게 혁신적인 잠수함 개념이었던 만큼, 2차 대전이 끝난 후 유일한 강대국이었던 두 국가 모두 이 새로운 잠수함을 모델로 자국의 잠수함전력을 발전시켜 나가기 시작한다. 예를 들어, 미국은 이 독일 모델을 기반으로 Tang급, K-1급, 그리고 GUPPY(Greater Underwater Propulsive Power) 프로그램 잠수함을 발전시켰고, 소련은 W급으로 알려진 Project 613 디젤-전기 추진 잠수함을 개발했다. 특히, W급 잠수함은 다른 국가로 수출도 하고, 다른 디자인의 기반이 되기도 한 소련 디젤 잠수함전력에 한 획을 그은 매우 중요한 모델로 여겨진다. 흥미롭게도 소련과 미국은 냉전 기간의 두 강대국으로서 현대적 개념의 잠수함 개발은 같은 뿌리에서 시작했지만, 결국 매우 다른 구조와 특징을 갖는 잠수함전력을 발전시켜 왔다.[9]

냉전 시기의 두 경쟁 국가였던 소련과 미국의 해군력 증강 현황을 살펴보면 재미있는 사실을 발견할 수 있다. 소련은 미국에 비해 훨씬 더 많은 노력과 재원을 잠수함전력 증강에 투입했다는 것이다.[10] 〈표 7-1〉은 이러한 차이를 간략히 요약하여 보여 준다. 물론, 2차 세계대전 시기에도 소련(62척)은 미국(23척)에 비해 많은 잠수함을 보유하

8) Norman Polmar and Kenneth J. Moore(2004), p. 13. 당시 각 국가에게 분배된 Type XXI 유보트의 현황은 다음과 같다. 영국: U-2518, U-3017, 소련: U-2529, U-3035, U-3041, U-3515, 미국: U-2513, U-3008.

9) 어떤 요소들이 소련과 미국의 상이한 잠수함전력 발전을 가져왔는지에 대한 분석도 매우 흥미로운 연구주제이지만, 본 장의 연구주제의 범위를 벗어나므로 더 깊은 논의는 하지 않기로 한다.

10) Ibid., p. xii.

〈표 7-1〉 냉전체제 잠수함 건조 현황*

	미국	소련
• 2차 세계대전 잠수함 건조 사업(1945-1951)		
디젤-전기 추진	23	61
폐쇄회로	–	1**
총계	23	62
• 냉전 중 잠수함 건조 사업(1945-1991)		
디젤-전기 추진	21	399
폐쇄회로	–	31
핵추진	170	231
총계	191	661

* 여기에는 2척의 소련 소형 잠수정(프로젝트 865)과 미국 소형 잠수정(X-1)이 포함되어 있지 않으며, 외국으로 수출된 잠수함들도 포함되어 있지 않다.
** 95 사업(project 95) 폐쇄회로 추진 잠수함.
출처: Norman Polmar and Kenneth J. Moore, *Cold War Submarines: The Design and Construction of U. S. and Soviet Submarines*(Washington D. C.: Potomac Books, Inc., 2004), p. xii.

고 있었다. 하지만, 그 차이는 냉전 기간 중 더욱더 벌어진다. 냉전이 종료되어 가던 시점인 1991년 당시 미국은 디젤-전기추진과 핵추진을 포함하여 191척의 잠수함을 보유하고 있던 반면, 소련의 보유 척수는 무려 661척이었다.

냉전 기간 중 잠수함을 강조했던 소련의 해군력 건설 방향은 〈표 7-2〉를 보면 비교적 쉽게 알 수 있다. 구축함이나 호위함과 같은 주요 수상전투함 전력은 감소하거나 유지되는 추세인 데 반해, 잠수함전력은 계속해서 증가하고 있다. 특히, 50년대에서 60년대로 넘어가는 시기에 잠수함의 집중 건조가 있었음을 알 수 있다. 재미있는 현상은 같은 시기 미국의 해군전력 현황이다. 소련이 잠수함을 집중 건조할 때, 미국 해군은 좀 더 균형 잡힌 해군전력을 키우고 있었다. 오히려 수상함 전력에 치우친 경향마저 보인다. 예를 들어, 1961년만 보더라도 미

〈표 7-2〉 소련의 해군전력 증강 현황[11]

	1961	1966	1971	1975
순양함	25	20	28	33
구축함	165	110	100	103
호위함	275	100	130	109
소해함	900	300	320	312
어뢰정	500	350	325	317
상륙함(정)	120	200	200	153
잠수함(디젤)	**424**	**340**	**318**	**268**
잠수함(핵)	**6**	**40**	**83**	**120**

출처: *Jane's Fighting Ships*

국은 항공모함 27척, 상륙돌격함(헬기 항모) 15척, 전함 8척, 순양함 47척, 구축함 360척 등을 보유하였으며 수상함 전력이 소련의 그것에 비해 월등함을 알 수 있다.[12] 그렇다면, 왜 소련은 냉전체제의 양극을 이루던 미국의 경쟁국가로서 그에 상응하는 해군력 건설을 하지 않고 오히려 잠수함전력에 집중했던 것인가?

그것은 바로 미 해군의 위협에 대한 소련 해군의 '전략적'인 상황에서의 최선의 대응책이었기 때문이다. 데이비드 레이크와 로버트 파월(David Lake and Robert Powell)은 '전략적(strategic)'이란 표현을 상대방의 선택이나 결정이 나의 결정에 영향을 미치는 상황으로 정의한다.[13] 당

11) 본 테이블은 필자가 다음의 문헌을 참고하여 재구성하였다. Raymond V. B. Blackman ed., *Jane's Fighting Ships 1961-62*(New York: The McGraw-Hill Book Company, Inc., 1961). Raymond V. B. Blackman ed., *Jane's Fighting Ships 1966-67*(New York: Netherwood Dalton & Co. Ltd., 1966). Raymond V. B. Blackman ed., *Jane's Fighting Ships 1971-72*(London: Jane's Yearbooks, 1971). Captain John Moore ed., *Jane's Fighting Ships 1975-76*(New York: Jane's Yearbooks, 1975).

12) Raymond V.B. Blackman ed.(1961), p. 298.

13) David A. Lake and Robert Powell, *Strategic Choice and International Relations*(Princeton:

시 미국의 선택은 전 세계 대양을 누비며 막강한 화력을 창출할 수 있는 항공모함을 주축으로 하는 전력 투사(power projection) 능력이었다. 이러한 전력 투사를 할 수 있는 전력으로는 헬기 작전을 지원할 수 있는 상륙 돌격함, 지상으로의 함포 지원을 할 수 있는 순양함, 구축함 등의 대형 전투함정과 지상 표적을 공격할 수 있는 핵추진 잠수함도 포함되었다. 경쟁국인 미국의 이러한 전력투사 능력은 당시 소련에게 치명적인 안보위협으로 작용했고, 그 위협에 가장 경제적이고 효과적인 대응으로서 잠수함전력을 택했던 것이다.

필자들만이 이러한 견해를 갖는 것이 아니다. 예를 들어, 마이클 맥과이어(Michael MccGwire)는 2차 대전 이후 잠수함 위주의 소련 해군 전력 건설 방향은 서양 국가들의 위협에 대응하여 국가안보를 지키기 위한 비용 대 효과를 고려한 결정이었다고 주장한다.[14] 그는 또한 흐루시초프가 잠수함전력을 강조한 것은 미국 항공모함을 중심으로 하는 수상 및 항공 위협을 고려하면 매우 합리적인 선택이었다고 주장한다.[15] 실제로 냉전 초기 소련 해군력 방향 선택의 중심에는 흐루시초프가 있었다. 1953년 스탈린이 사망하자, 흐루시초프의 지시로 많은 수상함 전력 건설이 취소되었다. 예를 들어, 스탈린그라드(Stalingrad)급 순양함 건조 계획과 항모 건조 계획이 취소되었고, 스베르드로프급 순양함 계획과 기타 구축함 계획은 축소되었다.[16]

흐루시초프는 일반 수상함이나 항공기와 같은 재래식 전력은 '지

Princeton University Press, 1999), p. 8.

14) Michael MccGwire, "The Turning Points in Soviet Naval Policy," in Michael MccGwire ed., *Soviet Naval Developments: Capability and Context*(New York: Praeger Publishers, 1973), p. 206.

15) Ibid., p. 191.

16) Polmar and Moore(2004), p. 83.

나간 시대의' 무기체계라고 여겼다.[17] 따라서, 1957년부터 대함유도탄, 대륙간탄도미사일, 잠수함전력을 강조하는 전력 건설이 시작되었다. 특히, 흐루시초프는 잠수함을 미래전에서 가장 위력을 보일 무기체계라고 믿었다. 다음 인용 단락은 이러한 흐루시초프의 신념을 잘 보여 준다.

Aircraft carriers, of course, are the second most effective weapon in a modern navy. The Americans had a mighty carrier fleet—no one could deny that. I'll admit I felt a nagging desire to have some in our own navy, but we couldn't afford to build them. They were simply beyond our means. Besides, with a strong submarine force, we felt able to sink the American carriers if it came to war. In other words, submarines represented an effective defensive capability as well as reliable means of launching a missile counterattack.[18]

번역: 항공모함은, 물론, 현대 해군에서 두 번째로 효과적인 무기이다. 미국은 강력한 항공모함 함대를 보유하고 있다—누구도 이 사실에는 이견이 없다. 나 자신도 그런 항공모함 몇 척을 보유하고 싶은 강한 욕망이 있었음을 인정한다. 하지만, 우리(소련)는 항공모함을 감당할 수 없다. 우리가 가진 재원으로는 항공모함을 운용할 수 없다. 게다가, 강력한 잠수함 부대를 보유한다면, 전쟁이 일어난다고 해도 우리는 그 잠수함을 이용하여 미국 항공모함을 격침시킬 수 있다는 자신감을 가질 수 있다. 다시 말해서, 잠수

17) George E. Hudson, "Soviet Naval Doctrine, 1953-72," in Michael MccGwire ed., *Soviet Naval Developments: Capability and Context*(New York: Praeger Publishers, 1973), p. 282.

18) Nikita Khrushchev, *Khrushchev Remembers: The Last Testament*(Boston: Little, Brown, 1974), p. 31.

함은 효과적인 방어 능력은 물론이고, 미사일을 이용하여 대응공격을 할 수 있는 믿음직한 수단이다.

요컨대, 결국 소련이 추구했던 해군전략은 접근 거부(access-denial) 전략이었던 것이다. 미군 교리의 정의에 따르면, 접근 거부란 작전 지역에서 적 행동의 자유를 제한하는 활동이나 능력을 일컫는다.[19] 다시 말해, 미국 또는 서방 국가들의 해군력에 맞서 힘의 투사를 하는 것보다는 그들이 소련을 공격하려고 했을 때 그 대가와 희생을 크게 함으로써 억제력을 발휘하게 되는 것이다. 앞서 맥과이어가 주장했듯이, 적은 비용으로 상대방으로 하여금 자기가 치를 대가를 생각해서 자신들을 공격할 수 없게 하는 이러한 전략은 극히 합리적인(rational) 계산에 의한 전략이라고 할 수 있다.

실제로 1950년대 중반부터 60년대까지 소련 해군의 잠수함 건조 패턴을 보면 이러한 접근 거부 전략의 영향이 뚜렷하다. 예를 들어, 이 기간 중 잠수함전력 건설 초점 중 하나는 항공모함과 같은 수상 표적을 공격하기 위한 대함 유도탄 능력이었다. 프로젝트 613이라 불리는 W급 잠수함(1,030톤)은 소련의 대표적인 디젤-전기 추진 잠수함이었는데, 소련 잠수함 역사와 냉전 기간 중 전 세계의 잠수함 중 가장 많은 척수가 계획되고 생산되었을 뿐 아니라 개조되어 초기 유도탄 발사를 위한 전력으로 활약하기도 하였다.[20] Golf급(1,850톤), Zulu급(2,100톤), Juliet급(2,200톤) 유도탄 잠수함들도 건조되었다. 좀 더 큰 배수량을 가진 유도탄 잠수함들도 건조되었는데, 그 예로는 Echo I급

19) U. S. Department of Defense, *Joint Operational Access Concept*(Washington D. C.: Department of Defense, 2012).

20) Polmar and Moore(2004), p. 27.

Whiskey급 잠수함: 유도탄 실린더 2기 장착

Zulu급 유도탄 잠수함

Juliet급 유도탄 잠수함

Echo II급의 유도탄 발사 장면

〈그림 7-1〉 소련의 유도탄 잠수함들

(4,600톤), Echo II급(5,000톤) 등이 있다.[21] 특히, Echo II급 잠수함은 1963년 세계에서 최초로 수상 표적에 대한 유도탄 발사를 (항공기로부터 원거리 표적 정보를 인계받아) 실시한 것으로 알려져 있다.[22]

2) SLBM과 SSBN의 등장: 접근거부에서 전력투사로

소련은 또한 세계 최초로 잠수함발사탄도미사일(SLBM)을 운용하기 시작했다. SLBM은 지상 표적 타격이 가장 큰 목적이었지만, 항공모함과 같은 주요 수상함도 그 공격 대상이 되었다. 최초의 탄도미사

21) Raymond V. B. Blackman ed.(1971), p. 595.

22) Polmar and Moore(2004), p. 97.

일 잠수함 개발(프로젝트 AV611)은 Zulu급 잠수함(수상 배수 톤수 1,890톤)에 R-11FM 미사일 2기를 장착하는 형태로 시작되었으며, 1955년에 착수하여 1959년에 전력화되었다.[23] 이러한 초기 노력은 R-11 미사일보다 사거리가 늘어난 R-13(NATO SS-N-4 Sark) 미사일 3기를 적재하여 운용하는 Golf급(프로젝트 629)으로 이어졌다. 당시의 탄도미사일 발사관은 잠수함의 압력선체 바닥부터 함교탑까지 관통하는 형태로 장착되었으며, 따라서 함교탑을 확장하여 건조할 필요가 있었다. 또한, 탄도미사일 발사 준비를 위해서는 잠수함이 수면 위로 부상해서 미사일을 함교탑 상부까지 노출해야 했으며, 이러한 절차는 많은 시간이 소요되었을 뿐 아니라(약 1시간 30분), 잠수함의 위치를 상대방에게 노출시키고, 게다가 높은 파고 등 해상 상태가 좋지 않을 때는 미사일 발사가 제한되는 등의 많은 제한점들이 따랐다.[24]

수중에서 발사하는 잠수함탄도미사일 운용체계 연구는 1955년에 시작되어 Whiskey급과 Zulu급 잠수함들을 이용하여 시험하였다. 최초 수중발사 성공은 1959년 Zulu급 잠수함인 B-67에서 S4-7(개조된 R-11FM) 미사일을 발사한 사례였는데, 이는 미국이 조지 워싱턴 함에서 폴라리스 미사일을 수중에서 성공적으로 발사한 것보다 약 2개월 뒤진 기록이다.[25] 이후, 핵탄두를 탑재한 R-21 미사일(사거리 1,400km)을 장착할 수 있는 탄도미사일잠수함(SSB)들이 지속적으로 건조되었으며, 여기에 해당되는 잠수함들로는 1960년 초부터 1972년까지 건조된 14척의 Golf급(프로젝트 629A)과 7척의 Hotel급(프로젝트 658M)이 있

23) Polmar and moore(2004), p. 107.

24) Ibid., pp. 107-110.

25) Ibid., p. 110.

USS George Washington: 함미갑판 발사

소련 Zulu급 잠수함: 함교탑 발사

〈그림 7-2〉 미국과 소련의 초기 탄도미사일 탑재 잠수함 미사일 발사 장면

다. 이들은 아직까지 전략적 수준에는 못 미치는 전구(theater)급 자산으로 활용되었다.[26]

전략적 수준의 플랫폼으로 활용하기 위해서는 향상된 핵탄두미사일과 수중기동능력이 필요했다. 사실, SLBM의 가장 큰 장점은 잠수함의 은밀성에서 기인하는 뛰어난 생존성이다. 따라서 이러한 SLBM의 장점은 잠항능력이 제한된 재래식 디젤잠수함에서보다 무제한 잠항능력을 가진 원자력추진 잠수함에 탑재되었을 때 효과가 극대화된다. 즉, 잠수함의 은밀성을 바탕으로 한 생존성으로 핵무기의 제2격 능력(second strike)을 보장하는 것이다. 이러한 이유로 냉전기 미국과 소련은 핵탄두를 장착한 SLBM을 핵추진잠수함에 탑재한 무기체계(Ballistic Missile Nuclear Submarine: SSBN)를 핵전력의 3가지 축(nuclear triad)의 하나로 운용했다.

핵의 3축 전력과 관련하여, 다음 단계 소련의 SLBM 발전을 설명

26) Polmar and moore(2004)

하기 전에, 냉전 시대 핵전략에 대해 간단히 언급하고 넘어가는 것이 도움이 될 듯하다. 핵무기의 등장은 억제전략에 생명을 불어넣었다. 군사전략에서 억제전략은 자주 등장하는 개념이다. 고대 중국의 손자는 싸우지 않고 이기는 것, 즉 억제가 가장 우월하다고 주장하였다. 국제정치에서 주로 정의되는 억제의 의미는 상대방에게 어떤 행동을 했을 때, 이익보다 더 많은 손해를 입을 수 있다는 심리적 압박을 통해서 어떤 행동을 하지 못하도록 막는 것으로 이해된다.[27] 핵무기가 등장하기 전에 이러한 억제는 상대방에게 줄 수 있는 신뢰도(credibility)나 상대방이 보는 시각(perception) 등 여러 가지 변수의 영향이 많이 미치는, 효과가 불확실한 전략이었다.

억제전략은 핵무기의 등장에 따라 강대국 간 확실한 안보전략으로 재정립되었는데, 그 요인 중 하나는 핵무기가 가져올 수 있는 피해, 즉 파괴력이다. 핵무기는 기존 폭약(TNT)과 비교되지 않을 폭발력 때문에 절대무기(absolute weapon)라고 불린다. 현재까지 핵무기를 실전 사용한 유일한 경험이었던 1945년 8월 일본에 대한 원폭 투하의 위력을 보면 쉽게 알 수 있다.[28] 히로시마에 투하된 원자폭탄(우라늄탄, 무게 4.4톤)은 16kt이며, 이는 15kt(표준탄)일 때 TNT(폭약) 15,000톤에 상당한 폭발력을 지닌다고 본다. 또한 핵무기는 핵폭발과 동시에 발생하는 고열과 폭풍으로 건물을 폭파하고 인명을 살상한다. 그리고 이보다 더 두려운 각종 방사성 물질들이 방출되어 낙진 형태로 생명체를 병들게 하고 토양을 오염시켜 결국 인류를 공멸하게 만드는 무서운 무기이다.

---

27) 이와 같은 정의의 예는 다음 문헌을 참조한다. Patrick M. Morgan, *Deterrence: A Conceptual Analysis*(Beverly Hills: Sage Publications, 1977), p. 19.

28) 히로시마 원폭투하의 결과로 78,000명이 사망하고, 10,000명이 실종되었으며, 37,000명이 부상을 입었다. 그리고 히로시마 시의 60%가 파괴되었다고 한다. 노병천, 『도해 세계전사』(서울: 연경문화사, 1997), p. 503.

이러한 핵무기의 절대적인 파괴력 때문에 이는 사용하지 않아야 하고, 상대방도 이러한 파괴력을 알고 있기에 상호 간 핵무기를 사용해야 하는 전쟁 상황을 만들지 말아야 하는 것이다. 이것이 바로 억제(deterrence)가 달성된 상태이다. 만일 핵무기를 사용해야 한다면, 이러한 파괴력 때문에 상대보다 먼저 사용하는 것이 중요하다. 상대방이 핵무기를 가지고 있더라도 기습적으로 핵공격(제1격: first strike)을 가하여 철저하게 파괴해 버리면 자신은 반격을 당하지 않기 때문이다. 이때 나온 개념이 제2격(second strike 또는 strike-back) 개념이다. 이것은 상대방으로부터 먼저 1격을 당하더라도, 생존하여 상대에게 다시 치명적인 핵공격을 가할 수 있어야 한다는 것이다.[29] 상대방이 확실한 제2격 능력을 가지고 있으면, 기습적인 1격을 가하더라도 역공격을 당하므로 억제(핵무기 불사용)가 달성된다는 이론이다.

이러한 핵전략의 개념에 따라 핵 보유국(냉전기는 주로 미국과 소련)들은 적의 1격 핵공격으로부터 생존하여, 상대에게 충분한 2격을 가할 수 있는 수단들을 확보하기 위해 노력했다. 이러한 결실로 나온 것이 핵전력 3축(nuclear triad)을 추구하게 된다. 핵전력 3축은 지상발사 대륙간탄도미사일(ICBM), 전략폭격기(Strategic Bomber), 그리고 잠수함발사 탄도미사일(SLBM)이다.[30] 이러한 3축 전력 중에 생존성 측면에서 가장 월등한 것은 바로 잠수함에서 발사되는 SLBM인 것이다.

소련의 최초 핵추진 탄도미사일 잠수함(SSBN)은 프로젝트 658 또는 K-19으로 알려져 있는 Hotel급 잠수함인데, 그 시제함이 1958년에 건조되기 시작해서 1960년 11월에 취역하였다. 전장 114m, 수상

29) 이때 치명적인 공격이라 함은 적의 인구의 1/3-1/4 및 산업능력의 2/3 정도를 파괴할 수 있는 정도라고 한다. 국방대학교, 『안보관계용어집』(서울: 국방대학교, 2003), p. 117.

30) 권태영 외, 『북한 핵·미사일 위협과 대응』(서울: 북코리아, 2014), p.248.

배수 톤수 4,080톤에 이르는 K-19 핵추진 잠수함은 잦은 장비 문제와 사고 등으로 소련의 전력에 많은 도움을 주지는 못했다. 또한, 1959년 흐루시초프의 지시로 전력구조를 진단하게 되고, 그 결과 전략로켓부대(Strategic Rocket Forces)가 수립되면서 SSBN 생산을 중단하게 되었다. 당시, 전력 건설의 초점이 잠시 SSGN(유도미사일 잠수함)으로 옮겨져 Hotel급 잠수함을 위한 장비들을 Echo Ⅱ급 생산으로 집중시키기도 했다. 하지만, 미국과의 ICBM 경쟁에서 비교적 열세에 몰리고, 또 쿠바 사태를 겪으면서 해양에서 전력 투사를 할 수 있는 능력의 중요성이 부각되면서 SSBN 건조 노력은 다시 시작되게 된다.[31)]

이후, 차세대 핵잠수함이 나오기 시작했는데, 이들은 60년대 초부터 설계 및 건조가 시작되어 60년대 말부터 작전에 투입되게 된다. 다시 생산되기 시작한 소련의 차세대 SSBN의 선두 주자는 프로젝트 667로 알려져 있는 Yankee급 잠수함이다.[32)] 1967년에 작전 배치된 프로젝트 667A/Yankee급 잠수함은 전장 128m, 수상 배수 톤수는 7,760톤이었으며, 함교탑 뒤 후부 갑판에 16개의 수직발사관을 탑재했다. 미 해군의 폴라리스 미사일 발사 수심의 2배가량 되는 수심 50m에서 미사일 발사가 가능했으며, 발사 기동속도는 3-6노트로서 이러한 특성들은 당시의 미 해군 전략잠수함보다 상대적 우위의 성능을 보유했음을 보여 준다. 소련 전략잠수함들은 이러한 무장 발사와 기동 측면의 우위를 유지하면서 1980년대까지 지속적인 발전을 거듭하였다. 〈표 7-3〉은 이후 건조된 소련 전략 잠수함의 종류들을 보여 주고 있다.

---

31) Polmar and Moore(2004), pp. 167-168.

32) 기존 구소련의 SSBN 능력 대비 월등히 신장된 Yankee급이 등장함에 따라 미국은 이를 심각한 위협으로 인식했으며, 신형 Yankee급의 능력을 파악하기 위해 많은 노력을 기울였다. 해군 잠수함 전단 역, 『미·소 냉전기 수중 첩보전』(*Blind Man's Bluff*)(진해: 해군 잠수함 전단, 2006), p. 211-246을 참조할 것.

<표 7-3> 소련의 SSBN 발전 현황

	Project 667 A Yankee	Project 667 B Delta I	Project 667 BD Delta II	Project 667 BDR Delta III	Project 941 (Typhoon)	Project 667 BDRM Delta IV
작전배치	1967년	1972년	1975년	1976년	1981년	1984년
배수량(수상)	7,760톤	8,900톤	10,500톤	10,600톤	23,200톤	11,740톤
(수중)	9,600톤	11,000톤	13,000톤	13,000톤	48,000톤	18,200톤
전장	128m	139m	154.5m	155m	172m	167m
폭	11.7m	11.7m	11.7m	11.7m	23.2m	11.7m
속력(수상)	15kts	15kts	15kts	14kts	12kts	14kts
(수중)	28kts	26kts	24kts	24kts	25+kts	24kts
탄도미사일	16 R-27	12 R-29	16 R-29	16 R-29R	20 R-39R	16 R-29RM
어뢰발사관						
(함수)	4문	4문	4문	4문	6문	4문
(함미)	2문	2문	2문	2문	-	2문
승조원 정원	120명	120명	135명	130명	160명	135명

출처: Norman Polmar and Kenneth J. Moore, *Cold War Submarines: The Design and Construction of U. S. and Soviet Submarines*(Washington D. C.: Potomac Books, Inc., 2004), pp. 182, 200.

소련이 프로젝트 667A/Yankee급 전략 잠수함을 대서양에 처음 투입한 것은 1969년 6월이었으며, 태평양 임무는 1970년 10월부터 시작하였다. 1971년부터는 미국 동부와 서부 해안에 이 Yankee급 전략 잠수함들이 2-4척까지 고정 배치되어 임무를 수행하였다고 한다.[33] 이들이 보유한 미사일 사거리(1,350NM)를 고려하면, 미국 동서 해안의 주요 도시들과 시설들이 소련의 SLBM 사거리 안에 놓여 있던 것이다.

또한, Delta급 SSBN 등 미사일의 사거리가 연장되면서, 미국의

33) Polmar and Moore(2004), p. 171.

Hotel급
6,400톤(R-21 3발 탑재)

Yankee급
9,600톤(R-27 16발 탑재)

Typhoon급
48,000톤(R-39R 20발 탑재)

〈그림 7-3〉 소련 SLBM 탑재 잠수함

대잠전 영향을 적게 받는 안전수역(bastion) 개념을 작전에 적용하기도 했다.[34] 다시 말해, 소련의 탄도미사일의 사거리가 충분히 연장된다면, 굳이 SSBN들을 미국 대잠항공기, 잠수함, 수상대잠함 등이 기다리고 있는 위험한 대잠전 방책(ASW Barrier)을 통과시키지 않아도 된다는 개념이었다.[35] 이렇게 되면, 자국 영토 근해에서 자국의 대잠전력으로부터 보호를 받고, 미국의 감시전력이 미치지 못하는 구역에서 SSBN을 운용할 수 있게 되는 것이었다. 이런 개념에 따라, 소련은 북유럽의 바렌츠 해와 태평양의 오호츠크 해 두 개의 안전수역을 운용하여, 평시 자국의 SSBN을 안전수역에 위치시키고 유사시(핵미사일 사용필요시) 안전수역 내에서 탄도미사일을 운용할 수 있도록 했다.

기존의 Yankee급 SSBN은 R-27 SLBM(2,500 - 3,000Km)을 탑재하였다. 이러한 중거리 핵탄도미사일로 서방과 미국을 공격하기 위해서는 미국의 대잠전 방책을 통과해서 이동해야 했다. 그러나 Delta급의 R-29 SLBM은 사정거리가 7,700Km에 달해서 굳이 위험하

34) Owen R. Cote Jr., *The Third Battle: Innovations in the U. S. Navy's Silent Cold War Struggle with Soviet Submarines*(Naval War College, 2003), p. 64.

35) 대잠전 경계(ASW Barrier)에 대해서는 뒤에 나오는 제2절 "미국의 전략대잠전" 부분에서 상세히 소개했다.

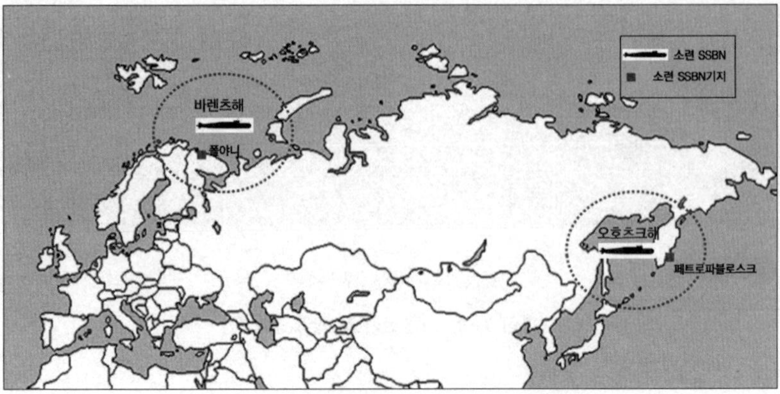

〈그림 7-4〉 구소련 잠수함 Bastion 운용

게 미국이 설치한 대잠전 방책을 통과하지 않고도 목표를 타격할 수 있었다. 이후 소련은 Delta급에 이어 Akula급, 그리고 현존하는 가장 큰 잠수함인 Typoon급 등의 전략잠수함을 안전수역에서 운용하였다. 그 구역에서 자국의 SSBN을 보호하기 위해서 대잠전 능력이 탁월한 소르메니(Sovrmenny)급, 우달로이(Udaloy)급 구축함을 확보하여 미국 공격잠수함(SSN) 공격으로부터의 보호전력으로 운용하였다. 또한 항공모함을 제작하였는데, 미국의 항공모함처럼 전투단을 편성하여 기동임무를 수행하기보다, 주로 자신의 SSBN을 보호하기 위한 대잠헬기모함으로 운용하였다.

지금까지 2차 세계대전 이후 현대적 개념의 잠수함전력이 소련에서 어떻게 발전되었는지를 간단히 알아보았고, 또한, 냉전 기간 핵탄도미사일을 운용하는 전략잠수함(SSBN)들은 또 어떻게 발전해 왔는지를 살펴보았다. 소련의 SSBN 전력의 위협은 60년대 말부터 특히 대두되었으며, 이는 누가 보더라도 미국 국가안보에 심각한 위협이었음을 쉽게 알 수 있다. 지금부터는, 미국이 이러한 소련의 잠수함 위협에 어떤 방식으로 대응하였는지를 알아본다.

3. 미국의 전략대잠전(Strategic ASW)

1) 전략대잠전의 정의 및 중요성

대잠전 중에서도 SSBN을 대응하는 작전(anti-SSBN operations)을 전략대잠전(strategic ASW)이라고 표현했다. 작전 단계는 접촉, 식별, 공격 등으로 구성되는 일반 대잠전과 크게 다르지 않았다. 하지만, 소련의 3축 핵전력 중 하나이자 제2격 능력인 SSBN으로부터의 위협을 제거하는 일인 만큼 전술적인 노력으로 전략적인 위협을 대응하는 매우 중요한 해군의 임무로 인식했었던 것은 분명하다.[36] 냉전 기간 중 미 해군이 대잠전을 얼마나 중요하게 여겼는지는 이를 위해 할당된 예산의 규모만 봐도 알 수 있다. 예를 들어, 1980년 한 해, 대잠전을 위한 예산만 70억 달러였으며, 이는 해군 전체 예산의 16%에 달했다. 또한, 당시 해군 예산의 20%가 대잠전을 위한 연구개발비로 책정되어 사용되었다.[37]

이러한 미국의 전략대잠전 시행의 효과에 대한 평가는 긍정적이었다. 미국 SSBN의 은밀성을 유지하면서 전략적 취약점을 노출시키지 않고, 소련 SSBN의 행동은 거의 모두 감시함으로써 소련의 전략적

---

36) Joel S. Wit, "Advances in Antisubmarine warfare," *Scientific American*, Vol. 244, No. 2(February 1981), p. 32.

37) Ibid., pp. 31-32.

이점을 상쇄시킨 것이다. 예를 들어, 1985년 존 리만(John Lehman) 미 해군성 장관은 "전쟁이 발발할 경우, 5분 이내에 미국의 핵잠수함들이(SSN) 소련 SSBN들을 공격하게 되어 있다"라고 발표하였다.[38] 다시 말해, 냉전기 미국의 대잠전 프로그램은 소련의 전략 잠수함에게 치명적인 위협이었다.[39]

2) 구성요소 및 운용

미 해군의 전략대잠전의 요소는 크게 4가지 요소로 나누어 생각할 수 있는데, 여기에는 수중감시체계(SOSUS), 핵추진 공격잠수함(SSN), 대잠항공기, 그리고 기뢰 등이 포함된다. 이 요소들은 C4I체계를 통해 상호 유기적 정보공유 및 실시간 전파로 다양한 플랫폼 간 긴밀히 협조된 대잠전을 수행하는 체계로 운영되었다. 예를 들어, SOSUS에서 수중 접촉물을 접촉하였다면, 그것이 잠수함이나 대잠항공기 등의 다른 개소로 전파되어 지속 추적 및 식별할 수 있는 체계였던 것이다.[40]

먼저 SOSUS(Sound Surveillance System)로 불리는 수중감시체계는 잠수함이 꼭 지나야 하는 길목에 수동소나를 부설하여 잠수함의 이동을 감지하는 시스템이다. 이러한 SOSUS체계의 탐지거리는 약 50nm(약 88km) 정도였다.[41] 냉전 기간 중 미국이 SOSUS 체계를 부설한 위치는

38) Polmar and Moore(2004), p. 173.

39) Wit(February 1981), pp. 35-36.

40) Polmar and Moore(2004), p. 172.

41) Wit(February 1981), p. 32.

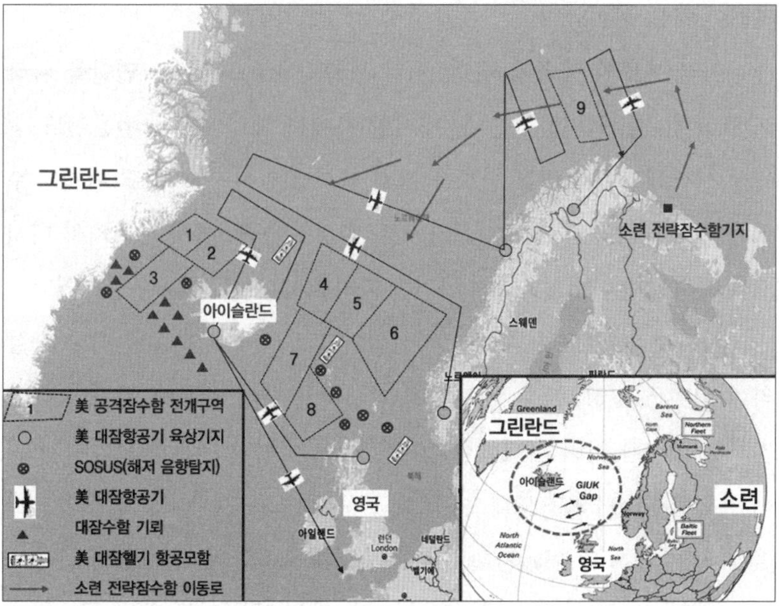

〈그림 7-5〉 GIUK(Greenland-Iceland-United Kingdom) Barrier

크게 두 가지로 분류할 수 있다. 소련의 SSBN이 반드시 지나야 하는 길목과 미국 본토의 동서 해안이었다. 구소련의 SSBN기지는 두 곳이었는데, 바렌츠 해에 접해 있는 콜라 반도의 폴리아니(Polyarnyy)와 태평양 캄차카 반도의 페트로바블로스크(Patropavlovsk)였다. 〈그림 7-5〉에서 설명한 것처럼 먼저 바렌츠 해 끝단에 있는 베어 아일랜드(Bear Island)와 노르웨이를 잇는 선에 SOSUS를 설치하였는데, 이는 콜라 반도의 기지를 출발한 소련의 SSBN이 영국과 독일 등 NATO 국가들과 미국을 공격하기 위해서 반드시 통과해야 하는 길목에 대한 방책(barrier) 개념으로 볼 수 있다. 태평양 지역에에서는 알류산 열도를 따라 일본 북해도의 상단까지 SOSUS를 설치하였다. 즉, 캄차카 반도의 페트로바블로스크에 있는 SSBN이 미국 본토를 공격하기 위해서는 반드시 통과해야 하는 선이었다.

미국 본토의 동쪽(대서양 방면)과 서쪽(태평양 방면)에도 연안을 따라 SOSUS체계를 구비하였는데, 대서양 측에는 캐나다의 뉴펀들랜드 섬에서 시작해서 플로리다 반도를 거쳐 멕시코 만까지 SOSUS 체계를 부설하였다. 태평양 쪽에도 마찬가지로 캐나다 밴쿠버에서 시작해서 멕시코와 접경인 샌디에이고까지 연안을 따라 SOSUS 체계를 부설하였다.

이러한 SOSUS 체계는 고정시설이므로 적에 의한 교란이나 손상의 위험이 있었고, 또한 대륙붕에 설치해야 했기 때문에 원거리 해양 지역의 감시가 어려운 제한점들이 있었다. 이러한 단점을 보완하기 위해 예인감시소나(Surveillance Towed Array Sonar System: SURTASS)와 신속전개감시체계(Rapidly Deployable Surveillance System: RDSS) 등의 장비 등이 운용되기도 했다. SURTASS는 수상함에 의한 예인 방식이고, RDSS는 항공기나 잠수함에서 신속하게 부설이 가능한 장치로서 전시에 적의 영해에서도 사용이 가능한 형태였다.

두 번째 요소는 핵추진 공격잠수함(SSN)이다. 전략대잠전에 있어서 미 해군은 공격잠수함(SSN)을 가장 유용한 수단으로 인식했다.[42] 깊은 해저로 잠항할 수 있는 소련의 SSBN을 추적하기에 매우 효과적인 수단이었고, 특히 소련이 항공 및 해양 우세를 유지하고 있는 소련 근해 지역에서 임무를 수행할 수 있는 거의 유일한 전력이었다. 60년대 말부터 70년대까지 이러한 임무를 주로 수행했던 것은 제2세대 공격잠수함인 스터전급(Sturgeon class) 잠수함인데, 그 전에 만들어졌던 트레셔급(Thresher class) 핵잠수함보다 크지만 더 조용한 특징을 가졌고, 특히, 북극 지방 등에서 필요한 빙하 작전능력과 뛰어난 전자정보 탐지

42) Wit(February 1981).

및 수집 능력을 보유했다.[43] 1978년 3월, 스터전급 잠수함이 북극 근해에서 소련의 Yankee급 전략잠수함을 접촉하여 50일간 지속 추적한 사례도 있었다.[44] 스터전급 잠수함은 37척 건조되었으며, 제3세대 공격잠수함인 LA급 핵잠수함이 등장하기까지 소련 잠수함 관측 및 추적에 많은 활약을 하였다.

미국의 전략대잠전을 위한 공격잠수함들은 두 가지 측면에서 소련의 잠수함보다 우위에 있었다. 첫째는 탐지장비의 성능이었다. 미국의 잠수함들은 예인소나를 비롯한 각종 음탐기 등 고성능 센서들을 탑재하여 소련 SSBN을 접촉하기에 좋은 조건을 갖추고 있었다. 두 번째는 낮은 자체소음이었다. 소련 관료들조차도 소련 전략잠수함의 소음이 크다는 점과 이는 쉽게 해결하지 못하는 문제라는 인식을 갖고 있었다.[45] 이에 비해, 미 해군의 공격잠수함은 초기에 기계적 문제나 추진계통, 구조적인 요인 등에서 초래되는 소음 문제들을 해결하고 개선하여 적에게 탐지되지 않으면서 효과적인 추적이 가능토록 하였다. 그 밖에도 Mark48 고성능어뢰(ADCAP)나 하푼(Harpoon) 같은 선진화된 무기체계 등으로 공격 및 방어 능력이 우세했다.

셋째 요소는 육상기지에서 발진하는 대잠항공기였다. 이러한 항공기들은 일정 시간 동안 체공하면서 소련 잠수함을 탐지, 식별, 추적 및 격멸 가능한 매우 효과적인 플랫폼이었다. 냉전 기간 중의 운용개념은 주로 수중감시체계나 다른 플랫폼에서 가용한 정보가 주어졌을 때, 그 정보를 근거로 작전에 투입되는 방식이었다. 기종으로는 P-3C가 1970년대부터 활약을 하였는데, 80년대를 거치면서 탐지센서, 음

43) Polmar and Moore(2004), p. 156.

44) Thomas B. Allen, "Run Silent, Run Deep," *Smithsonian Magazine*(March 2001), pp. 51-61.

45) Polmar and Moore(2004), p. 169.

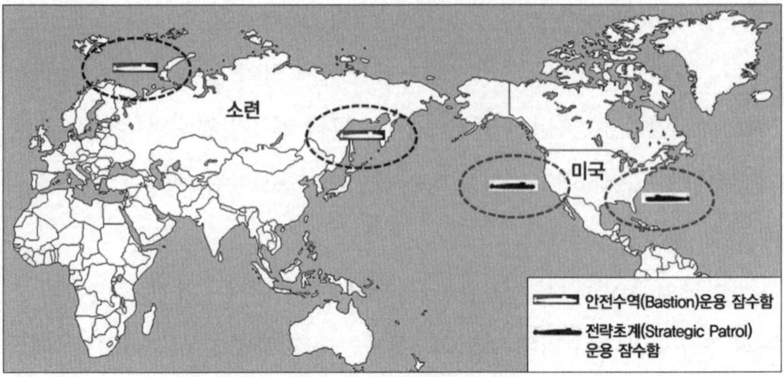

〈그림 7-6〉 구소련 전략잠수함 운용(1960년대 이후)

향처리장비, 무장 등 성능 개량을 통해 더욱더 확실한 대잠전 전력으로 자리매김하였다.

마지막으로, 네 번째 구성요소는 기뢰다. 특히, 캡토마인(encapsulated torpedo, CAPTOR)으로 알려진 미 해군의 기뢰는 수심 760m 깊이에서도 작동하는 위력이 매우 큰 무기체계였다. 이러한 기뢰들을 일명 병목지점(Choke Point)에 설치해서 소련의 SSBN을 타격하는 것을 목표로 했다.[46] 이러한 장치의 가장 큰 장점으로는 기뢰를 설치한 구역에는 아군 잠수함을 별도로 배치하지 않게 함으로써 잉여 전력을 다른 지역에서의 대잠 탐색 및 추적 임무에 할당할 수 있다는 것이었다.

46) Choke Points는 병목지점으로서 어떤 선박이 어느 지점에 도달하기 위해서는 반드시 통과해야 할 좁은 해점을 의미한다. 예를 들어 지중해에서 영국으로 가기 위해서는 지브롤터 해협이라는 Choke Point를 통과해야 하는 것이다. 유사용어로는 Focal Point라고도 한다. 해군 잠수함 전단 역, p. 69 참조.

3) 미국 전략대잠전의 교훈

앞서 설명한 미국의 전략대잠전 노력으로부터 몇 가지 교훈을 도출해 보았다. **첫째, 무엇보다도 가장 중요한 것은, 전략대잠전은 전술적(tactical) 수준의 노력을 집약하여 전략적(strategic) 수준의 안보역학관계에 영향을 미치는 요인으로 활용한다는 것이다.** 대잠전(Anti-Submarine Warfare)이라는 영역은 해군의 성분작전의 하나로 전술적 영역에 속한다. 많은 국가의 해군이 대잠전이라는 분야에 관심과 노력을 기울여 왔지만, 이는 작전과 전술의 분야이지 전략의 분야는 아니다. 한편, 핵탄두 SLBM을 탑재하고 해상으로 전개하는 전략잠수함들은 핵전략을 실제로 집행하는 하나의 축으로서, 국가의 안보전략에 직결되는 전력들이다. 동시에, 이들은 미국과 소련 간의 대륙간탄도미사일, 전략폭격기, 전략잠수함전력들 간의 균형을 이루어 억제(deterrence) 상태를 유지해주는 수단이기도 하다. 특히, 전략잠수함은 상대방의 1차 핵공격이 있다고 하더라도 생존하여, 그 상대에게 제2격을 집행할 수 있는 생존성 높은 최후의 보루라고 볼 수도 있는 값진 자산이다. 이러한 상황에서 소련의 전략잠수함을 효과적인 대잠전으로 지속 추적 및 감시하고 있었던 것은 전략수준에서 우위를 선점하고 있는 형국이었던 것이다.

둘째, 첫째 교훈과 연계하여, 미국의 전략대잠전은 위협의 본질을 정확히 파악하여 선택과 집중의 원칙을 올바르게 적용한 대응의 예로 볼 수 있다. 소련의 SLBM 위협에는 크게 두 가지가 포함되어 있다. 발사 개소(잠수함)와 탄도미사일 자체로 나누어 생각할 수 있다. 만일, 여기에 대응하는 방식이 탄도미사일에 초점을 맞춘 것이었다면, 큰 효과를 내지 못했을 것이다. 잠수함을 잡는 것과 발사된 미사일을 요격 또는 방어하는 것은 완전히 다른 분야이며, 이에 따라, 별도의 연구개발 및 전력이 요구된다. 물론, 미국도 잠수함에서 발사된 탄도미사일을 잡는 것을 생각하지 않았던 것은 아니다. 예를 들어, 발사국면 탄도미사일 요격시스템(Anti-Launch Phase Ballistic Missile Intercept System)을 검토하여 해상에서 함대공 미사일로 잠수함에서 발사되는 탄도미사일(당시 폴라리스 A-2)을 요격하는 시도를 해 보았지만, 초기에 실패함으로써 이 분야의 노력은 더 이상 지속되지 않았다.[47] 이후, SLBM 대응은 발사개소인 잠수함을 공략하는 대잠전 노력으로 귀결될 수 있었다.

셋째, 미국의 전략대잠전은 적극적·공세적으로 시행되었다는 점이다. 예를 들어, 바렌츠 해에서 바로 이어지는 핀란드와 베어 아일랜드(Bear Island)의 연결선 상에 방책선(barrier)을 구성 및 전개했는데, 이는 거의 소련 SSBN의 모기지 위치까지 근접한 것이었다. 또한, 핵추진 공격잠수함(SSN)을 활용하여 바렌츠 해 소련 잠수함 기지 앞까지 접근하여 장기간 해저에 착저한 상태로 은밀하게 기다리다가 소련 잠수함이 출항하면 은밀히 감시 및 추적하는 임무를 수행하였다. 물론, 앞서 설명했듯이, 어뢰를 이용하여 언제라도 소련의 전략잠수함을 격침시킬 태세를 갖추고 있었다. 앞서 미국의 스터전급 잠수함의 소련 Yankee급 잠수함 추적 예를 소개했지만, 문헌 등을 통해 공개된 것은 일부이지만, 그 밖에도 많은 사례가 있었던 것으로 보인다. 예를 들어, 일찍이 1969년에도 스터전급 잠수함(USS Lapon, SSN-661)이 47일 동안 소련의 Yankee급 SSBN을 수중에서 추적하면서 완벽한 정보를 수집한 사례가 있다.[48]

---

47) Polmar and Moore(2004), p. 366, Note 36.

48) 해군 잠수함 전단 역, p. 244.

미국의 공세적인 대잠전으로 인한 소련 잠수함과의 충돌사고도 있었는데, 예를 들어, 1993년 3월 20일 바렌츠 해의 콜라 반도 근해에서 미국의 스터전급 공격잠수함 USS Grayling(SSN-646)과 소련 잠수함 Novomoskovsk 함(Delta-IV급, K-407)의 충돌사고가 일어났다.[49] 미국의 공격잠수함은 안전수역(Bastion)에 전개해 있던 소련 SSBN을 감시 및 추적하기 위해 적지 깊숙이 침투하였던 것이고, 추적 작전 중 수중에서 충돌이 발생한 것이다. 이러한 사례들은 미 해군이 얼마나 공세적이고 적극적으로 전략대잠전을 수행하였는가를 보여 주는 좋은 사례이다.

넷째, 미 해군의 전략대잠전은 다양한 입체 전력과 국가급 자산 등의 지원을 받아 총력전의 형태로 시행되었다. 우주에서는 인공위성을 활용하고, 공중에서는 대잠초계기 등 항공기를 운용하여 대잠전을 수행했으며, 수상에서는 구축함 등 대잠능력을 가진 함정들을 이용하여 소련의 SSBN을 압박했다. 수중에서는 SOSUS 같은 고정형 음탐체계와 공격잠수함을 활용하여 소련의 SSBN을 찾아내고 추적하였다. 이에 더해, 냉전 기간 동안 노르웨이나 일본과 같은 다른 국가들과의 협조로 전자파 정보(ELINT)를 공유하는 등 국가 수준의 지원도 끌어내어 대잠전에 활용한 사례도 있다.[50]

49) https://en.wikipedia.org/wiki/USS_Grayling_(SSN-646)(검색일: 2016. 7. 23.)

50) Polmar and Moore(2004), p. 172.

4. 결론

본 연구에서 저자들은 냉전기 미 해군의 전략대잠전에 대해 살펴보았다. 이를 위해, 먼저 소련의 잠수함전력 발전 현황을 알아보고 이를 통해 미국 국가안보에 어떤 위협이 대두되었는지를 조사하였으며, 그에 대한 대응으로 미국이 어떤 형태의 전략대잠전을 수행하였는지를 제시하고, 그 교훈을 도출하였다.

소련은 2차 세계대전 이후, 접근거부 전략의 일환으로 잠수함전력에 초점을 맞추어 해군전력을 건설하였으나, 60년대 이후에는 핵전략을 구현하고 전력을 투사할 수 있는 핵탄두전략잠수함(SSBN) 건조와 운용에 노력을 기울였다. 물론, 미국도 전략잠수함과 탄도미사일 개발로 소련과 전략적 힘의 균형(또는 우위)을 유지하였지만, 이에 그치지 않고, 소련 전략잠수함의 위협에 대응하기 위한 적극적인 노력을 하였는데, 그것이 바로 전략대잠전이었다. 전략대잠전을 위해 수중감시체계(SOSUS), 핵추진공격잠수함(SSN), 대잠항공기(P-3C), 그리고 기뢰 등 입체적인 전력과 노력이 투입되었으며, 나아가 위성 정보, 타국과의 전자파 정보 공유 등 국가급 자산 및 협조를 통한 지원을 받아 이루어졌다.

냉전기 미국의 전략대잠전 사례 연구를 통해 저자들은 다음과 같은 교훈을 도출하였다. 첫째, 이는 전술적 수준의 노력을 집약하여 전략적 수준의 안보역학관계에 영향을 미친 사례였다. 둘째는, 정확한 위협의 본질을 파악하고, 선택과 집중의 원칙을 적용하여 미사일보다는 발사개소(잠수함)를 공략하였다는 점이다. 또한, 매우 적극적이고 공세적으로 대잠전을 수행하였으며, 마지막으로, 다양한 전력과 국가급 지원까지 받아 실시된 총력전 형태였다는 점이다.

최근 대두되고 있는 북한의 SLBM 위협은 그 기술 수준이 냉전기 소련의 초기 단계에 해당하는 낙후된 것이라 할지라도 앞으로의 발전 가능성은 무궁무진하며, 과거 선진국들이 거쳐 간 발전 단계를 따라갈 가능성이 높다. 따라서 북한의 SLBM 위협은 악화될 가능성이 많다. 저자들은 본 연구에서 주제의 민감성 때문에 이러한 교훈을 통해 우리 군에서 어떤 노력을 해야 하는지에 대한 구체적인 방안을 제시하지는 않았다. 하지만, 본 연구가 관련 분야 전문가들이 다양한 방안과 대책을 수립할 수 있는 계기로 작용한다면 연구의 가치는 충분히 다하는 것이라고 생각한다. 한 가지 명확한 것은 북한의 SLBM 위협이 대두되는 지금 우리의 대잠전 노력을 다시 한 번 돌아보고, 앞으로 나아갈 방향을 재설정해야 한다는 것이다. 여기에는 전략·전력·작전·전술 모든 수준과 분야의 검토가 필요하며, 한국군 실정에 맞는 현실적인 대안을 도출해야 할 것이다. 현재 미 해군이 시행하고 있는 대잠전의 형태인 전구대잠전(Theater ASW)을 심도 깊게 연구해 보는 것도 좋은 지표를 제시해 줄 수 있을 것이다.

III

해양갈등을 넘어 해양협력으로

8장 해군협력으로 본 동아시아 국제관계 | 오순근 · 배학영

9장 동아시아 해양 신뢰구축과 협력적 위협감소 | 최정현

8장
해군협력으로 본 동아시아 국제관계

1. 개요

21세기 동아시아 국제관계를 어떻게 볼 것인가? 최근 동북아 국제관계는 한국, 중국, 일본, 그리고 미국[1] 간에 벌어지는 군사적 긴장과 경제적 협력의 복잡한 구조 속에 진행되고 있다. 미국과 중국은 국제사회의 초강대국으로 동북아에서 자신의 영향력 확대를 꾀하는 동시에 상대의 영향력 확대를 견제하고 있다. 특히 냉전이 종료된 지 25년이 지난 현시점에도 한반도의 남북관계는 긴장이 완화될 조짐을 보이지 않고 있다. 지역패권을 놓고 중국과 일본은 센카쿠(중국명 댜오위다오) 영토 분쟁, 동중국해 방공식별구역, 남중국해 인공섬 건설 등 다양한 잠재적 충돌요인을 가지고 있다.[2] 하지만 동북아 관계에 대립적 요

1) 미국은 지리적으로 동아시아에 속해 있지는 않지만, 동 지역의 국제관계에 깊이 관련되어 있고 매우 적극적인 역할을 하고 있으므로 본 장에서는 동아시아 국가로 분류하였다. Bruce Bueno de Mesquita, *The War Trap*(New Haven: Yale University Press, 2009), pp. 95-98.

2) 대립 중심의 시각으로 동아시아의 분쟁요인들을 설명하고 있는 책으로는 다음을 참고할 것. 한국해양전략연구소, 『2016-2017 동아시아 해양안보 정세와 전망』(한국해양전략연구소, 2017)

소들만 있는 것은 아니다. 미국과 중국은 경쟁 관계인 동시에 상호 의존 관계이다. 양국 모두 상호 간의 군사적 충돌은 자국의 국익에 도움이 되지 않는다는 사실을 명확히 인지하고 있다. 특히 중국의 경제발전으로 인해 향후 중국의 대외 경제의존도는 더욱 심화될 것이다. 이뿐 아니라 대(對)해적 문제와 해상에서의 대규모 자연재해 등 초국가적 비군사적 부분에 있어서는 미·중을 포함한 동아시아 지역 전체에 다양한 협력의 기운도 동시에 진행되고 있다.

대립과 협력이 공존하는 동아시아를 어떻게 볼 것인가에 대해 국제관계 이론에서는 지나치게 현실주의 이론에 편중되어 대립과 분쟁 위주로 현상을 분석하려는 경향이 있다.[3] 예를 들어 세력전이 이론[4] 시각은 미국과 중국의 세계적 세력전이와 중국과 일본의 지역 패권전이가 동시에 일어나는 매우 복잡하고 분쟁의 가능성이 높은 상황으로 현 국제관계를 분석한다.[5] 이러한 설명은 미·중 간 이루어지는 상호협력적 경제활동이나 최근 림팩(RIMPAC) 훈련 등에서 볼 수 있는 군사적 협력관계를 설명하기에는 부족한 면이 있다. 반면 민주평화론(Democratic

---

3) 분쟁에 있어서 현실주의적 논의의 핵심은 힘의 균형과 동맹관계이다. 힘의 균형과 관련된 이론으로 세력균형 이론(Balance of Power), 세력불균형 이론(Power Preponderance Theory), 세력전이 이론(Power Transition Theory), 패권안정 이론(Hegemonic Stability Theory), 동맹 이론(Alliance Theory) 등이 있다. 김형민, "군사분쟁(Militarized Conflicts)의 원인에 관한 고찰: 동북아 지역에 주는 정책적 함의", 『신아시아』 21권 2호(2014년 여름), pp. 13-14.

4) 세력전이 이론의 핵심은 하나의 패권국이 있을 때 국제정세는 안정을 유지하나 현재의 패권국이 주도하는 질서에 불만을 가지는 새로운 도전국이 성장하게 되면 국제정세는 패권전쟁을 경험하게 된다는 것이다. A. F. K. Organski and Jacek Kugler, *The War Ledger*(Chicago: University of Chicago Press, 1980).

5) 이상환, "세계질서와 동북아 지역질서의 안정성에 대한 전망: 세력전이 시각을 중심으로", 『정치·정보연구』 제18권 1호(2015).

Peace Theory)[6]이나 상업평화론(Commercial Peace Theory)[7]은 체제와 교역을 통해 국가들이 분쟁보다는 협력으로 국가이익을 달성할 것이라고 전망한다.

기본적으로 세력전이론이나 민주/상업평화론은 거시적인 관점에서 국가들 간의 관계를 설명하고 있다. 세력전이론의 경우 동아시아의 복잡한 역학관계를 두 개의 세력전이라는 매우 간단한 개념으로 잘 설명하고 있다. 민주평화론 또한 민주주의 국가들 간에 전쟁을 하지 않는다는 매우 간단한 명제로 국제관계를 설명하고 있다. 그러나 이러한 거시적 관점은 전체적 관계를 조망하기에는 적합하지만 실제적으로 시시각각 변화하는 국제관계 현상을 설명하기에는 부족하다. 특히 최근 동북아의 다양한 협력과 대립의 국제관계를 이해하기 위해서는 보다 미시적인 관점이 적용되어야 한다.

본 장은 거시적 관점의 현실주의 또는 자유주의 이론에 얽매이지 않고 해군협력이라는 수단을 통해 협력과 대립이 공존하는 동아시아의 국제관계를 설명하고자 한다. 국가들은 자유주의 이론의 넌제로섬 틀 안에서 개별국가 모두가 협력을 통해 절대적 이익을 추구할 수도 있으며, 현실주의 이론의 제로섬 틀 안에서 세력균형 또는 동맹을 목적으로 협력할 수도 있다. 지역 밖에서의 대립을 위해 지역 내에서 협력이 이루어질 수도 있으며 지역 내 적대국에 맞서기 위해 지역 밖에서의 협력을 추구할 수도 있다. 냉전 이후 단극체제를 이룬 초강대국 미국 또한 지역 내 협력으로부터 자유로울 수 없으며 부상 중인 패권

6) 민주주의 국가 간에는 전쟁을 하지 않는다. Hyung Min Kim and David L. Rousseau, "The Reciprocal Relationship Between Military Conflict and Democracy," *Defence and Peace Economics,* Vol. 24, No. 1(2013), pp. 47-72.

7) Bruce Russett and John Oneal, *Triangulating Peace: Democracy, Interdependence, and International Organization*(New York: Morton, 2001).

국가 중국 또한 다른 국가들과의 협력으로부터 자유로울 수 없다. 특히 세계화의 진전으로 인한 국제테러, 해적, 자연재해 등 초국가적이고 비군사적인 위협들이 평시 국가적 위협을 능가하는 현실 속에서 바다에서의 협력체제는 더 이상 선택이 아닌 필수이다. 그 핵심에 해군협력이 존재한다.

국가들 사이에서의 해군협력(Naval Cooperation)은 위협의 대상 혹은 협력의 정도에 따라 다양한 수준으로 나타나게 된다. 본 장에서는 해군협력을 동맹(Alliance), 집단안보(Collective Security), 다자 해양안보(Multinational Maritime Security)라는 3가지 수준으로 분류하여 동아시아 국제관계를 평가해 보고자 한다.[8] 해군협력을 통한 동아시아 국제관계 평가는 이 책에서 다루고 있는 각 장의 다양한 해양이슈별 논의들을 이해하는 데 더욱 도움이 될 것이다.

2. 해군협력과 국제관계

우리는 해양력의 시대에 살고 있다.[9] 우리가 매일 먹고 입는 거의 모든 물자들이 바다를 통해 유통되고 있다. 현대의 국제경제는 기본적으로 '바다를 기반으로 한 경제'이고 이러한 해상기반 무역체계는 전

---

8) Soonkun Oh, "The Development of the Trilateral Naval Cooperation between Japan, Korea and US in Northeast Asia," in KIMS ed. *The Evolution of the Maritime Security Environment in Northeast Asia and ROKN-USN Cooperation*(Seoul: KIMS Press, 2016), pp. 117-143.

9) 윤석준, "동아시아 해양안보 이슈와 도전", 『2014-2015 동아시아 해양안보 정세와 전망』(한국해양전략연구소, 2014), p. 3. 한국해양전략연구소에서 해마다 펴내고 있는 『동아시아 해양안보 정세와 전망』은 동아시아에서 해양안보 이슈가 각국의 안보정책에 얼마나 큰 영향을 미치고 있는지를 잘 보여 주고 있다.

세계를 하나의 공동체로 만드는 데 결정적으로 기여했다.

바다라는 하나의 공간을 통한 번영은 국가들 간의 이익도 공유하지만 동시에 위협도 공유한다. 이는 공해상 상선들이 운용되는 시스템을 보면 잘 알 수 있다. 컨테이너선을 예로 들어 보자. 대부분의 컨테이너선은 특정 국적을 보유하고 있지만 여러 나라의 보험을 들고 있으며 그 승조원들은 전 세계에서 온 사람들이다. 여기에다가 그 선박이 보유하고 있는 컨테이너, 즉 화물의 국적까지 따진다면 컨테이너선의 소유형태를 단순히 몇 개의 국가들로만 한정할 수 없게 된다. 즉 컨테이너선 한 척을 운용하면서 이익 또는 손해를 얻는 주체가 다양한 국가들이 된다는 것이다. 따라서 이러한 컨테이너선이 만약 공해상 해적으로부터 공격을 당한다면 다수 국적의 승조원들 외에도 구체적으로 누가 어떻게 피해를 보는지 어림잡기조차 힘들다. 하나의 상선에 연관되어 있는 국가적인 경제적 주체가 너무 다양하기 때문이다. 제프리 틸 교수는 "이러한 국제적인 경제 구조 속의 위협에 대응하는 것이 해군의 역할이다."라고 주장한다.[10)]

이러한 경제체제로 인해 해상에서의 위협은 다양한 결과를 낳는 상황을 조성하게 된다. 이 상황에서 누가 위협에 어떻게 대응해야 하는지를 결정하는 것은 쉬운 문제가 아니다. 미국은 일찍부터 여러 나라와의 공조를 통해 해상에서의 다양한 위협에 대응하려는 노력을 지속해 왔다. 이는 다른 많은 국가들도 마찬가지이다.[11)] 이러한 관점에서 본다면 해군의 역할은 자국뿐 아니라 다른 나라의 해군들과 협력하

10) Geoffrey Till, "Navy and the New World Order," in Sam J. Tangredi ed. *Naval cooperation* (Maryland: Naval Institute Press, 2015). p. 143.

11) 예를 들어 전 미 합참의장 Mike Mullen 대장은 "1,000 Navy Ship"을 주창하면서, 미국 혼자서는 할 수 없지만 모두가 힘을 합치면 할 수 있다며, 세계 모든 국가 해군들의 협력을 기본 기조로 삼았다.

여 해상에서의 공격적 행위를 억제하고, 경제 주체들의 자유로운 항해(Freedom of Navigation)를 보장하는 것이다. 그렇다면 이러한 협력은 어떠한 형태로 이루어지는 것일까?

해군협력은 광의에서는 바다에서 행해지는 어떠한 협력적 군사행동도 포함될 수 있다. 조금 더 자세히 말하면 해군협력의 목적은 공해상에서 해군 간의 상호운용성(interoperability)을 증대하고 상호 전략적 목적을 달성하기 위한 노력이라고 볼 수 있다. 이러한 협력은 낮은 수준에서부터 높은 수준까지 다양한 스펙트럼으로 이루어진다. 해군협력의 정성적인 스펙트럼을 3가지 수준으로 구분한다면 동맹(Alliance) 수준과 집단안보(Collective Security) 수준, 그리고 다자 해양안보(Multinational Maritime Security) 수준으로 나눌 수 있다. 즉 양자·다자간 동맹 차원에서 이루어지는 해군협력을 동맹 수준으로, 동맹보다는 약하지만 여러 국가들이 추구하는 집단안보와 공동안보를 집단안보 수준으로, 끝으로 국가보다는 초국가적 위협에 대해 공동으로 대응하는 협력안보를 다자 해양안보 수준으로 나눌 수 있다.[12)]

12) 양자동맹과 다자동맹, 집단안보와 공동안보, 그리고 협력안보의 차이점을 살펴보면 다음과 같은 특성들로 구분된다.

특성	양자동맹	다자동맹	집단안보	공동안보	협력안보
적대세력 명시	○	○	×	○	×
조약 가입 개방성	폐쇄적	폐쇄적	개방적	폐쇄적	개방적
가입 국가 수	양자	다자	다자	양자/다자	다자
군사력 활용	○	○	○	×	×
협력 · 대화	×	×	○	○	○
등장 시기	동맹				
	집단안보				
	공동안보				
	협력안보				
		1차 대전 (1914 -1918)	2차 대전 (1939 - 1945)	6.25 전쟁 (1950 - 1953)	냉전 종식 (90년대 초)

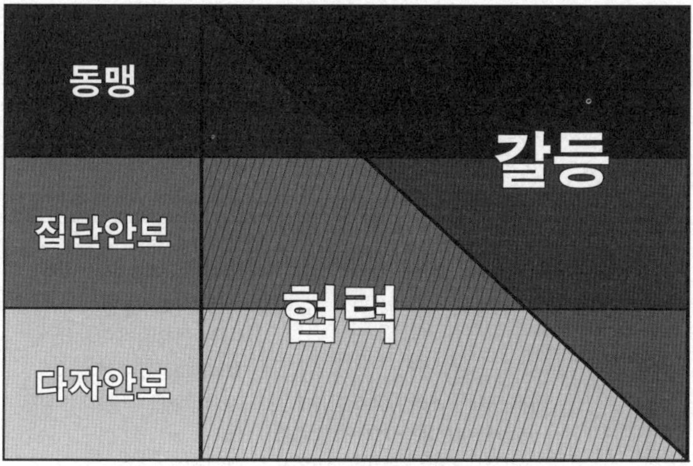

〈그림 8-1〉 해군협력의 수준과 협력 · 갈등 간의 관계

〈그림 8-1〉은 각각의 협력 수준이 국가별 갈등 및 협력과 어떤 상호관계를 가지고 있는지를 보여 주고 있다. 동맹 수준의 협력은 동맹국들 간의 협력을 통해 공동의 적대국에 대응하는 것을 목적으로 하기 때문에 동맹 외부로는 갈등적인 요소들을 더 많이 포함한다고 할 수 있다. 반면 다자 해양안보는 어떠한 국가적 위협에 대응하기보다는 자연재해, 테러리즘과 같은 초국가적 위협에 대응하는 경우가 많다. 다자 해양안보는 공공재 생산을 위해 노력하기 때문에 협력의 목적 자체가 모든 국가들에게 돌아가는 절대이익의 생산이라고 할 수 있다. 예를 들면 국제 해상교통로 보호를 통해 공해에서의 자유로운 통항을 보장하게 되면 해당 통항로를 이용하는 모든 국가에게 혜택이 돌아가게 되는 것이다.

〈표 8-1〉은 각 협력수준이 실제 동아시아 국제관계와 해군의 활동에서 어떻게 나타나고 있는지를 보여 주고 있다. 표를 잘 살펴보면

〈표 8-1〉 해군협력의 수준과 주요 해군협력 사례

협력의 수준	동아시아 국제관계	주요 해군협력 사례 및 관련 활동
동맹 수준 (Alliance Level)	대(對)중국 해양봉쇄 대(對)북 한 · 미, 미 · 일 동맹 센카쿠 분쟁 미 · 일 동맹 남중국해 미 · 아세안 동맹	한미 해군연합훈련(UFG, KR 중 대잠전 · 기뢰전 · 상륙 훈련 등) 한미일 해군연합훈련 ※ 전투임무 위주의 해군연합훈련
집단안보 수준 (Collective Security Level)	남중국해 항해의 자유 작전 수행 말라카 해협 대(對)해적 작전 수행 대량살상무기 확산방지 구상(PSI) 아세안 차원의 해양안보	평화유지 작전 · 활동 항해의 자유 작전(FONOPS) 대(對)기뢰전 훈련 대(對)해적 작전 · 해상초계 해양정보공유 훈련 말라카 해협 대(對)해적 작전 PSI RIMPAC 동아시아 해양협력 및 훈련(SEACAT: Southeast Asia Cooperation and Training) 해상전투 준비 및 훈련(CARAT: Cooperation Afloat Readiness and Training)
다자 해양안보 수준 (Multilateral Maritime Security Level)	인도주의 작전/재해 구호(HA/DR) 해상난민 구호 해상수색구조(SAR) 해상충돌방지협정(INCSEA/CUES) 해양자원 보호 및 해양조사 활동	KOMOCO(Indonesia) COBRA GOLD(Thailand) WPNS, PACREACH PACIFIC PARTNERSHIP

동아시아에서 일어나고 있는 대부분의 안보현안들이 포함되어 있음을 알 수 있다. 즉 해군협력을 통해서도 충분히 국제관계의 갈등과 협력의 관계들이 드러나고 있다고 할 수 있다. 특히 동아시아라는 지역적인 특색은 해양이라는 지정학적 요인이 절대적 영향을 미치고 있기 때문에 더욱 그러하다.

여기서 수준별로 협력을 구분하여 살펴보는 것이 매우 중요하다.

각각의 수준에서 다루어지는 위협의 종류와 형태가 다르고 그에 따른 해군들의 활동들도 달라지기 때문이다.

첫째, 동맹 수준의 해군협력은 일반적으로 대잠전, 대공전, 대탄도탄 작전 등 전투 중심의 해군작전이나 연습으로 이루어진다. 이러한 훈련을 위해 연합세력이 함께 모이고 함께 작전계획을 세우며, 상호 정보교류 단계까지 깊은 협력관계를 맺게 된다. 이는 한·미, 미·일과 같은 양자동맹에서 많이 나타나며, 나토(NATO: North Atlantic Treaty Organization)와 같은 다자동맹에서도 나타날 수 있다. 동맹 수준의 해군협력은 국가 생존과 번영에 절대적 영향을 미치기 때문에 구체적이고 높은 집중도를 요구하는 해군협력 활동들이 많이 나타난다. 해군협력을 상호운용성의 심화라고 본다면 동맹 수준에서 가장 깊은 상호운용성이 발휘된다고 볼 수 있다. 동맹 수준의 해군협력은 적대국과의 갈등을 대비하는 그 특성상 매우 배타적일 수밖에 없다. 하지만 그 외의 다른 해군협력들은 동맹 수준에 비해 다소 느슨하며 협력의 형태도 강제력이 있거나 구속적이기보다는 국제레짐이나 규약 수준에서 이루어지는 경우가 많다. 동맹 수준의 해군활동들이 많다면 동아시아 국제관계는 국가들 간의 갈등적 요소가 많다는 뜻이고 이에 따라 지역 불안정 또는 군사분쟁의 가능성도 높다고 볼 수 있다.

둘째, 집단안보 수준의 해군협력은 같은 목적을 가진 국가들 사이에 해결해야 하는 이슈를 중심으로 한 활동들에 초점이 맞추어져 있다. 예를 들면 평화유지(Peacekeeping), 평화구축(peacemaking), 대해적 작전(Counter-piracy) 등이 여기에 속한다. 특히, 최근 동아시아 지역 차원에서 관심이 높아지고 있는 분야는 대해적 작전이다. 대부분의 동아시아 국가경제는 원료와 에너지를 외국에서 수입하여 자국에서 가공 후 다시 수출하는 제조업 위주의 산업형태이므로 바다를 통한 물동량에 절대적으로 의존할 수밖에 없다. 예를 들면 해상에서의 자유로운 경제활동을 위협하는 해적의 소탕을 위해 현재 동아시아 각국은 '아시아에서의 해적행위 및 선박에 대한 무장강도행위 퇴치에 관한 지역협력 협정(ReCAAP: Regional Cooperation Agreement on combating Piracy and Armed Robbery against Ships in Aisa)'을 맺고 본 협정에 따라 정보공유센터(Information Sharing Center)를 운영하여 해적 관련 정보를 공유하고 있다.[13] 집단안보 수준은 동맹 수준에 비해 갈등보다는 협력을 생산하는 경우가 많다. 그러나 공해상의 항해의 자유 문제는 종종 국가들 간의 해양관할권 분쟁 문제와 중첩되는 경우가 있다. 그 이유는 국가의 주권이 21세기 국부의 원천인 해양자원 문제와 결부되어 영해에서 배타적 경제수역으로 점점 확장되고 있기 때문이다.

셋째, 다자 해양안보 수준의 해군협력은 비교적 비전통적인 해양안보와 연관된 활동들에 초점을 맞추고 있다. 예를 들면, 해상에서의 조난을 해결하기 위한 협력(SAR: Search and Rescue)이나, 자연재해 등으로 국경을 불문하고 인도적 차원의 도움이 필요한 지역에 대한 지원(HA/DR: Humanitarian Assistance/Disaster Relief)을 위한 협력이다. 특히 동아시아 지역은 태풍과 지진 등 다양한 자연재해들이 빈번하게 일어나고 있으며 이러한 자연재해들은 대부분 국가의 국경을 뛰어넘기 때문에 초국가적인 협력이 불가피하다. 한편 공해상에 조난당하는 항공기, 함정, 잠수함 등은 국적을 불문하고 인도적 차원에서 구조되어야만 한다. 현

13) 이 협정은 아시아 16개국이 2004년 11월 11일 채택한 후 그중 14개국(한국, 중국, 일본, 스리랑카, 방글라데시, 캄보디아, 브루나이, 라오스, 미얀마, 필리핀, 싱가포르, 태국, 베트남, 인도)이 비준함으로써 2006년 9월 4일 발효되었다. 한편, 정보공유센터는 2006년 11월 29일 싱가포르에 설립되었으며, 2006년 12월부터의 아시아 지역의 해적행위 관련 최근 사건 자료와 월별 통계 자료를 제고하고 있다. 보다 구체적인 내용은 http://www.recaap.org 참조.

대에 들어 안보의 개념이 크게는 국가를 뛰어넘고 좁게는 개인에 이르기까지 확장되어 가고 있기 때문에 다자 해양안보 수준의 협력은 점점 더 확대되어 가는 추세이다.

이상에서 해군협력을 세 가지 수준으로 분류하고 각각의 개념을 정리하였다. 그럼 이러한 해군협력의 3가지 수준이 동아시아 국제관계를 어떻게 설명하고 있는지 살펴보자.

3. 동맹 수준의 해군협력: 해양패권 경쟁과 해양영토 분쟁

최근 동아시아 해양에서 발생하는 다양한 역학관계를 분쟁을 중심으로 설명하는 경향이 있다. 예를 들면 남중국해 서사군도와 남사군도에서는 중국과 주변 동남아 국가들 간의 지속적인 갈등이 이어지고 있다. 또한, 동중국해 해역에서는 센카쿠(중국명 댜오위다오)를 둘러싼 일본과 중국 간의 영유권 분쟁이 있으며,[14] 동해에서는 독도에 대한 일본의 영유권 주장, 러시아와 일본 간 남쿠릴 열도(일본명 북방영토)를 둘러싼 반환 논쟁 등 매우 심각한 수준의 해양갈등이 지속되고 있다. 특히 동아시아에서 중국이 영향력 확대를 추구하며 미국은 기존의 초강대국 지위를 유지하려고 하는 과정에서 양국 간의 마찰이 더욱 증가하고 있다. 혹자는 동아시아에서의 미 · 중 패권경쟁 현상을 미국의 아시아로의 회귀(Pivot to Asia), 공해전투(Air-Sea Battle), 공역 접근 및 기동

14) 김기주 · 황병선, "센카쿠(댜오위다오) 열도 영토분쟁을 둘러싼 일 · 중 간 전쟁 발발 가능성 전망: 전쟁의 단계 이론 적용과 함의", 『국제정치논총』 제13권 제53집 2호(2013), pp. 39-68.

을 위한 합동 개념(Joint Concept for Access and Maneuver in the Global Commons) 과 중국의 반접근/지역거부 전략(A2/AD: Anti-Access/Area-Denial) 간의 충돌로 설명하기도 한다. 최근 남중국해 상 중국의 인공섬 건설을 견제 · 봉쇄하기 위한 미국 이지스 구축함의 항해의 자유 작전 강행은 동 해역에서 양국 간 군사적 충돌 가능성을 보여 주고 있다.

분명히 미국과 중국은 동아시아 해양에서 힘의 균형을 유지하기 상호 갈등하고 있다. 하지만 이러한 국가 간의 갈등관계에서 우위를 점하기 위해 자신의 능력뿐 아니라 동맹국의 협력을 이끌어 내기 위해 노력하고 있다. 따라서 이처럼 협력을 이끌어 내려는 노력도 갈등관계와 더불어 국가들 간의 관계를 규정하는 중요한 변수의 한 축으로 자리매김하고 있다. 동맹 수준에서 동아시아 해양협력의 관계는 지역 차원의 미·중 갈등, 한반도에서의 북한의 위협, 개별 국가들 간의 영토분쟁을 중심으로 형성되고 있다.

우선 미국과 중국이 동아시아 해양에서의 갈등 상황에서 상호 우위를 차지하기 위해 펼치고 있는 다양한 해양협력이다. 미국은 동아시아에서 자신의 주도적 위치를 유지하기 위해 전통적인 동맹관계를 기반으로 한 해양협력을 유지하고 있다. 대표적인 것이 한·미 동맹과 미·일 동맹이지만 최근 들어 중국의 부상으로 호주, 인도, 아세안 국가들(미얀마, 필리핀, 브루나이 등)과도 군사동맹 수준의 안보관계를 형성하고 있다. 이러한 미국의 노력은 미국과 동아시아 국가 간 양자협력뿐 아니라 미국에 우호적인 역내국가들 간의 협력을 동반한다. 우선 미국은 2015년 미·일 방위지침을 개정하여 일본 자위대가 일본을 넘어 남중국해 등 지역 내에서 역할을 할 수 있도록 하였다. 또한 중국과 분쟁관계에 있는 베트남과 필리핀에 대한 군사협력을 강화하고 있다.

2016년 미국 베트남 정상회담에서 미국은 베트남에 대한 치명적 무기판매 금수조치를 전면 해제하고 포괄적 협력관계 발전을 약속하였다. 필리핀은 미국과 상호방위협력 증진 합의서(EDCA: Enhanced Defense Cooperation Agreement)를 체결하여 미군의 해군 수빅 기지, 클라크 공군기지와 육군의 마그세이세이 기지 사용을 허용하였다. 최근 미국은 존 매케인 상원의원이 발의한 남중국해 이니셔티브(South China Sea Initiative)를 추진중이며 이를 통해 남중국해 연안국에 군사장비와 보급, 훈련, 소규모 군시설 건설을 명목으로 대규모 예산을 지원할 예정이다. 특히 미국은 중국을 해양에서 봉쇄하기 위해 인도와의 협력을 강화하고 있으며 미-일-호, 한-미-일 등 다양한 형태의 삼자협력체제 또한 발전시키고 있다.[15] 이처럼 미국의 동맹국들에 의한 해군협력은 궁극적으로 동맹 강화를 통해 동아시아 해양에서의 대중국 봉쇄정책의 형국을 띠고 있다.

미국의 중국 봉쇄를 위한 노력에 대응하여 중국도 주변국들과 해양협력을 강화하고 있다. 2015년 8월 중국과 러시아 해군은 블라디보스토크 인근 표트르 대제 만에서 10일 동안 22척의 함정과 잠수함, 20대의 군용기는 물론 해병대와 공수부대원들을 포함한 500여 명의 병력이 동원된 훈련을 실시하였다. 양국군은 적의 침투와 공격 상황을 가정한 방어훈련을 실시했으며 나아가 보다 공격적인 상륙훈련도 실시했다. 2016년 9월에는 최초로 남중국해에서 중·러 해군이 모여 대규모 합동군사연습훈련을 실시하였다. 중국은 또한 아세안 국가 중 하나인 말레이시아와 2015년 9월 말라카 해협에서 첫 번째 대규모 합동

15) 박창권, "미·중의 전략적 경쟁과 남중국해 분쟁", 『2016-2017 동아시아 해양안보 정세와 전망』(한국해양전략연구소, 2017), pp. 72-73.

군사훈련을 가졌다. 훈련은 표면적으로는 재난 구호와 수색, 구조, 납치 시나리오 대응에 초점이 맞추어졌으나 중국 입장에서는 남중국해 분쟁에서 우군을 확보한다는 의미가 더 크다고 판단된다.[16] 이는 동맹에 준하는 수준의 해상훈련이었으며 미국이 역내 국가와의 해양협력을 강화하는 데에 대한 중국의 대응이라 할 수 있다.

동아시아 지역 차원에서 미국과 중국을 둘러싼 해양 갈등과 협력이 이루어지고 있다면 한반도에서는 북한의 지속적인 전쟁위협에 대응하는 한국과 미국, 미국과 일본 간의 해군협력이 이루어지고 있다. 한미해군협력은 동맹 수준의 해군협력으로 상륙전, 대잠전, 대기뢰전, 적 특작부대 대응 등 북한의 도발에 대비한 전쟁을 수행하는 전 분야에서 매우 깊은 상호운용성을 이루고 있다. 양국 해군은 매년 KR/FE, UFG 훈련을 포함한 다양한 실기동 및 지휘소 훈련을 통해 대북 전쟁 수행에 있어 우위를 점하고 있다. 최근 북한의 연이은 핵실험과 미사일/SLBM 도발로 인해 한미 양국 간 대탄도탄 및 대잠전 협력은 한미일 3국 간 협력으로 확대되고 있는 추세이다.

전통적으로 미일 해군 간의 협력은 냉전기 극동아시아에서 소련의 태평양함대를 저지하는 역할을 수행했으나 1990년대 초 소련이 붕괴한 이후에는 위협의 대상이 북한으로 축소되었다. 미일 해군은 요코스카, 사세보 등 일본 내 다양한 미국 해군기지를 통해 상호운용성을 증대해 왔다. 특히 요코스카에 위치한 미 7함대는 미 태평양사령부의 핵심 작전기지로 한반도를 포함한 동북아 전체를 관리하는 미국의 주요 전략부대이다. 미일 해군협력은 명목상 한반도에서 북한의 위협에 대응한다는 입장이지만 중국과 러시아가 보는 시각은 다르다. 특히 중

16) 홍제성, "中-말레이, 말라카 해협서 첫 대규모 군사훈련", 『연합뉴스』(2015. 9. 17.).

〈표 8-2〉 중국과 러시아 해군의 해상협력

훈련명	일시 · 장소	참가 전력	내용 · 특징
해상협력 - 2012	2012. 4. 22.-29. 동중국해(칭다오)	• 러: 순양함 1척, 구축함 3척, 지원함 1척, 예인함, 헬기 9대, 해병 2개 소대 • 중: 수상함 9척, 잠수함 2척	• 대잠 탐색, 대함 · 대공 사격 등 * 중 · 러 간 최초 대규모 해상훈련
해상협력 - 2013	2013. 7. 5.-12. 블라디보스토크 근해	• 러: 수상함 11척, 잠수함 1척, 항공기 3대, 헬기 1대, 특수전 1개 분대 • 중: 수상함 7척, 헬기 5대, 특수전 1개 분대	• 해적 퇴치, 수색구조 등 * 해상교통로, 배타적 경제수역 안전 확보 및 방어 능력 향상 중점
해상협력 - 2014	2014. 5. 20.-26. 동중국해(상하이)	• 러: 수상함 6척, 헬기 9대, 특수전 1개 분대 • 중: 수상함 8척, 잠수함 2척, 고정익항공기 9대, 함재헬기 6대, 특수전 1개 분대	• 해적 퇴치, 수색구조 등 * CICA 정상회의와 연계(푸틴 대통령 상하이 방문) * 훈련 지역이 확장된 KADIZ와 중첩되어 외교적으로 공식 항의
해상연합 - 2015(I)	2015. 5. 16.-20. 지중해	• 러: 수상함 7척 • 중: 수상함 3척(호위함 2, 보급함 1)	• 해상 실사격 훈련 등 * 러시아 전승 70주년 행사 연계(중 · 러 연합 해상 퍼레이드)

출처: 김성만, "러 · 중 '해상협력 - 2015(II)' 군사훈련이 주는 위협과 대책", 『코나스넷』(2015. 8. 31., http://konas.net/article/article.asp?idx=42993, 검색일: 2016. 4. 20.).

국은 미일 동맹과 미일 해군협력을 중국의 해군력 팽창을 봉쇄하고 견제하는 역할로 평가하고 있다.

북한의 위협에서부터 비롯되는 한국과 미국, 미국과 일본의 해군협력이 동아시아 국제관계에 중요한 변수가 되는 까닭이 바로 여기에 있다. 북한은 대한민국에 대해서는 명백하고 직접적인 위협이지만 실제 주변국 입장에서 보면 북한이 일본 또는 중국을 직접 공격할 가능성은 매우 낮다. 하지만 북한으로 인해 한반도 위기상황이 고조되면 중국과 일본을 포함한 주변국들도 직간접적인 영향을 받게 된다. 예를 들면 최근 한국은 종말단계 고고도 미사일 방어체계인 THAAD를 미국으로부터 들여오는 것을 결정하고 배치를 추진 중에 있다.[17] 중국은 한반도에 설치되는 THAAD X-Band R/D의 주목적이 중국 내륙의 전략자산 감시에 있다고 판단한다. 또한 한·미·일 3국이 보유한 이지스 구축함의 SPY R/D도 만약에 있을 수 있는 중국의 전략자산 운용에 대한 조기경보 역할을 할 것이라고 보고 있다. 최근 중국의 한반도 사드배치 반대와 제주 기지 미 해군 최신예 이지스 구축함 줌왈트 함 전개 움직임 반대에서 이러한 중국의 불편한 심기가 잘 드러난다.

즉 한반도에서 북한의 위협에 대응한 한·미, 미·일 간 동맹 수준의 해군협력은 궁극적으로 미국과 중국의 동아시아 해양패권 경쟁과 깊숙이 연계되어 있는 것이다. 한국과 미국, 미국과 일본 해군의 해군협력이 한·미·일 3국의 해군협력으로 더욱 깊게 발전하지 못하는 이유도 이러한 측면에서 분석할 수 있을 것이다.[18]

마지막으로 동아시아 국제관계 이해를 위해 반드시 짚고 넘어가야 할 동맹 수준의 해군협력은 도서영유권 및 해양관할권 확보를 위한 해군협력이다. 2012년 이후 동아시아에서 군사분쟁의 가능성이 가장 높은 곳 중 한 곳은 센카쿠(중국명 댜오위다오) 열도라 할 것이다. 중·일 양국은 동중국해 영유권 분쟁에서 보다 유리한 고지를 선점하기 위해 주변국과의 협력을 더욱 강화하고 있다. 중국은 일대일로 전략의 일환인 해양실크로드 정책을 추진하여 남중국해와 인도양 그리고 유럽을 연결하는 전 지구적 해양네트워크를 구축하고 있다. 이에 중국 해군은

---

17) 외교부, "북한 잠수함 탄도미사일(SLBM) 발사에 대한 외교부 대변인 논평"(외교부 홈페이지 보도자료, http://www.mofa.go.kr, 2016. 7. 9., 검색일: 2016. 7. 9.).

18) Soonkun Oh(2016), pp. 117-143.

인도양과 아프리카에 대해 군수지원, 기항시설 및 정비지원 등을 갖춘 '해외 전략적 지원기지(Overseas Strategic Support Bases)' 확보 계획을 갖고 있는 것으로 알려져 있다.[19] 예를 들면 2014년 9월 중국 시진핑 주석이 인도와 스리랑카를 방문하여, 스리랑카 콜롬보 항구 투자 등이 포함된 중국-스리랑카 간 해양협력을 체결하였다. 이와 더불어 2014년 9월 인도양 아덴만 대해적 작전에서 중국 해군 쑹(宋)급 디젤 잠수함이 스리랑카에서 중간 군수지원을 받는 등 중국은 인도양 국가들과의 해양협력 강화를 위해 노력하고 있다.[20]

중국과 인도양 국가 및 러시아와의 협력에 맞서 일본은 미국, 일본, 호주 및 인도를 해양으로 연결하는 민주 안보 다이아몬드(Democratic Security Diamond)[21]를 통해 중국에 대응하는 대전략을 추진하고 있다. 2014년 9월 일본 아베 총리는 중국의 영향력 확대에 대응하는 차원에서 아세안(ASEAN) 국가와 호주, 방글라데시와 스리랑카를 방문한 바 있다. 추가적으로 미·일 방위협력 지침 개정을 통해 미국과 함께 일본 군사력의 개입 범위를 확대하여 동아시아에서 영향력 증대를 추구하였다. 미국 오바마 대통령은 2014년 4월 일본 방문에서 센카쿠 열도를 언급하였고 9월 인도 수상 나렌드라 모디의 미국 방문 시는 이례적으로 '미국-일본-인도'를 연계하는 3자 연대 발표가 있었다. 또한 2014년 11월 호주 브리즈번에서 열린 G20 정상회담 시 미국 오바마 대통령, 호주 토니 애벗 수상 그리고 일본 아베 신조 총리 간 해양안보

19) Helmoed-Romer Heitman, "China and Namibia reportedly discuss naval support base," *HIS Jane's Defense Weekly* (26 November 2014), p. 19.

20) Sam LaGrone, "Chinese Submarine Headed to Gulf of Aden For Counter Piracy Operation," *USNI* (30 September 2014).

21) 박철희, "중일 간 동중국해 분쟁과 일본의 보통국가화", 『2016-2017 동아시아 해양안보 정세와 전망』(한국해양전략연구소, 2017), p.196.

협력이 선언되었다.[22] 이처럼 미일 동맹과 호주, 인도를 중심으로 대 중국 해군협력이 점차적으로 증대하고 있음을 알 수 있다.

2015년 미 이지스 구축함 라센 함의 남중국해 항해의 자유 작전 이후 동아시아 국제관계의 주요 화두는 남중국해 남사군도에 대한 중국의 영유권 주장에 대한 필리핀, 베트남 등 주변 국가와의 갈등이다. 중국은 남중국해에서 국제법상 영해를 보유할 수 없는 환초(Reef) 또는 암석(Rock)에 인공섬을 건설하는 동시에 군사기지화를 추진 중이다. 남사군도에 위치해 있는 우디(Woody), 파이어리 크로스(Fiery Cross), 존슨 사우스(John South), 가벤(Gaven), 쿠아테론(Cuateron), 유니언 사우스(Union South) 및 유니언 노스(Union North) 등이 대표적인 예이다. 중국은 남사군도 주변해역에 대한 해양영유권 보유를 인정받기 위해 인근 국가들과도 긴밀히 협력하고 있다. 2014년 11월 시진핑 주석의 피지 방문 시 오세아니아 국가인 파푸아뉴기니, 미크로네시아, 사모아, 통가, 쿡 아일랜드 등과 회담을 개최하였으며 호주와는 양자 간 자유무역협정(FTA)을 체결한 바 있다.[23]

여기서 살펴본 동맹 수준의 해군협력들은 앞서 설명한 바와 같이 기본적으로 갈등과 대립을 전제로 한다. 중국과 미국을 중심으로 한 해군협력 활동은 동아시아에서의 미·중 해양패권 경쟁을 전제로 하고 있다. 한미해군 협력과 미일해군 협력은 북한의 위협을 전제로 하지만 이 또한 미·중 해양패권 경쟁과 깊이 연계되어 있다. 마지막에 살펴 본 동중국해와 남중국해 상의 협력활동은 각 국의 도서영유권·해양관할권 분쟁에서 보다 유리한 입장을 취하기 위한 노력이라고 할 것

22) 윤석준(2014).

23) Zhao Shengnan, "Xi's trip reinforces China's role in Oceania," *China Daily*(November 24, 2014), p. 3.

이다. 이와 같이 동맹 수준의 해군협력은 〈그림 8-1〉에서 나타난 바와 같이 협력적 요소보다는 갈등적 · 대립적 요소들을 더 많이 내포하고 있다고 할 수 있다.

4. 집단안보 수준의 해군협력: 해상교통로(SLOC) 보호와 항해의 자유

동아시아 해역의 집단안보 수준의 해군협력은 공통으로 사용하는 해상교통로 보호와 공해상 항해의 자유 보장이 핵심이라 할 것이다. 공해상에서 안전한 항해 보장은 중개무역과 가공무역 중심으로 성장하고 있는 동아시아 국가들에게 원자재 수입과 가공제품의 수출이 이루어지는 국가번영의 핵심사안이다. 국가생존과 번영의 생명줄인 공해상의 안전은 단순히 몇몇 국가들의 노력으로만 이루어질 수 없다. 따라서 동아시아 각국은 공해상 해적 및 해상강도, 해상테러 위협을 감소시키고 제거하기 위해 많은 해군 협력활동을 하고 있다.

동남아시아 지역에서의 해적 및 무장강도 사건들은 특히 인도네시아, 말레이시아, 싱가포르 해협에서 많이 일어나고 있다. 국제 해사국 해적보고센터(International Maritime Bureau Piracy Reporting Center)의 자료에 따르면, 동남아시아에서의 해적활동은 2000년대 이후 꾸준히 감소하고 있다. 하지만 이러한 수치들은 대부분 피해선박들의 자발적 보고에 의존하고 있기 때문에 현실을 그대로 반영한다고 보기는 어렵다는 것이 전문가들의 의견이다.

〈표 8-3〉 지역별 해적 발생 현황

구분		2012	2013	2014	2015	2016
전 세계	해적 공격 건수	102	66	49	54	37
	(선박 피랍 건수)	(11)	(4)	(2)	(2)	(3)
소말리아	해적 공격 건수	43	5	6	0	0
서아프리카		19	15	12	11	13
동남아시아		28	33	27	41	19
기타		12	13	4	2	5*

* 기타(5): 페루 2, 베네수엘라 1, 가이아나 1, 케냐 1
출처: "'16년 1분기 전 세계 해적활동은 주춤, 피랍은 증가"(해양수산부 보도자료, 2016. 5. 11.).

특히 동남아 해역에서는 주변국들의 순찰활동 강화에 힘입어 2016년 해적사고는 19건으로 전년(41건) 대비 대폭 감소(63%)하였다. 그러나 최근 3회(2016년 3월 1건, 4월 2건)에 걸쳐 무장해적(Abu Sayyaf Group)이 필리핀 남서부 인근에서 항해 중이던 예인선(선원 18명)을 납치하는 사고가 발생한 바 있다.

동아시아 지역 내에서 이러한 해적의 활동을 방지하기 위해 2001년에 일본 도쿄에서 열린 '해적대책 아시아 협력회의'에서 역내 최초로 해적 및 해상강도에 공동 대처하기 위한 정부 간 협의체 '아시아 해적대책 협력협정(Regional Cooperation Agreement on Combating Piracy and Armed Robbery against Ships in Asia, ReCAAP)'이 구성되었다.[24] 또한 2006년 11월 싱가포르에서 발족된 정보공유센터(ReCAAP Information Sharing Center, ReCAAP ISC)를 중심으로 해적 및 무장강도에 대한 정보 공유, 해적 퇴

24) 위 협정은 2004년 11월 체결되어 2006년 9월에 발효되었다. 현재 한·중·일 3개국 및 동남아 8개국(인도네시아와 말레이시아 미참여), 인도, 방글라데시, 스리랑카, 미국, 호주, 영국, 덴마크, 네덜란드, 노르웨이 등 20개국이 가입하였다. 특히, 2014년 9월 22일 미국이 ReCCAP의 20번째 회원국으로 가입함에 따라 이 협정의 중요성과 위상이 한층 더 높아졌다. 보다 자세한 내용은 http://www.recaap.org 참조.

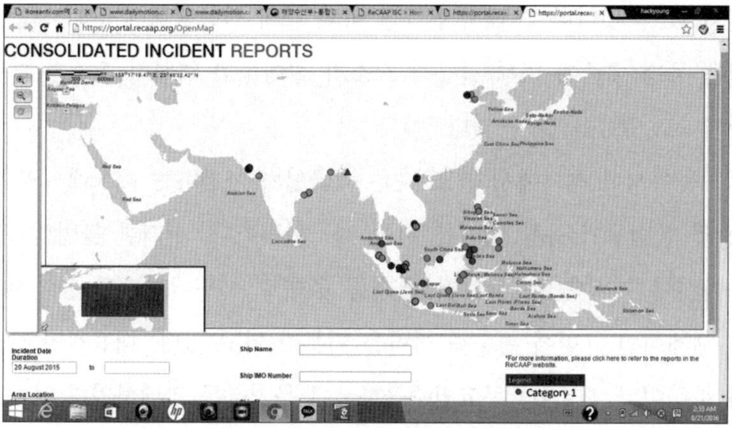

〈그림 8-2〉 ReCAAP ISC에서 확인할 수 있는 해적 발생 현황

출처: ReCAAP ISC 홈페이지(http://www.recaap.org/OpenMap)

치 능력 배양, 협력적 조치의 조성 등 적극적인 활동을 전개 중이다. 말레이시아, 인도네시아, 싱가포르 등 연안 3국의 적극적인 공동 노력으로 2005년 이후 해적사건이 급속히 감소하고 역내 해역이 안전 해역으로 변모함에 따라 말라카 해협의 해군협력은 국제적으로 모범 사례로 평가받고 있다.[25)]

이러한 다자적 협력 외에 양자적인 해군협력도 더욱 활성화되고 있다. 2015년 중국과 말레이시아 해군 간 연합훈련은 해적으로 인한 납치 상황을 상정하고 이를 공동으로 대응하는 훈련을 포함했다. 말레이시아와 중국은 남중국해 영유권 분쟁 당사국이긴 하지만 필리핀과 베트남 등에 비해 중국과의 갈등 수위가 낮기 때문에 남중국해 해상수송로상 불안감을 줄이기 위해 영유권 분쟁국과의 해군협력도 이루어

25) http://www.recaap.org/AboutReCAAPISC.aspx(검색일: 2016. 8. 20.)

질 수 있는 것이다.[26] 앞서 언급한 바와 같이 집단안보 수준의 해군협력은 동맹 수준에 비해 갈등적 요소가 줄어들고 협력적 요소가 더욱 늘어나고 있음을 알 수 있다.

동아시아 해역에서의 또 다른 해군협력 아젠다는 해상에서의 테러 및 불법무기 유통 방지를 위한 해군협력이다. 이러한 불법행위는 동아시아 지역뿐 아니라 전 세계를 무대로 이루어지므로 동아시아도 세계적인 규범에 편승해 협력을 이루어 가고 있다. 대표적인 사례가 북한이다. 2009년 콩고민주공화국에 무기류를 밀매하려다 남아프리카 공화국 당국에 적발됐을 당시 북한은 최소 2척의 서방 화물선을 이용하여 중국과 말레이시아에서 화물을 옮겨 싣는 방식으로 취했다. 2013년 7월에는 쿠바를 출발하여 파나마 운하를 통과하던 북한의 청천강호에서 전투기용 엔진과 군용차량이 발견된 바 있다. 북한은 국제사회의 감시가 심한 자국 선박이 아닌 외국 선박을 통한 환적으로 북한제 무기를 수출하거나 무기 개발에 이용 가능한 금수 물품을 수입하고 있다.[27]

2013년 유엔총회에서 통과된 '무기거래조약(Arms Trade Treaty)'은 재래식 무기가 테러, 민간인 학살 등에 사용되지 못하도록 국가 간 거래를 규제하고 있다. 하지만 실질적으로는 현재 미국이 주도하고 있는 대량살상무기 확산방지 구상(PSI: Proliferation Security Initiative)이 불법무기 유통을 규제할 수 있는 국제적 강제수단이라고 할 것이다. 실제로 국제사회는 2011년 6월 대량살상무기를 선적하고 미얀마로 향하는 북한 의심 선박을 PSI 가이드라인에 따라 추적했으며, 동아시아 가입국

26) 홍제성(2015. 9. 17.).

27) 김필재, "北, 선박명-선적 바꿔 해외 무기 밀매", 『조갑제닷컴』(2012. 1. 31.).

들의 협조로 문제 선박이 북한으로 회항한 것으로 알려졌다. 이는 동아시아 국가들이 집단안보 수준에서 해군협력 활동을 통해 실제적인 효과를 낸 사례라고 할 수 있다.

하지만 PSI는 태생적으로 공해상 항행의 자유와 영해상 무해통항권을 인정하고 있는 유엔 해양법협약과 잠재적 갈등관계에 있다. 유엔 해양법협약은 "핵추진 선박과 핵물질 또는 본질적으로 위험하거나 해로운 물질을 실은 선박들도(foreign nuclear-powered ships and ships carrying nuclear or other inherently dangerous or noxious substance) 영해상 무해통항권을 갖는다"라고 규정(제23조)하고 있기 때문이다. 본 조항은 영해 및 공해상에서 대량살상무기를 운반하는 것으로 의심되는 선박을 정선, 검색, 압류할 수 있는 근거가 되는 PSI와는 근본적으로 배치된다고 할 것이다. 하지만 현재 동아시아 해양에서는 불법 무기와 대량살상무기 유통 방지를 위한 해군협력이 PSI를 중심으로 이루어지고 있다.[28)]

이처럼 집단안보 차원에서 해적 퇴치와 해상테러, 불법무기 유통 방지를 위한 해군협력 활동이 갈수록 증대되고 있다. 집단안보 수준에서의 노력들은 궁극적으로 동맹 수준의 해군협력에도 영향을 미치게 된다. 본질적으로 갈등적 요소가 많은 동맹 수준의 관계에 협력적 요소를 보강하는 역할을 하기 때문이다. 예를 들면 영유권 분쟁 당사자들도 해적과 해상테러, 불법무기 유통 방지를 위해서는 함께 노력하게 되고 이에 따라 위기 고조 시 대립을 위해 사용될 해군전력이 평상시

28) 2003년 11개이던 PSI 참여국은 2015년 말 104개로 확대되었다. 현재 미국을 중심으로 한 21개 국가들이 작전전문그룹을 만들어 조정과 의사결정체 역할을 수행하고 있다. 하지만 PSI 참여와 공조기반 확대 노력에도 불구하고 아직까지도 PSI는 국제사회의 보편적 지지를 확보하고 있지 못한 것으로 평가받는다. 해상에서의 차단이 주는 국제규범보다는 참여국들의 국내법 의존 경향이 크기 때문이다. 또한 실제적으로 해상에서 차단작전을 수행할 수 있는 해군력을 보유한 국가가 제한되기 때문이다.

에는 서로 협력을 위한 활동을 하게 된다. 대표적인 사례가 앞서 언급한 중국과 말레이시아 해군 간 상호협력 활동이다. 미국 주도의 전 세계 최대의 연합해군활동인 림팩(RIMPAC) 훈련에 2014년에 이어 2016년에도 중국 해군이 참가한 것도 이러한 이유 때문이다. 미국과 중국은 서태평양 해군 심포지엄(WPNS: Western Pacific Naval Symposium)에도 회원국으로 참가하고 있으며 그 외에도 양국은 동아시아에서 집단안보 차원에서 다양한 해군협력을 증대하고 있다.

5. 다자 해양안보 수준의 해군협력: 인도주의/재해구호(HA/DR) 및 탐색구조활동(SAR)

최근 동아시아 해양에서 자연재난이 대규모로 증가하는 추세를 보이고 있다. 2013년 11월 필리핀 전역을 강타한 초대형 태풍 하이엔(Haiyan)으로 인해 필리핀은 엄청난 국가적 피해를 입었다. 하이엔으로 인한 피해 복구를 위해 미국과 일본, 한국뿐 아니라 중국 등 주변국들은 인도주의적 지원과 재해구호를 위해 협력한 바 있다. 특히 필리핀과 해양영유권 문제를 두고 갈등을 빚고 있는 중국의 협력은 국제사회에서 HA/DR을 위한 국가들의 공조가 얼마나 중요한지를 잘 보여 주고 있다. 하이엔에 대한 초기 대응에 있어 중국은 최근 필리핀에 대해 형식적인 수준에서 10만 달러 규모의 지원을 약속하였으나, 이후 미국과 일본, 한국 등이 적극적으로 지원하자 뒤늦게 지원규모를 1,600만 달러로 올린 바 있다. 중국은 연성력(soft power)이 국제사회에서 중국의 종합국력 제고에 미치는 영향이 매우 크다는 것을 인지하고 있다. 특히 대한민국 해군을 비롯한 많은 국가들이 해군함정을 파견하여 피해 복구와 더불어 주민들에 대한 인도주의적 작전을 수행한 바 있다.

아울러 2014년 3월 24일 발생한 말레이시아 민항기(MH 370) 사고는 공해상 발생한 항공기 사고였다. 특히 사고해역 남중국해는 아세안 국가들 간 해양경계선이 중복되어 합의가 이루어지지 않은 민감한 해역이었다. 이는 특히 중국에 있어 심각한 해상사고였는데 그 이유는 탑승객 대부분이 중국인이었기 때문이다. 특히 MH 370 추락사고는 그 원인이 밝혀지지 않았으며 심지어 추락한 해역도 모르고 있었기 때문에 수색 및 구조를 위해 다양한 국가의 해군들이 협력할 수밖에 없는 상황이었다.[29] 대한민국 해군도 해당 해역에 해군 초계기(P-3C)를 파견하여 다국적 해상 탐색 및 구조활동에 참가한 바 있다. 이처럼 공해상 항공기 추락 또는 함정의 침몰 사고는 다자 해양안보 차원에서 상호 갈등 관계에 있는 해군들 간 긴밀한 협력을 가져올 수 있는 중요한 계기가 될 수 있다.

다자 해양안보 차원에서 최근 부상하고 있는 또 다른 사안은 실패국가(Failed States)들로부터 발생하고 있는 해상 난민 문제이다. 이라크 일대의 이슬람 국가(IS)의 만행을 피해 탈출한 난민들이나 국가 및 민족 간 다툼을 피해 이웃 국가로 피신하는 아프리카의 난민들과 같이, 난민 문제는 21세기 국제사회의 중요한 화두이다. 국제사회는 난민 문제를 중요한 인권의 위협으로 간주하고 난민협약 의정서를 채택

29) Sukjoon Yoon, "MH370 and Maritime Security: Fresh Start for Cooperation?," RSIS Commentary No. 024(March 17, 2014). 사건 이후 중국 시진핑 국가주석은 이에 대해 '자국민 보호' 차원에서 수색 및 구조 활동에 만전을 기할 것을 지시했다. 이를 위해 외교부, 교통운송부 및 민항총국 등 국가의 모든 노력이 투입되어 해난구조 활동을 전개하였다.

한 바 있다. 특히 동아시아에서는 2015년 동남아 선상에서 표류 중인 미얀마 로힝야족 난민들이 이슈가 된 바 있다. 현재 인도네시아와 말레이시아가 로힝야족의 난민 수용을 거부함에 따라 2015년 5월 기준으로 8천여 명의 로힝야족 난민들이 해상표류 중이다.[30] 최근 3년간 이들 난민들은 해상을 통해 주변 연안국들로 도피를 시도하고 있다. 2015년 상반기에는 수백 명에서 1천여 명의 미얀마인과 방글라데시인들을 태운 선박들이 말레이시아와 인도네시아 등지의 해안에 도착하였다. 말레이시아와 인도네시아 당국은 한동안 임시로 운영하던 난민 캠프에 더 이상 난민들을 수용하지 않고 있다.[31]

현재 이러한 난민들을 위한 해군협력은 적극적으로 이루어지지 않고 있다. 난민 수용과 불수용에 대한 개별국가의 입장이 서로 상이하기 때문이다. 하지만 최근 지중해 연안국들을 중심으로 해상으로 탈출하는 난민들의 인권 문제가 국제사회의 중요한 화두로 등장함에 따라 해상난민들에 대한 각국의 해군협력 활동도 더욱 구체화될 전망이다.

〈표 8-4〉는 대한민국과 주변국 간 인도적 차원에서 행해지는 다

30) 로힝야족은 주로 불교 국가인 미얀마의 북서쪽의 라카인(Rakhine) 주에 거주하는 이슬람계 소수민족으로 약 백만 명 정도로 추산된다. 그리고 워싱턴 소재 NGO인 Refuge International의 추산에 의하면 약 20만 명 이상의 로힝야족이 방글라데시로 이주하여 살고 있다. 로힝야족은 그들이 아랍계 상인의 후손으로서 천 년 전부터 오랜 세월을 거쳐 정착했다고 주장한다. 하지만, 미얀마 정부는 이들을 벵골 지역 출신의 이주민들로서 불법입국자로 취급하며 시민권도 부여하지 않고 있다. 그렇기 때문에 로힝야족들은 현재 무국적자 신세이며, 정부로부터 중한 부역을 부과받고, 교육이나 기타 기본적인 인권은 보장받고 있지 못하다. 한국해양전략연구소, 『2015-2016 동아시아 해양안보 정세와 전망』(한국해양전략연구소, 2016), pp. 135-138.

31) 해당 국가들의 수용 불가 입장에는 여러 가지 이유가 있다. 태국으로의 육상 경로가 막히자 바닷길을 선택한 것이라는 점, 난민이 아닌 노동을 위해 온 불법입국자들이라고 파악했다는 점, 현실적으로 너무 많아 수용 능력을 초과하였다는 점이다. 말레이시아 정부는 연료와 음식이 부족하면 공급해 주더라도 해안으로 접근하는 것은 차단하고 있으며, 선박이 좌초되면 구조는 하겠다는 입장이다. 한국해양전략연구소, 『2015-2016 동아시아 해양안보 정세와 전망』(한국해양전략연구소, 2016), pp. 135-138.

양한 해군협력 훈련들(기뢰전훈련, 수색 및 구조 훈련, 평화유지 활동)을 나열한 것이다. 이는 현재 동아시아에서 이루어지는 다자 해양안보(HA/DR 및 SAR) 차원의 해군협력의 한 단면을 보여 준다. 집단안보 수준의 해군협력 사례에서도 설명한 바와 같이 다자 해양안보 수준의 해군협력에서는 갈등적인 요소보다 협력적인 요소들이 더 많은 비중을 차지하고 있다. 따라서 동맹 수준에서 상호 갈등 중인 미국과 중국, 중국과 일본, 중국과 필리핀, 베트남 등도 다자 해양안보 수준에서는 거의 예외 없이 함께 협력하는 것을 볼 수 있다. 특히 해상에서의 HA/DR 및 SAR 분야에서는 동아시아 대부분의 국가들이 긴밀한 협력관계를 유지하고 있다. 그 이유는 초국가적 자연재해 또는 공해상에서의 사고는 단일국가가 스스로 해결할 수 없기 때문이고 어떤 국가도 앞으로의 피해국이 될 수 있기 때문에 현재 협력할 수밖에 없는 것이다. 궁극적으로 협력적 요소가 많은 집단안보와 다자 해양안보 수준의 해군협력이 갈등적 요소가 많은 동맹 수준의 해군협력에 얼마나 긍정적인 역할을 할 수 있을지가 앞으로 동아시아 국제관계에 영향을 미치는 가장 큰 변수가 될 것이다.

〈표 8-4〉 한국과 주변국이 실시하는 인도적 차원의 연합훈련

구분	훈련명	내용	참가 대상
기뢰훈련	연합기뢰전(MINEX)	韓 · 美 연합 기뢰전 능력 숙달	기뢰전대(韓), 7함대(美)
	다국 간 기뢰훈련	한국과 한반도 유사시 전력제공국 간의 기뢰전 능력 숙달	기뢰전대(韓), UN 전력제공국
	서태평양 기뢰대항전 훈련	WPNS회원국들이 참가하는 국제해역에 대한 기뢰 탐색 및 처리 능력 강화를 위해 실시하는 평화 목적의 다국 간 훈련	기뢰부설함 1척, EOD 2개 팀(韓), WPNS 회원국
구조훈련	서태평양 잠수함 탈출 및 구조 훈련(PAC - REACH)	잠수함 구조 능력 제고 및 잠수함 구조 관련 상호 신뢰구축을 위해 실시하는 아시아 · 태평양 지역 국가 간의 연합훈련	구조함, 잠수함 각1척(韓), WPNS 회원국
	연합구조전(SAREX)	韓 · 美 연합 잠수함 및 구조전 숙달훈련	구조전대(韓), 해난구조기동대(美)
	한 - 중 SAREX	韓 · 中 해군 간 해난 구조체계 정립 및 우호 증진을 위한 평화 목적의 연합 구조훈련	6전단(韓), 중국
	한 - 러 SAREX	韓 · 露 해군 간 해난 구조체계 정립 및 우호 증진을 위한 평화 목적의 연합 구조훈련	6전단(韓), 러시아
	한 - 일 SAREX	韓 · 日 해군 간 해난 구조체계 정립 및 우호 증진을 위한 평화 목적의 연합 구조훈련	구축함 1척, 1LYNX(韓), 일본 전력
	한 - 미 - 일 SAREX	韓 · 美 · 日 해군 간 해난 구조체계 정립 및 우호 증진을 위한 평화 목적의 연합 구조훈련	6전단(韓), 미국, 일본
평화유지 활동 훈련	코브라골드(Cobra Gold) 훈련	인도적 차원의 다국적 평화유지 활동 대비 상호 협조 및 작전 능력 향상을 위해 1981년부터 매년 실시하는 연합훈련	상륙함 1척, 해병대 1개 대대(韓), 미국, 태국 전력
	KOMODO 훈련 * KOMODO: 소순다 열도의 섬 이름	지역 내 해양안보환경 개선과 동남아시아 지역의 해군 간 유대 강화를 위한 인도적 지원 · 재해 구호 연합훈련	해난구조대 전투구조중대(韓 · 美), 미국, 인니 등 14개국
	환태평양훈련(RIMPAC)	태평양 상의 해상교통로 안전 확보, 해상분쟁 공동 대처를 위한 다국적 해상종합훈련	구축함, 잠수함, P-3, LYNX 각 1대, 특임대, 해병대(韓), 환태평양 국가들

출처: "2016년 연간부대훈련 계획" 등 출처 종합

6. 결론: 한국 해군과 동아시아 해군협력

이상에서 우리는 동아시아 국제관계를 조망할 수 있는 해군협력의 이론적 틀에 대하여 논의하고 이를 3가지 수준으로 나누어 당면한 동아시아 안보현안들을 분석해 보았다. 현재 해양은 동아시아 각국의 국가생존과 번영을 위한 핵심 분야로 부상하고 있다. 다시 말하면 해양정책은 정권 지지도 및 정책 추진의 성공 여부를 결정하는 주요한 현안이 되었다고 볼 수 있다. 그동안 미국은 해양중심 국가로서 강력한 해군력을 바탕으로 역사상 초유의 번영을 누려 왔다. 이에 중국을 비롯한 동아시아의 각 국가들도 자국의 실정에 맞추어 해양에서의 강국을 꿈꾸고 있다. 일본 아베 신조 총리는 평화헌법 개정과 자위권 이상의 군사력을 보유한 보통국가화 추구를 위해 해양에서의 국가적 역량 확대를 꾀하고 있다. 한편 중국의 시진핑 주석은 중국몽(中國夢) 구현을 위한 주요 수단으로 해양에서의 전력투사 및 해양교통로 확보를 위한 해양강국을 천명하고 있다. 인도네시아의 조코 위도도 대통령도 인도네시아 해양의 축(Indonesia Maritime Axis) 선언을 통해 인도네시아의 해양잠재력 강화를 위한 다양한 계획들을 국가정책 차원에서 추진하고 있다.[32)]

이렇게 해양의 중요성이 증대되는 상황에서 우리는 해양을 대립의 공간이라는 관점에서만 분석해서는 안 될 것이다. 대부분의 학자들은 해양에서의 대립과 갈등은 궁극적으로 해군력 경쟁을 통해 동아시아에서 미국과 중국을 중심으로 신냉전(New Cold-War)을 만들고 안보딜레마를 형성하게 될 것이라고 분석한다. 이러한 함의가 틀렸다는 것은

32) 윤석준(2014), p. 23.

아니지만 대결의 장인 동시에 협력의 장이기도 한 해양을 단편적인 관점으로 분석하여 미래를 전망하는 것은 올바르지 않다고 생각한다.

중동-인도양-말라카 해협-남중국해-동중국해-한반도로 이어지는 지역 해상교통로 보호는 단일 국가의 노력으로는 절대 불가능하다. 미국의 아시아-태평양 지역으로의 회귀, 중국의 일대일로 전략으로 인한 인도양 진출 등 양국 간 대립의 역학이 선명해질수록 이를 둘러싼 동아시아 국가들의 협력의 기류도 더욱 드러나고 있다. 현재 동아시아 해역에서 힘의 역학관계를 살펴보면 미국과 중국의 격차는 점차 줄어들고 있으나 반대로 중국과 동아시아 국가들 간의 격차는 더욱 벌어지는 형국이다. 이는 중국과 미국이 각국의 전략적 우위를 위해 동아시아 국가들의 협력을 필요로 한다는 점과 동아시아 국가들 간의 협력에 상당한 관성이 생기고 있다는 것을 의미한다.

그렇다면 이러한 대립과 협력의 복잡·다양한 역학관계에서 대한민국 해군은 어떤 전략을 취해야 하는가? 두 강대국의 각축장이 될 동아시아에서 양대 강국 중 어느 한쪽으로부터 전략적 선택을 강요받는 상황에서 우리가 할 수 있는 일을 찾는 것은 그리 쉬운 일이 아니다. 하지만 이 상황의 이면을 보면 두 국가 모두 우리의 협력이 없이는 동아시아에서 패권을 장악하기 어렵다는 측면에서 중요한 기회적인 상황으로도 인식할 수 있다. 이러한 상황인식을 통해 우리 해군은 전략적 틈새를 파고들어 위기를 기회로 전환하는 역할을 수행해야 할 것이다.

또한 동아시아 국가들 간의 협력의 중요성이 더욱 증대되고 있다는 점을 주목해야 한다. 물론 해양에서의 협력이 다양한 위협에 공동으로 대응하기 위해 형성된 것이기는 하지만, 그동안의 협력을 통해 각국은 집단안보와 해양안보 차원에서 해군 간 공동대응의 필요성과 협력의 중요성을 이해하게 되었고, 최근 지속적인 협력활동은 하나의 관성으로 작용하게 되었다. 현재 동아시아 해양에서는 동맹 수준의 해군협력에서부터 다자 해양안보협력에 이르기까지 다양한 형태의 협력활동들이 이루어지고 있으며, 이러한 해군협력 활동은 앞으로 다가올 여러 형태의 위협에 대해 공동으로 대응할 수 있는 하나의 기틀을 제공하게 될 것이다.

대립의 관점에서 본 동아시아 해양의 국제관계에서는 대한민국이 더 커지지 않는 이상 국가생존과 번영을 위한 출구가 보이지 않았다. 하지만 협력의 관점에서 바라본 동아시아의 해양에는 두 강대국 사이에서 우리가 주도적으로 행동할 수 있는 출구가 있다. 동아시아에서의 협력은 아직은 초기 단계로 서로 간 신뢰적인 측면이나 협력의 기술적인 측면에서 미흡한 점들도 있다. 하지만 이를 우리가 주도적으로 제도화하고 이러한 제도들이 오랜 기간을 거치면서 관성을 갖게 되면 앞으로 대립보다는 협력의 가능성이 점차 커질 것이고, 궁극적으로는 지역 차원의 심각한 갈등도 협력으로 대응할 수 있으리라 생각된다. 이것이 협력의 관점으로 본 동아시아 국제관계가 지향하는 미래 해양안보라고 생각한다.

9장

동아시아 해양 신뢰구축과 협력적 위협감소

1. 개관

2002년 조지 W. 부시 대통령은 21세기를 '아시아-태평양 시대(Asia-Pacific Century)'로 선언한 바 있다. 그동안 이 지역은 많은 이들의 집중적인 관심을 받아 왔다. 2011년 11월 *Foreign Policy*(포린폴리시)지(誌)에서 힐러리 클린턴 미 국무장관은 미래 국제정치는 아시아에서 결정될 것이라고 확언하면서 미국은 이러한 중대한 결정들에 있어 핵심적인 역할을 할 것이라고 단언하였다. 이렇듯 아태 지역은 글로벌 안보에 있어 가장 핵심적인 지대로 부상하고 있다. 이 지역은 냉전적·탈냉전적 요소, 대륙적·해양적 요소, 경쟁과 협력의 요소와 함께 강대국 부상과 쇠퇴라는 세계정치적·지정학적 역동성이 서로 복잡하게 얽혀 있어 지역 수준의 안보가 구축되기 매우 어려운 환경에 처해 있다. 게다가, 유럽과는 달리 아직도 지역 차원의 광범위한 협력을 위한 안보 개념이 구축되지 못하고 있는 실정이다. 지역적 협력을 위한 역학관계가 긍정적인 방향으로 발전될 때 동아시아의 범세계적 리더십이 국제 사회에서의 경제적 비중에 걸맞게 더욱 신장하고, 타 지역과 전 세계 차원에서의 안정과 평화에도 중요한 영향을 미칠 것이다.[1] 이를 위해서는 갈등과 대립이 현저한 기존의 안보구도를 공존적·협력적 안보패러다임으로 전환하기 위한 엄중한 노력이 필요하다.

이러한 맥락에서 볼 때, 이 지역은 지리적으로 바다를 매개로 국가 간의 관계가 형성되며 정치·군사적인 갈등과 대립의 근원과 경제·문화적인 공존과 조화의 동력을 모두 바다에서 공급받고 있다. 해양은 미래 글로벌 거버넌스에서 해양 영토분쟁, 관할권 및 경계 획정, 접근과 반접근 노력, 해양자원 개발과 통상 및 해상교통로 보호 등 다양한 형태의 갈등과 협력이 교차하는 중심적 영역이 될 것으로 예견되고 있다. 육상의 질서와 해상의 질서가 서로 긴밀하게 연결되어 있음을 직시할 때 해양성이 지배적인 아태 지역의 지리적 환경을 고려하면, 육상에서의 질서 파괴는 해양에서의 질서 확립을 통해 상쇄 또는 완충될 수 있고 반대로 해양에서의 평화롭고 조화로운 질서를 통해 육상에서의 질서와 안정이 유지되는 데 크게 기여할 수도 있다.[2]

아태 지역의 군비지출이 유럽 지역의 군비지출을 처음 상회한 2012년 이후[3] 역내 국가들의 군사력 증강의 내용과 주요 국내외 군사적 활동의 성격, 상호 군사적 위협과 대립의 중심에 해군력이 있었다 해도 과언은 아니다. 많은 분석가들이 주권국가 차원에서 전형적인 현

---

1) European Union Institute for Security Studies, *Global Governance 2025: At a Critical Juncture*(September 2010), pp. 37-39; National Intelligence Council, *Global Trends 2030: Alternative Worlds*, NIC 2012-001(December 2012), pp. 79-81.

2) Geoffrey Till, *Seapower: A Guide For the Twenty-First Century*(London: Frank Cass, 2004), p. 591.

3) The IISS, *The Military Balance 2013*(London: Routledge, 2013), pp. 255-257.

실주의적 관점에 입각해 국가안보를 증진하기 위한 군사적 증강 필요성을 기계적으로 역설하고 있지만, 정작 아시아·태평양의 지역 수준에서 긴 호흡과 넓은 안목을 가지고 안정성과 평화를 향한 근본적이고 총체적인 방안을 제시하려는 노력은 아직 매우 미흡한 실정이다. 이러한 맥락에서 이 글은 '신뢰구축조치(CBM)'라는 협력적 방식의 주권국가 간 상호 작용을 통해 해양영역에서 궁극적으로 협력을 바탕으로 위협감소를 달성할 수 있는 방향에 대해 다루고자 한다.

2. 동아시아 해양과 협력적 패러다임

1) 동아시아의 지정학적 해양성

엄밀히 말하면 지구는 해양이 70% 이상을 차지하는 '해구(海球)'다. 이곳에 존재하는 각 대륙들은 유라시아 섬, 아프리카 섬, 아메리카 섬, 오세아니아 섬의 모습으로 바다에 둘러싸여 있고, 이들 주위에 좀 더 작은 섬들이 여기저기 복잡하게 흩어져 있는 모습이 우리가 '지구'라고 부르는 행성의 좀 더 객관적인 모습이다.[4] 이 중, 유라시아는 지구 상에서 가장 큰 섬이요, 아시아는 지구에서 가장 큰 섬인 유라시아 대륙의 2/3를 차지하는 지구 상에서 가장 큰 지대다. 탈냉전기의 아시아는 이 거대한 단일 섬의 동쪽 2/3에 국한되지 않고, 밑으로는 호주

---

4) '대륙'이라는 관념은 인류가 이 행성을 통째로 바라보지 못하고 부분적으로 경험하거나 간접적으로 경험된 한정된 일부 세상을 묘사하였기에 '섬'의 개념이 아니라 '거대한 땅'의 개념으로 구조화된 것일 수 있다.

뿐 아니라 말레이시아 및 인도네시아와 필리핀까지, 동쪽으로는 일본과 연하면서, 인도양과 태평양이라는 지구에서 가장 광대한 바다를 중앙에 끼고 있는 대(大)해양 지대(grand maritime Asian region)다.

동북아와 동남아는 아시아 해양 지대 내에서 유라시아 대륙의 림랜드(rimland)로 대륙과 해양을 동시에 포괄하는 지대에서, 러시아, 중국, 일본, 한국, 인도네시아, 말레이시아, 싱가포르, 대만 등 역내 주요 국가들을 바다를 매개로 연결하고 있다.[5] 1990년대 이후 미국의 군사 전략적 관점에서 볼 때에도 이곳은 해양과 대륙에 모두 결정적인 영향을 미치는 유라시아 연해 지대를 형성한다.

2) 국익 충돌과 해군력 증강 경쟁

아태 지역은 폭발적인 경제성장과 더불어 각국의 군사력에서도 질적·양적 성장을 거듭하며 역내 전략적 안정성과 안보 관계에 매우 역동적인 환경을 제공하고 있다. 특히, 동아시아 해양에서의 안보환경을 고려할 때 각국의 국방비 지출 규모 증대 및 그 상당 부분에 해당하는 규모가 해군력 증강에 투자되고 있다는 사실은 국방분석가들의 집중적인 관심을 받고 있다. 아태 지역에서의 해군력 증강은 역내 주요 국가들의 해양 군사력 투사 능력에 증대를 초래하고 있다. 미국을 포함하여 중국과 일본, 러시아와 인도뿐 아니라 호주까지도 항공모함 전

---

5) Halford J. Mackinder, *Democratic Ideals and Reality: A Study in the Politics of Reconstruction*(London: Constable and Company Ltd, 1919), pp. 38-42; Nicholas J. Spykman, *America's Strategy in World Politic: The United States and the Balance of Power*(New York: Harcourt, Brace and Company, 1942), pp. 137-155.

력을 구비 또는 발전시키기 위한 계획을 국가전략적 차원에서 추진하고 있다. 항공모함뿐 아니라 공중급유기, 잠수함전력,[6] 대형 해상보급함 등 기타 핵심 또는 지원 전력들도 동반적으로 강화하고 있는 추세다.

여기에 역내 안보 불안을 가중시키는 남중국해에서의 갈등 등 해양분쟁 역시 심화되고 있다. 중국은 스카버러 섬에 전초기지를 건설하려 노력하는 가운데 조만간 남중국해에서 방공식별구역을 선포할 것으로 우려되고 있다. 일본은 남중국해에서 자위대 영향력을 확대하기 위한 노력의 일환으로 작전·훈련을 강화하고 있다. 러시아는 북극해에서의 주도적 지위를 확고히 하기 위해 북극사령부를 창설하고 방공부대를 배치함과 함께 이 지역에서의 군사훈련 수준을 강화하고 있다. 중국과 인접한 인도는 중국 해군력 팽창을 우려하여 인도양에까지 중국의 패권적 행보가 미치지 못하도록 해군력을 강화하고 있다.

이렇게 불확실성과 불안정성이 강화되는 가운데 진행되는 역동적인 변화와는 대조적으로 역내에서 지역 차원의 공고한 협력적 안보기제가 미약하다는 사실이 많은 이들의 우려를 더욱 증폭시킨다. 이 지역은 경제 및 통상 분야와는 매우 대조적으로 안보, 정치, 군사 분야에서는 닫힌 세계로 기능하면서 냉전적 안보구도가 잔존하며 제로섬(zero-sum)게임적 환경을 제공한다. 해양영역을 포함하여 '글로벌 코먼스(global commons)'에 대한 자유로운 접근과 활동을 유지 또는 확대하려는 국가들의 '접근(access)'을 위한 노력들과 이를 위협으로 인식하는 국가들의 '반접근(anti-access)' 노력은, 결국 역내 국제정치 질서에서 현상

6) 잠수함전력 증강에 대해서는 버지니아급 공격핵잠수함과 093B형 공격핵잠 실전배치 등 미국과 중국의 잠수함전력 증강 외에도 러시아와 중국 등 지역 강국들의 전력증강 역시 현저하다. 러시아는 제5세대 핵잠수함을 신소재를 사용하여 건조·조립할 예정이며 인도도 근시일 내 핵미사일 발사가 가능한 자체 핵잠수함 '아리한트'를 실전배치할 예정이다.

을 변경하려는 도전세력과 기득권을 유지하려는 기존 패권세력 간의 갈등을 심화시킨다. 그 여파로 발생하는 역내의 경쟁적인 군비증가 양상이 해군력을 중심으로 심화되고 있다. 특히 앞서 언급된 항공모함과 잠수함 등의 핵심 해군전력뿐 아니라 미사일과 해상 MD체계에 중요한 구성요소가 되는 최첨단 방공함들이 현저히 증가하고 있다.[7] 이러한 역내 해군력 증강은 개별 국가 차원의 일방적 증강을 넘어 다자적 군비증강으로 구조화되고 있는 양상이다. 특히 미국을 주축으로 한국·일본·호주·인도 간 결성되는 대(對)중국 견제 노력[8]에 중국과 러시아가 전략적 밀착관계로 대응하는 구도가 고착되고 있다.

해군력 증강이라는 하드 파워(hard power)적이고 단편적·개별적인 분야의 역량 강화가 국가 차원의 해양 종합역량 증진이라는 소프트 파워(soft power)적 노력과 궤도를 맞추게 되면서 해양에서의 이권 다툼을 위한 선점 노력이 구체화되고 있다. 일본은 세계 제6위의 해양영토 보유국으로서 해양기본법과 해양기본계획을 통해 '해양입국' 비전을 적극적으로 추진하는 가운데, 올 3월 안보법제를 시행에 옮기고 방위성 내국의 '통합방위 경비계획' 지침 작성 및 승인 권한을 통합막료감부로 이관하는 한편, 일원화된 작전 계획 및 작전 수행을 담당하는 통합사령부 신설을 검토 중이다. 중국은 기존의 군구체제를 5대 전구체제로 통합 재편하여 국가 차원의 전략적 종합 지휘 능력을 강화하고, 해

7) 미국은 차세대 구축함 줌왈트(DDG-1000) 3척을 아태 지역에 배치하기로 하였고 어느새 일본, 중국, 한국, 러시아, 호주 등 국가들이 1990년 초 미국이 전유하던 이지스체계 또는 이와 유사한 체계들을 갖춘 미사일구축함들을 보유하게 되면서 핵심 해상무기체계의 수평적 확산이 진행되고 있다.

8) 일례로, 일본 해상자위대는 미국에서 실시되는 훈련에 호위대군을 파견하고 오키나와에 미국과 함께 중국 잠수함을 감시하기 위한 수중 감청케이블을 운용하며 미 공군 F-35 전투기를 주일 미군 기지에 배치토록 하는 한편, 미-일 간 상호군수지원협정(ACSA)도 개정하였다.

사법 제정을 추진함으로써 해상법 집행 능력을 제고하고, 각종 수단을 이용하여 해상권익을 보호하기 위한 노력을 기울이고 있다. 미국 역시 최근 '협력적 해양전략'[9]을 개정하고 '아태 해양안보전략'[10]을 별도로 작성하여 역내에서의 해양전략을 구체화하였으며 국방과학기술을 통한 전략적 이점을 극대화하기 위해 '과학기술 발전 전략'[11]을 통해 최첨단 군사력 증강을 지속적으로 추진하고 있다.

아태 지역에서 해군력을 위주로 한 군사력 증강에 대해서는 그동안 많은 연구들이 있어 왔다. 하지만, 이러한 역내에서의 공통적인 해군력 증강 양상이 단순히 지역 차원의 지속적인 군비증가 상태를 넘어 '군비경쟁'이라는 악순환의 소용돌이에 이미 접어들었는가에 대해서는 아직 속단하기 힘들다.[12] 다수의 분석가들이 비록 표현으로는 '군비경쟁'이라는 용어를 사용하고 있을지라도, 역내 안보를 걷잡을 수 없는 악순환의 연속으로 이끌어 급기야 전쟁의 가능성을 높이는 '군비경쟁 소용돌이(spiral of arms race)' 단계까지는 접어들지 않았다는 데 의

9) US Navy, US Marine Corps and US Coast Guard, *Cooperative Strategy for 21st Century Seapower: Forward, Engaged, Ready*(March 2015).

10) US Department of Defense, *Asia-Pacific Maritime Security Strategy*(released on August 21, 2015).

11) Office of Naval Research, *Naval Science and Technology Strategy: Innovations for the Future Force*(released on January 20, 2015).

12) 경쟁국 간 단순한 형태로 진행되는 경쟁적인 군사력 증강과 분명한 '군비증강' 상태를 어느 수준에서 어떻게 구분할 것인지에 대해서는 아직까지 합의된 바가 없다. 대체적으로 국가 GDP의 10% 내외 수준으로 보는 경향이 많다. 군비경쟁 이론에 관한 대표적인 연구는 다음을 참조. Thomas C. Schelling, *Arms and Influence*(New Haven: Yale University Press, 1966); Lewis F. Richardson, *Arms and Insecurity*(Pittsburgh: The Boxwood Press, 1960), Hedley Bull, *The Control of the Arms Race: Disarmament and Arms Control in the Missile Age*(New York: Frederich A. Prager, 1961), Colin S. Gray, *Weapons Don't Make War*(Kansas: University Press of Kansas, 1993); Barry Buzan and Eric Herring, *The Arms Dynamic in World Politics*(London: Lynne Rienner Publishers, 1998).

견을 같이한다. 해군력 증강 현상의 중요한 촉발요인(push factor) 중 하나는 아시아의 안정적이고 지속적인 경제성장이므로, 안보딜레마에 의한 경쟁보다는 국부의 축적에 따른 자연스런 성장(arms affluence)의 영향이 아직 우세한 것으로 볼 수도 있다.[13]

그러나, 이러한 지속적인 해군력 증강이 장기화되고 있고, 국가 간 보유하는 해군 무기체계가 방어를 위한 무기보다는 공세적인 무기들이 점차 우세해지는 데다 주요 경쟁국 간 '잠재적인 적'으로의 이미지가 점차 강화되고 있으므로 사실상 언제든지 군비경쟁 국면으로 돌입할 수 있다. 여기에, 비록 현재의 양상이 명시적인 작용-반작용의 군비경쟁 양상으로까지 확대되지는 않는 상황이지만, 이면적으로는 '암묵적인 작용-반작용'의 단계에 접어들었다는 징표와 정황들이 포착되고 있어 우려가 증폭되고 있다. 강대국들의 주요 전략문서 등을 통해 역내에서 대화와 협력을 통한 신뢰에 의해 조화로운 해양질서가 창출되지 않는다면, 머지않은 장래에 아태 지역에서 해군 군비경쟁이 촉발될 가능성이 높아질 것으로 전망하고 있다.

3) 해양 신뢰구축과 협력적 위협감소

안보를 증진하는 방식은 두 가지로 구분된다. 하나는 현재 또는 장래에 예상되는 위협을 대비해 전력증강 또는 동맹 등을 통해 자국 안보를 담보하는 것이다. 이 방법은 전쟁을 억제하거나 또는 전시 승

13) Desmond Ball, "Arms and Affluence: Military Acquisitions in the Asia-Pacific Region," *International Security*, Vol. 18, No. 3(Winter 1993), pp. 83-89.

리를 견인하는 데 직접적인 기여를 할 수 있다. 그러나 상대방이 같은 패턴을 통해 대응하는 반작용이 있을 경우 걷잡을 수 없는 안보딜레마에 처하게 하여, 현상적인 전쟁 위험성을 억누를 뿐 오히려 수면 하에서는 전쟁의 가능성을 높이게 될 수도 있다. 이와 상반되는 또 하나의 방식은 미래의 위협을 감소하기 위해 현재 경쟁국 또는 잠재 적국과 신뢰를 구축하는 장기적인 노력을 추구하는 것이다. 이 과정은 평화창출을 위한 보다 건설적이고 적극적인 과정이나, 성과가 가시적이지 않고, 장기적이고 체계적이며 인내심 있는 노력이 필요하다. 한 국가의 안보는 이 두 가지를 모두 추구할 때, 급변하는 전략적 환경에서도 다양한 최적의 전략적 옵션을 제공할 수 있게 한다. 미래의 위협을 감소하기 위한 노력이 없는 일방적인 군비증강 노력은 공허하고 늘 불안한 안정만을 가져온다. 반면, 충분한 방어역량 없이 추진되는 위협감소 노력은 그러한 노력이 소기의 결과를 창출하지 못하고, 오히려 안보환경이 불안해질 때 자국이 타국에 비해 더욱 불리한 환경에 처하게 하므로 순진무구한 전략적 환상으로 전락하기 쉽다.

'협력적 위협감소'[14]는 국가의 개별적 군비증강이 아닌 국가 간 상호 협력과 공조를 통해 위협을 감소하는 방식을 의미한다. 즉, 신뢰구축조치나 군비통제 등의 방식을 통해 장기적 관점에서 미래의 위협을 감소하기 위한 노력을 관련 국가들이 상호 협력적으로 추진하는 방

---

14) '협력적 위협감소(Cooperative Threat Reduction)'라는 용어는 1990년대 중반 이후 미국이 구소련의 해체로 인해 WMD의 확산이 자칫 테러집단에 획득되어 미국에 가공할 피해를 입힐 수 있다는 우려에서, 구소련에서 보유 중인 WMD에 대해 안전하게 폐기 또는 관리하기 위한 제반의 정책적 조치로서 명명하였다. Senator Sam Nunn, "Cooperative Threat Reduction"(http://www.fas.org/spp/starwars/congress/1996_h/s960313a.htm, March 13, 1996, 검색일: 2016. 1. 27.). 이 글에서 언급하는 협력적 위협감소는 비록 그 명칭과 같은 명칭을 사용하나, 제목에서 명시하는 바에 충실하여 협력을 통한 위협감소의 노력에 포커스를 두고 있다.

식이다. 주권국가 간 협력을 통한 위협감소의 노력은 세계와 국가 간 관계를 닫혀 있고 고정되어 있는 세계가 아니라, 열려 있고 유동적인 세계로 바라보는 전략적 인식에 기초한다. 또한, 현시대의 '안보'의 개념에 대해서도 '제로섬(zero-sum)'의 절대적 안보가 아니라 '공동안보(common security)', '상호안보(mutual security)' 내지는 '협력적 안보(cooperative security)'의 관점에서 국가 간 관계가 본질적으로 갈등과 대결만이 아니라 협력과 조화를 통한 공존이 가능하다는 입장을 취하고 있다.[15)]

해양에서 협력적 방식에 기반을 둔 해군력 운용은 해군의 기능과 목적에 대한 전략가들의 사상 중 코빗 경(卿)의 사고를 현대적 해양안보환경에 부합하게 적용한 것이라 할 수 있다. '바다의 조미니'라 불릴 만큼 해상에서의 결정적 전투를 강조하며 강압적이고 공세적인 군사력 운용으로 적의 해군력을 제압하는 데 가장 큰 주안을 둔 머핸과 달리, 코빗은 해군력의 유용성에 대해 전투뿐 아니라 위기와 평시를 포함하여 국가의 외교활동 등 전체적인 분야에 초점을 두고 해군 정책과 활동을 위한 포괄적인 노력을 강조했다.[16)] 비국가 행위자 등 다양한 위협들이 혼재하고 결정적 해전뿐 아니라 인도적 지원과 재난 구호 등 광범위한 임무가 부여되는 현시대에 있어서는, 해군력의 유용성을 극적인 전투 상황에만 한정하는 이분법적이고 획일적인 사고보다는, 폭넓은 협력적 패러다임을 바탕으로 해양에서 국가 간의 신뢰구축을 통해 국가안보와 이익을 증진할 수 있는 시대에 걸맞는 전략적 사고가

---

15) Bjørn Møller, *Common Security and Non-Offensive Defense: A Non-realist Perspective*(Boulder, CO: Lynne Rienner Publishers, 1992), pp. 28-30; Janne E. Nolan ed., *Global Engagement: Cooperation and Security in the 21st Century*(Washington D. C.: The Brookings Institute, 1994), pp. 3-18.

16) Sir Julian Corbett, *England in the Seven Years War*(London: Longmans Green, 1907), p. 5.

요망된다.[17)]

국가 간 해양에서의 협력을 통해 위협을 감소할 수 있는 수단에는 해군 간 교류협력, 신뢰구축조치, 군비통제, 군축, 비확산 등 다양한 방법이 있다. 이 중, 해군을 대상으로 한 군비통제나 그 이상의 군축활동은 대개 국가 간 신뢰가 이미 현저히 축적된 상태에서나 성사될 수 있으므로, 해양에서의 신뢰가 충분히 쌓여 있지 못한 상태에서는 단기간의 가시적인 성과를 기대하기 어렵다. 한편, 해군 간 협력은 국가 간 독립적인 이익과 필요에 따라 양자 관계의 틀 속에서 개별적으로 진행됨에 따라 지역 차원에서의 전반적인 신뢰형성을 위한 시너지를 창출하기 어렵다. 결국, 해양에서의 신뢰구축조치가 국가 간 협력이 정착되지 않은 역내 해양에서 초기 단계에서의 해양협력을 통한 위협감소에 기여할 수 있는 최적의 방안이 된다.

신뢰를 통해 불신을 제거 또는 감소하려는 노력은 인류 역사 이래 다양한 방식으로 존재해 왔다. 이러한 상징적 노력들은 모두 광의의 신뢰구축 사례에 포함할 수 있을 것이나, 현대적 의미에서 국제평화와 안보를 증진하기 위한 수단으로 널리 시행되고 있는 신뢰구축조치(CBM)는 최근의 일이다. 인류가 양차 세계대전이라는 대재앙을 거듭 겪은 후 같은 실수를 반복하지 않기 위해 창설한 유엔(국제연합)의 궁극적인 창설 목적은 국가 간 신뢰와 협력을 바탕으로 한 평화로운 국제질서를 창출하여 국제평화를 유지하는 것이었다.[18)] 유엔 중심의 군축 논의와 신뢰구축을 위한 국제적 노력과는 별개로 1950년대 후반에 들어 미국과 소련을 중심으로 군축(disarmament)과 군비통제(arms control) 개

17) Geoffrey Till(2004), pp. 46-58.

18) UN, *Charter of the United Nations and Statute of the International Court of Justice*(San Francisco, 1949), pp. 3-4.

념을 실천하기 위한 노력이 추구되기 시작했다. 이후, 국가 간의 갈등과 충돌을 예방하고 평화를 담보하기 위해 신뢰를 구축할 수 있는 다양한 방법들이 논의되면서 다양한 신뢰구축조치가 모색되기에 이르렀다.

해양에서의 신뢰구축조치는 국가 간 관계를 긍정적 방향으로 유도할 수 있는 잠재력을 갖추고 있을 뿐 아니라 위기 고조 시 상황에 따라 갈등의 강도를 완화하거나 전쟁 발발 가능성을 예방하는 등 국가와 지역안보에 순기능적 역할을 수행할 수 있다. 해양 신뢰구축조치는 특정 신뢰구축조치의 일부로서 해양영역에서 이루어지는 형태가 있을 수 있고(Confidence Building Measures at Sea, CBMS), 이와는 별개로 여타 신뢰구축조치와는 독립적으로 해양 분야에 특화된 개별적인 신뢰구축조치(Maritime Confidence Building Measures, MCBM)의 형태로도 추진될 수 있다.

3. 동아시아와 해양 신뢰구축

1) 해양 신뢰구축 사례

근대 이후 현재까지 다양한 신뢰구축조치들이 추진되어 왔다. 이를 신뢰구축조치 개념이 정립되는 1950년대 이전을 1세대로, 개념이 정립된 후 미-소 양국을 중심으로 형성된 얄타 체제하의 신뢰구축조치를 2세대로, 소련이 해체되고 동구권이 몰락하기 시작하는 시기부터 진행된 그 이후의 사례들을 3세대로 구분하는 데는 큰 무리가 없다. 해양영역에서 이루어지는 신뢰구축 노력뿐 아니라 국제사회의 거시적 차원에서 이루어진 군비통제와 신뢰구축 노력들 안에서 해양 분야의 조치들이 어떤 양상으로 발전하여 자리매김하고 있는지 살펴보기로 한다.

(1) 1세대 해양 신뢰구축(1945년 이전)

최초의 근대적 해양 분야 군비통제는 1817년 러시-배것 조약(Rush-Bagot Treaty)이었다.[19] 이 조약은 당시 미국과 영국이 5대호에 배치하는 전투함의 수량을 제한하고자 하였으나 해상에서의 군사적 충돌을 예방하는 데에는 한계가 있었다. 이어 1856년의 파리선언(Declaration of Paris)과 1909년의 런던선언(Declaration of London) 등을 통해 해상에서의 전투 수행 방식에 일종의 제약을 가하려는 노력이 시도되었는데, 당시 육상에서는 1899년과 1907년의 헤이그 회의(Hague Conference)를 통해 특정 총탄과 독가스의 사용을 규제하던 노력과 병행적으로 추진되었다. 그 이외에도 1864년의 제네바 협약(Geneva Convention)에서는 해전에서 초래된 부상자에 대한 적절한 조치에 대해서 규정하였다.[20] 남미에서는 1902년 아르헨티나와 칠레가 전투함을 제한하는 양자 협정을 체결하였다.[21] 제1차 대전 이후 베르사유 조약을 통해 독일의 군사

---

19) "Rush-Bagot Treaty: Exchange of Notes Relative to Naval Forces on the American Lakes" (http://www.heritagefdn.on.ca, 검색일: 2016. 2. 5.)

20) A. J. Marder, *From the Dreadnought to Scapa Flow* Vol. 2(Oxford: Oxford University Press, 1965), p. 149. Rear Admiral J. R. Hill, *Arms Control At Sea*(Annapolis: Naval Institute Press, 1989), pp. 27-29에서 재인용. 이 협약의 7번째 항목에서는 상선을 전투함으로 개조하는 것에 대한 규제를, 8번째 항목에서는 자동식 접촉기뢰에 대해 다루었다. 특히, 기뢰원(minefields)에 대한 통보 의무를 명시하고 있으나 자기, 음향, 압력 등 기타 방식으로 작동하는 기뢰들에 대해서는 다루어지지 않았다. 10번째 항목에서는 보호되지 않은 마을에 대해 해군력을 통해 포격하는 것을 금지하였다.

21) "The Beagle Channel Dispute: Confrontation and Negotiation in Southern Cone," *Journal of Internatinal Studies and World Affairs*, Vol. 27, No. 3(1985).

력이 제한되었는데, 이 중 해군력 관련 사항으로 독일은 잠수함과 항공모함을 보유하지 못하며 전함과 경순양함은 각 6척, 구축함 및 어뢰정은 각 12척까지 제한되며 전함은 배수량 1만 톤 이하와 11인치 이하의 함포만이 허용되었다.[22] 1921년부터 1922년까지 진행된 워싱턴회의(Washington Conference)에서는 해군력 우세를 위해 벌였던 해군 군비경쟁이 제1차 대전을 초래하는 데 기여하였다고 여겨 주요 전투함(전함)에 대한 폐기까지 포함하는 보다 강화된 군축조약이 논의되었다.[23] 이 조약에서는 전투함 폐기(제2-3항)와 총톤수(제4항)[24], 단일함 최대 톤수(제5항), 함포 최대 구경(제6항) 등을 제한하였고 10년간 해군 전투함을 건조하지 못하도록 하는 '해군휴무(Naval Holiday)'가 시행되었다.[25] 한편, 1923년에는 마르마라 해와 보스포루스-다르다넬스 해협의 비군사화를 위한 로잔 조약(Treaty of Lausanne)이 체결되었다.[26]

전투함에 대한 후속적인 규제는 1927년 제네바 회의에서는 실패하였고 1930년 런던에서 부분적인 성과를 거두었다. 여기에서는 잠수함에 대한 규제의 필요성이 대두되었으나, 프랑스가 잠수함은 열세한 해군에게 필수적인 군사적 수단이라며 반대하여 제한적인 조치를 위한 협상은 순양함 척수로 모아지게 되었다.[27] 양차 대전 중간기 동안

---

22) "Treaty of Versailles: Treaty of Peace Between the Allied and Associated Powers and Germany"(June 28, 1919).

23) 제1차 대전을 통해 잠수함의 치명성이 입증됨에 따라 잠수함에 대한 규제가 가장 시급한 문제로 대두될 수도 있었으나 해양전략에 대한 입장과 머핸주의적 시각 등에 따라 워싱턴 회의에서의 주된 관심은 전함으로 한정되었다.

24) 이 규제에 따라 영국과 미국, 일본 간에 각 5:5:3의 비율로 총톤수가 규제되었다.

25) S. W. Roskill, *Naval Policy Between the Wars* Vol. 1(London: Collins, 1968), p. 303.

26) Switzerland, "Treaty of Peace with Turkey Signed at Lausanne"(July 24, 1923).

27) 프랑스뿐 아니라 이탈리아도 이에 동조하였고 후에 영국 해군도 개별적으로 잠수함의 은닉성을 이유로 반대한 바 있다. 이에 대하여는 George H. Quester, *Navies and Arms Control*(New York: Praeger Publishers, 1980), pp. 39-40.

의 회의는 1935년과 1936년 간에 걸친 제2차 런던회의에서 마무리되었고 일본은 미국, 영국과 동등한 비중을 확보할 가능성이 보이지 않자 회의에 불참하였다. 영국은 1937년과 1938년 기간 중 독일·소련·폴란드·스칸디나비아 국가들과 해군력 관련 협약을 체결하였다. 그 이외에도 스칸디나비아 해역을 대상으로 1920년 체결된 스발바르 조약(Svalbard Treaty)과, 1930년에는 그리스와 터키 해군 간 전투함을 건조할 시 상호 최소 6개월 전에 통보할 것을 규정하는 협정, 1931년에는 흑해에서의 전투함 전개와 관련한 해군협약이 체결되었다.[28)]

(2) 2세대 해양 신뢰구축(1945 - 1985)

1950년대 중반 이후 미-소 간 신뢰구축조치를 위한 다양한 회의와 협상들이 전개되었으나, 최초의 미-소 간 신뢰구축조치는 1963년이 되어서야 핫라인(hot line)으로 가시화되었다. 이후 1970년대 초 몇 가지 신뢰구축 관련 조약들이 합의되기에 이르렀다. 지역적 수준에서는 미주국가기구(OAS: Organization of American States) 헌장(1948, 1967), 남미의 1980년 아야쿠초 선언(Declaration of Ayacucho), 1969년의 리버플레이트 만 협약(The River Plate Basin Treaty), 1978년 아마존 협력조약(Treaty of Amazon Cooperation), 1964년 아프리카 국가기구(Organization of African States), 1980년 ASEAN(Association of South-East Asian Nations) 등 다양한 기구들과 협약들이 결성되었다. 이 외에도 전략무기제한협정(SALT-I, II), 대탄도미사일조약(ABMT), 전략무기감축협정(START) 등 전략무기를 제한하려 했던 조약들, 부분적핵실험금지조약(PTBT), 핵비확산조

28) Trevor N. Dupuy and Gay M. Hammerman, *Documentary History of Arms Control*(Bowker, 1973), pp. 168-169.

약(NPT) 등 핵무기 개발을 제한하는 협정들과 함께 남극조약(Antarctic Treaty), 남미핵무기금지조약(Treaty of Tlatelolco), 남태평양지역핵무기금지조약(Treaty of Rarotonga), 외기권조약(Outer Space Treaty) 등 기타 조치들이 합의되었다.

신뢰구축조치로는 1962년 쿠바 위기를 계기로 미-소 간 양해각서(1963년)를 통해 워싱턴과 모스크바 간 직접 통신 회선(핫라인)이 설치되었고 이를 선례로 소련과 영국, 소련과 프랑스 간 각각 1976년과 1977년 핫라인 설치에 대한 합의가 이루어졌다. 유럽안보협력회의(CSCE)의 헬싱키 최종 의정서(1975년)를 통해서는 대규모 군사활동에 대한 사전 통고, 군사행동에 대한 연례 정보교환 등이 합의되었으나, '적용 지역(zone of application)'에서 해양과 관련한 영역을 '인접하는 수역(adjoining seas)'으로 다소 모호하게 설정하는 한편 사전 통고를 요구하는 해군의 군사행동에 대해서도 상륙전력 및 지원전력 정도만을 포함하였다. 중동에서는 1974년부터 1975년까지의 시나이 협정이 성공적으로 체결되었다.

해양 분야에서의 위협감소 노력을 살펴보면, NATO 창설의 한 근간이 되었던 1948년 브뤼셀 조약(Treaty of Brussel)은 서독과 이탈리아 가입을 위해 1954년의 의정서를 통해 3천5백 톤을 초과하는 수상함과 350톤을 초과하는 잠수함을 금지하여 전후 해군함정의 톤수에 대해 제한을 가한 유일한 조약이었다. 1971년의 해저조약(Sea-bed Treaty)은 대양저와 그와 연하는 해저에 핵무기 또는 대량살상무기를 배치하는 것을 금지하고 있었다. 미-소 간의 핫라인 조치 이후 1975년 3월 25일 해양에서의 군사적 활동으로 인한 우발사고 예방을 위한 포괄적 조치가 합의되었다. 이 조약은 해상과 상공, 수중에서 미-소 간 은밀한 정찰 수행으로 인해 갈등과 군사충돌까지 초래할 수 있다는 우려가 대두되어 사고를 방지하기 위한 협력들이 이루어진 것이다.[29] 미-소 간 합의를 선례로 1986년에는 소련-영국 간 우발적 사고를 방지하기 위한 협약이 체결되었다.[30] 1989년에는 미국과 소련 간 위험한 군사행동 방지 협약(Prevention of Dangerous Military Activities: PDMA)이 체결되었다.

(3) 3세대 해양 신뢰구축(1985 - 현재)

이 시기에는 중거리핵무기폐기협정(INF),[31] 전략핵무기감축협정(START, New-START) 등 WMD 분야 군비통제 조약들이 체결되는 한편, 아시아에서는 러시아와 중국을 중심으로 카자흐스탄, 키르키스스탄, 타지키스탄 등 5개국이 상하이 협정에 서명함으로써 군사정보교환과 군사활동의 제한 및 상호 통보, 군사활동 상호 참관 등을 상호 합의하였고, 1997년에는 모스크바 협정을 통해 국가 간 접경 지역을 중심으로 군사력을 감축하기로 하는 합의도 성공적으로 이끌어 냈다. 유럽에서는 실질적인 신뢰구축조치를 위한 협의들이 활발하게 논의되면서도 유독 해군 분야에 있어서는 미국이 주도하는 NATO의 입장에서의

---

29) The Agreement on the Prevention of Incidents on and over the High Seas. 주요 조치들 중에는 ① 정찰을 수행하는 전투함 간 위험한 기동 금지, ② 상대국 함정에 대한 즉각적인 공격 금지, ③ 초계항공기에 의한 작전 수행 시 유의, ④ 자국 함정에게 위험을 동반하는 상대국 함정 또는 항공기의 행동에 대해 시각신호와 무선통신 등 가용 수단을 사용하여 경고, ⑤ 상기 조치에도 불구하고 충돌 또는 사고 발생 시 상호 정보교환 등을 명시하고 있다.

30) 미-소 간 체결되었던 합의와 비교할 때, 소련과 영국 간 합의는 군함뿐 아니라 상용선 및 관공선도 포함한다는 점과 적용 지역을 영해 이원의 해역까지 포함한다는 점에서 차별된다. 이에 대하여는 다음을 참조. "Agreement Concerning the Prevention of Incidents at Sea Beyond the Territorial Sea"(London, July 15, 1986).

31) 미·소 간 단거리 및 중거리 탄도미사일을 전량 폐기하기로 한 조약으로, 특정 범주의 무기체계를 완전히 폐기하기로 합의하고 이를 실제 이행에 옮겨 성공을 거둔 최초의 사례로서 의미가 매우 깊다.

부정적 인식이 팽배하여 활발한 논의가 이루어지지 못하였다. 하지만 핀란드, 노르웨이, 스웨덴 등 북해 연안 국가들을 중심으로 소지역 차원에서의 해양 신뢰구축조치 필요성이 강조되기도 하였다.[32] 유럽에서의 해양 분야에 대한 신뢰구축 및 군비통제는 육·공군력과 분리되어 다루어지기보다 국방 차원에서 통합되어 해군력의 일부가 해당되는 형태로 진행되었다. 예컨대, 재래식무기 군비통제 중 가장 성공한 것으로 평가받는 유럽재래식무기감축조약(일명 CFE 조약)에서 해군력은 지상에 영구적으로 전개하는 해군항공기만을 포함하였고, 지역적 신뢰구축조치의 모델이 되고 있는 비엔나 문서(Vienna Document)에서는 해양 분야 군사력 중에서 상륙군 전력만 포함되었다.[33] 한편, 보다 낮은 차원의 신뢰구축조치로 '범세계 연례 군사정보교환(GEMI)'에 400톤 이상의 수상함과 50톤 이상의 잠수함 등 일반적인 해군력 정보를 포함하였다.[34]

지역 차원에서 해양 분야 협력이 활발하게 이루어지고 있는 곳은 동남아와 흑해 지역이다. 동남아는 인도네시아, 말레이시아, 싱가포르 등 군도국가들로 이루어진 지리 조건으로 인해 다양한 해양 신뢰구축조치들이 협의·추진되고 있다. 해상에서의 우발 충돌을 방지하기 위한 행동지침(CUES)과 역내 해양에서 발생하는 제반 위험·위협의 조기 식별과 대응을 위한 목적으로 해양영역인식(MDA)을 발전시키면서 정

32) Kari Möttölä, "Maritime CSBMs and Naval Arms Control in the North of Europe: Obstacles and Opportunities" in Sverre Lodgaard ed., *Naval Arms Control*(London: International Peace Research Institute, 1990), pp. 151-152.

33) OSCE, "Vienna Document 2011"(November 30, 2011), FSC.DOC/1/11. 1990년 최초 합의된 이래 1992년, 1994년, 1999년에 이어 2011년까지 다섯 번에 걸쳐 개정되어 현재에 이르고 있다.

34) CSCE, "Global Exchange of Military Information"(December 2, 1994).

보융합센터(IFC) 설치와 '아시아에서의 해적행위 및 선박에 대한 무장 강도행위 퇴치에 관한 지역 협정(ReCAAP)'[35] 합의 등이 이루어졌다. 흑해에서는 터키의 발의로 흑해 연안 6개국이 2001년 초 설립한 흑해지역 연합해군(BLACKSEAFOR: Black Sea Naval Force)을 통해 수색구조, 환경보호, 기뢰제거, 대테러 등 주로 연성안보 분야 및 초국가 위협에 대한 해양에서의 공동 대응을 모색하고 있다.[36]

2) 역내 해양 신뢰구축 현주소

유럽에서는 1967년 하멜 리포트 이후 냉전적 구도하에서 군사적 대비태세 유지와는 별도로 유럽안보협력회의(CSCE)와 군사력균형감축(MBFR)을 통해 1960년대 중반부터 신뢰구축과 군비통제를 위한 협의가 진행되었다. 그 대표적인 결실이 비엔나 문서(Vienna Document), 범세계 연례 군사정보교환(GEMI), 데이턴평화협정(DPA) 등이다.[37] 특히 유럽에서의 신뢰구축과 군비통제 활동에는 과거 1, 2차 세계대전 촉

35) Regional Cooperation Agreement on Combating Piracy and Armed Robbery Against Ships in Asia

36) 터키, 불가리아, 루마니아, 우크라이나, 러시아, 조지아의 6개국이 가입되어 있다. "Black Sea countries agree to form joint task force," *Daily News*(October 23, 1998).

37) 2014년 러시아의 우크라이나 침공과 크림 반도 점령, 유럽 지역 차원에서 NATO와 구 바르샤바조약기구 국가들 사이 진행되어 온 재래식무기감축협정(CFE) 조약 이행 전면 중단 선포 등에 이은 서방과 러시아 간 전략적 대립으로 군비통제 및 신뢰구축조치 이행에 큰 위기 상황이 초래되고 있다. 유럽 군비통제 및 신뢰구축조치의 현 쟁점에 대해서는 다음을 참조. Mika Hayashi, "Suspension of Certain Obligations of the CFE Treaty by NATO Allies: Examination of the Responses to the 2007 Unilateral Suspension by Russia," *Journal of Conflict and Security Law*(2013), Vol. 18, No. 1, pp. 131-150; Institute for Peace Research and Security Policy at the University of Hamburg, *OSCE Yearbook 2014* Vol. 20, pp. 25-41; Wolfgang Zellner, "Conventional Arms Control in Europe: New Approaches in Challenging Times," *CORE Working Paper* 26, International Workshop, 23-24(April 2015), pp. 43-49.

발 등 유럽의 평화를 두 차례나 파괴하고 큰 피해를 안겼던 독일의 전폭적이고 광범위한 기여로 유럽 지역 내 신뢰구축 및 군비통제 업무가 지속적으로 발전하고 있다.[38] 최근에는 유럽 지역에서 국경해양경비대 창설이 합의(2016. 4. 22.)된 바 있고, 유럽연합의 지역적 차원뿐 아니라 각 개별 국가 차원에서 적극적인 해양안보전략을 수립하는 가운데 '신뢰와 협력'을 지향하는 국가전략이 추구되고 있다.[39]

이와는 대조적으로 아시아에서는 아직 본격적인 신뢰구축조치와 군비통제가 정착 단계에 접어들지 못하고 매우 부진한 상태다. 동남아는 그나마 역내 협력을 위한 주도권을 행사하려는 왕성한 의욕을 가진 국가들의 노력과 아세안(ASEAN)과 아태안보협력이사회(CSCAP) 등 공식적·비공식적 협의체들을 중심으로 해상에서의 우발 충돌을 방지하기 위한 행동지침(CUES), 해양영역인식(MDA) 발전 등 점진적이며 가시적인 성과를 거두고 있다. 반면, 동북아에서도 지역 차원의 안보협의를 위한 다양한 대화체가 운용되고 있으나 실질적인 정책적 과제를 도출하고 시행할 수 있는 정도의 수준에는 이르지 못하고 있다. 한반도 차원에서는 '정전협정'[40] 합의 사항마저 쉽게 위반되기도 하고, 남북 간 합의된 군사적 신뢰구축조치들이 지속적으로 발전되지 못하고

38) 독일은 유럽 지역을 넘어 평화적 군사력 운용을 통한 세계평화에 기여하고자 열성적인 노력을 기울이고 있다. 일례로, 2012년에는 유럽 신뢰안보구축조치(CSBM) 행사에 Vienna Document에서 규정하고 있지 않은 해군부대에 대한 공개 행사를 자발적으로 최초 시행, 신뢰구축의 정신인 투명성과 개방성에 모범을 보인 바 있다.

39) The Council of the European Union, *European Union Maritime Security Strategy*(June 24, 2014); HM Government, *The UK National Strategy for Maritime Security*(May 2014); Department of Defense(Spain), *National Maritime Security Strategy*(2013); Department of Defense(US), *Asia-Pacific Maritime Security Strategy*(August 2015); US Navy, US Marine Corps, US Coast Guard, *A Cooperative Strategy for 21st Century Seapower* 2nd edition(March 2015).

40) "국제연합군 총사령관을 일방으로 하고 조선민주주의인민공화국 최고사령관 및 중공인민지원군사령원을 다른 일방으로 하는 한국 군사정전에 관한 협정"(1953. 7. 27.)

이행이 지지부진한 상태로 교착 중이다.[41)]

3) 동아시아적 해양 신뢰구축 기회와 도전요인

동아시아에는 해양에서의 국가 간 신뢰구축을 통해 지역안보를 증진하는 데 있어 도전요인이 산재한다. 첫째, 역내 해양 신뢰구축에 있어 관건이 되는 주요 쟁점들이 다양하고 연관된 국가들의 성격 또한 매우 상이하다. 미국과 같은 패권국가로부터 베트남 또는 태국과 같은 약소국이 폭넓게 분포하고 있어 힘의 배분과 해양에서의 신뢰구축에 대한 입장과 인식에 대한 상이성이 매우 클 수밖에 없다. 역내 해양 신뢰구축을 통한 위협감소 경험에 있어서도 역내 소(小)지역 간 큰 편차를 보이고 있다. 더욱이, 전형적인 해양패권국가로부터 불과 몇십 년 전까지만 해도 천 년이 넘도록 전형적인 대륙국가적 정향을 보여 왔던 국가들에 이르기까지 해양의 기능과 활용에 대한 기본 관념 등이 근본적으로 매우 상이할 수 있다. 중국은 최근 해양력의 중요성을 인지하여 해군력을 강화하고는 있으나 기본적으로 해양영역(maritime domain)을 배타적 점유와 관할의 대상으로 인식하는 경향이 강하다.[42)] 반면,

---

41) 예컨대 남북기본합의서 제12조에서는 남북 간 불가침의 이행과 보장을 위해 대규모 부대이동과 군사연습의 통보 및 통제 문제를 협의해 나갈 것을 명시하고 있다. 남북 간 해양 분야에 대해서는 2가지의 군사적 신뢰구축조치가 합의된 바 있다. "서해 상에서 우발적 충돌 방지와 군사분계선 지역에서의 선전활동 중지 및 선전수단 제거에 관한 합의서" (2004. 6. 4.); 위 합의서의 부속합의서(2004. 6. 12.) 참조.

42) 한 예로 냉전 시절 소련은 미국과 해상에서의 우발적 무력충돌을 방지하기 위한 협정을 체결했는데 양국은 궁극적으로 자국의 EEZ 내에서 상대국 군함의 정찰활동을 합법적인 활동으로 간주하였다. 미국과 중국은 이와 유사한 협정을 체결하고자 하나 중국이 자국의 EEZ 내에서 미국 군함의 정찰활동을 불법적인 것으로 주장함에 따라 실질적인 합의가 이루어지지 못하고 있다. Ian Storey, "Can the South China Sea Dispute be Resolved

미국은 자유민주주의적 가치와 시장경제체제를 지향하며 해양영역을 '글로벌 코먼스(global commons)'로 인식하고 해양을 통한 전 세계적 접근을 유지하기 위해 노력하고 있다. 일반적으로 관련 국가들이 만장일치의 합의가 있어야 추진되는 신뢰구축조치의 성격을 고려할 시 이러한 차이는 현저한 장애요인이 될 수 있다.

둘째, 동북아 내 핵심적 역할을 수행하는 국가 간의 신뢰가 미약하다. 신뢰구축이 필요하다는 것은 그만큼 역내 상호 불신과 오해가 넓고 깊게 형성되어 있다는 것을 반증하는 것이다. 국가 간 편견, 불신과 오해는 일순간에 형성되는 것이 아니라 장기간에 걸쳐 누적되는 것이 일반적인데, 아시아에서는 다수의 국가들이 매우 장구한 기간에 걸쳐 주변국과 관계를 맺어 왔기에 상호 침략과 점령, 분할과 할양 등 민족과 국가 간 관계에서 부정적 요소가 내재하므로, 신뢰구축을 향한 실질적인 시도 자체가 큰 도전이 될 수도 있다. 비록 신뢰구축조치가 성공적으로 시작된다 할지라도 그 진행 과정에서 국가 간 중요한 사안에 대한 갈등 등으로 인해 협력을 위한 시도 자체가 좌초하게 될 경우, 반대급부로 상호 불신과 위협이 대폭 증대할 수 있다.[43)]

셋째, 해군력에 대해 신뢰구축조치 또는 군비통제 사례로 현저히 성공한 사례가 드물어 충분한 경험이 빈약하다는 것도 도전요인이다. 기존의 합의들은 대부분 해군력을 독립적으로 설정하기보다 지상 또는 항공 전력과 함께 다루는 경우가 많았고, 참고할 만한 중요한 사례들도 제2차 세계대전 이전 시기 등 과거 사례 위주로, 현대의 사례는

---

or Better Managed?," 27th Asia-Pacific Roundtable, *Diffusing the Powder Keg in the South China Sea*(June 5, 2013), pp. 11-13.

43) 일부 현실주의적 전략가 또는 정책분석가들은 이러한 현실적 상황으로 인해 궁극적으로 군비통제가 성공할 수 없는 조건이 노정되어 있다고 주장하기도 한다.

정보 교환 및 통고 등 단순한 형태인 경우가 많다. 이와 함께, 해군력 분야에서의 신뢰구축과 군비통제는 국가 간 합의가 매우 어렵고 설령 합의가 된다고 하더라도 실질적인 검증 제도가 구비되기 어렵다는 난점도 있다.[44]

넷째, 동아시아 신뢰구축조치가 과연 소기의 성과를 거둘 수 있는가에 대해서는 미국과 중국의 참여 여부와 두 국가 간의 합의 여부가 큰 영향을 미친다. 현상변경을 추구하는 중국과 현상유지를 고수하는 미국 간 전략적 입장 차이로 해군 신뢰구축조치의 필요성뿐 아니라 중간 단계의 각 협상 과정에서 난항이 초래될 가능성이 많다.[45] 이들 국가의 해군이 부정적인 시각을 가지질 수 있고 타 지역에서의 해군력 운용에 미치는 예상 파급효과 등이 제약으로 작용할 수 있다.[46] 성공적인 신뢰구축조치 추진을 위한 기반은 가입국 간 정보교환인데, 강대국 간 군사적 투명성과 개방성의 수준에 대한 이해가 달라 합의가 어려울 수 있다.

다섯째, 효과적인 신뢰구축조치는 공고하고 구체적이며 객관적 검증이 가능한 방식들을 통해 구현되므로 이를 위해 필수가 되는 검증

---

44) Sverre Lodgaard ed., *Naval Arms Control*(London: International Peace Research Institute, 1990), pp. 140-141.

45) 신뢰구축조치와 군비통제도 결국 국가의 전략적 입장을 기반으로 자국에 유리할 때 합의 및 추진될 가능성이 높아진다. 비록 역내 안보증진이라는 공동의 목표를 바라본다 할지라도 이를 달성하기 위한 각국의 방법이나 안보를 해석하는 입장의 차이가 현저할 수 있다. 일례로, 냉전 기간 동안 미국은 소련과의 해양 신뢰구축조치에 대해 해양에서 미국 함정의 항해 자유를 제한할 우려로 인해 찬성하지 않았다. 실제 당시 소련의 신뢰구축조치 추진의 목적은 미국 군함을 소련 영토에서 최대한 멀리 떨어지도록 하는 것이었다. Andrew Mack, "Naval Arms Control and Confidence Building for Northeast Asian Waters," *North Pacific Cooperative Security Dialogue Working Paper* No. 13(York University, 1992), pp. 135-136, pp. 150-151.

46) Sverre Lodgaard ed., *Naval Arms Control*(London: SAGE Publications, 1990), pp. 85-88.

수단[47]에 대해 국가들이 합의하기 어려울 수 있다.

이와는 반대로 역내에서 지역적 차원의 신뢰구축조치가 필요하며 현저한 성과를 달성할 수 있게 하는 기회요인 또한 적지 않다.

첫째, 해양에서 국가 간 공동 이익이 많다. 해양을 통한 협력적 상호 의존 관계가 더욱 발전할 잠재력이 무궁하고, 경제와 문화를 중심으로 형성된 복잡한 상호 의존 관계가 오히려 안보 분야에서의 국가 간 협력을 촉진하는 요인이 될 수도 있다.

둘째, 역내 신뢰구축의 성공적 이행에 중심이 될 중국과 미국도 긍정적인 영향을 미칠 수 있다. 중국의 해양의존성이 점점 증가하는 현상은 중국이 안정적 국가관리와 지속적인 경제성장을 위해 해양에서의 평화와 안정에 더욱 의존하도록 작용할 수도 있다. 미국의 입장에서는 세계전략의 핵심 3지대인 유럽·중동·동아시아에서 동시에 지도국으로서의 영향력을 행사하는 데 어려움이 증가하고 있어, 잠재적 전략적 파급효과가 매우 큰 동아시아에서 중국과 전면적으로 대립하는 것보다 건설적인 관계를 발전시키는 것이 매우 중요하게 된다. 미국과 중국 간 조성되는 군사적 대립 양상은 아시아의 해양영역에서 폭넓은 신뢰구축 내지는 군비통제 논의를 촉진하는 계기로도 작용할 수 있다. 미국의 해양전략이 머핸주의적 결전주의의 전략으로부터 '협력의 가치와 중요성'에 보다 큰 비중을 두는 방향으로 변모한 것도 매우 건설적인 흐름이 될 수 있다.[48]

---

47) 검증(verification)은 상대방이 이미 합의된 신뢰구축조치를 충분하고 완전하게 이행하는지를 다양한 수단을 통해 확인하는 절차를 말한다. 이러한 검증은 그 자체로 합의 사항에 대한 이행 여부를 알 수 있는 수단이 될 뿐만 아니라 검증을 통해 상대국에 대한 신뢰가 증진되는 긍정적 효과도 동반하고 있다.

48) 미국의 해양전략의 변화는 매우 세부적으로 논의될 수도 있으나 큰 틀에서 보면 1986년의 Maritime Strategy에서 2008년과 2015년의 협력적 전략(Cooperative Stragegy)으로 변화한 것으로 볼 수 있다.

셋째, 해양 신뢰구축조치 이행의 중심 역할을 담당할 해군이 이미 국제적인 보편성과 공통성 측면에서 상당 수준의 공통성을 공유하고 있다는 것도 긍정적 토대가 된다. 그리고 해군은 첨단화된 장비를 골고루 갖춘 해상 전문역량을 통해 군사적 상황뿐 아니라 해상 재해재난, 긴급구조, 불법 밀수 및 밀입국, 해양안전과 해상에서의 법 집행 등 비군사적 상황에도 유용하게 사용된다는 특성이 있다. 해양에서 발생하는 여러 문제들에 효율적으로 대응하기 위해서는 어느 한 국가의 배타적이고 주권적인 군사력 사용보다는 쌍방 내지 다자간 협력과 공조를 통한 협력적 해군력 운용의 양상이 더욱 현저해지고 있다.

넷째, 기후변화 등이 가져오는 해양재난과 해적 및 테러, 해양오염 등에 의해 초래되는 각종 초국가 해양위협들이 인류 공동의 관심사를 부각시키며 해군의 비전통적 역할을 강화하고 해양에서 국가 간 협력을 촉진하는 역할을 제공하기도 한다.[49] 기후변화에 따라 해수면상승의 여파와 재난발생 빈도 증가로 재난대응(HA/DR) 수행을 위한 해군 간 협력이 더욱 절실해진다.[50] 특히 군사·비군사적 쟁점들이 급속한 글로벌화와 맞물리면서 복합적으로 심화되는 가운데 안보이슈들에 대한 국가들의 민감성이 증대되고 연해 지역(littoral area)이 더욱 중요해지게 됨에 따라 이를 위한 협력이 가속화되고 있다.[51]

---

49) 해양에서 발생하는 최근의 폭풍들의 강도가 점차 높아지고 있고 환태평양조산대의 불안정과 맞물려 해양에서의 재난발생 위협이 높아지고 있다. 해군의 비전통적 역할은 탈냉전 이후의 탈근대화 시대의 안보환경을 주목한 Geoffrey Till에 의해 강조되고 있는 개념이다. 이에 대하여는 Geoffrey Till, *A Guide for the Twenty-First Century Seapower*(London: Routledge, 2009), pp. 125-130 참조.

50) 강기룡, "태풍의 한반도 위협과 대책", 제7차 해양비전포럼(한국해양수산개발원, 2014. 7. 4.).

51) 연해 지역의 중요성은 1990년대 중반 이후 미국의 해양전략이 기존의 해양에서의 해상통제 중심으로부터 원활한 지상 작전을 위한 여건 구축 등 내륙으로의 영향력 행사로 전이하게 되면서 각종 전략문서에 해양전략의 개념적 핵심 지대로 부각되었다. 하지만 연

다섯째, 과학기술의 발전 역시 협력을 위한 기회를 제공할 수 있다. 대공방어구축함, 잠수함, 첨단 초계함 등 주요 함정들이 갈수록 고가화·첨단화되고 있어 국가들이 해상에서 대규모 무력충돌 발생 상황을 더욱 꺼리게 될 개연성이 증가한다.[52] 첨단 기술, 특히 인공위성 등을 포함한 각종 정찰 및 감시 자산을 통해 신뢰구축 이행 여부에 대한 확인이 보다 용이하게 되고, 기술력에 의존하여 초기 단계에서의 신뢰구축을 위한 협력 범위와 내용이 보다 단순화되어 협력이 더욱 용이해질 수 있다. 해군력 운용에 대해 이해관계가 상이한 국가들이 실효성 있는 검증 수단에 대해 합의하기 어려울 수 있으나, 국제·국내적 과학기술 자산들을 활용하여 효과적인 검증을 위한 이점을 통해 외교적인 난점들이 상당 부분 우회적으로 극복될 수 있다.

해 지역의 중요성은 해군력과 육군력의 조화로운 협력을 통한 전략적 효과에 눈을 뜬 몇몇 전략적 선각자들로부터 강조되어 왔었다. 대표적인 자료로는 다음을 참조. Charles Callwell, *The Effect of Maritime Command on Land Campaigns Since Waterloo*(London: Blackwood, 1897); Thomas More Molyneux, *Conjunct Expeditions or Expeditions That Have Been Carried on Joint*(London: R&J Dodsley, 1759).

52) 제1차 세계대전 중 유틀란트 해전 외에 그다지 특기할 만한 함대결전이 없었던 이유 중 하나는 함정의 손실에 대한 민감성이 너무 커서 독일과 영국이 해상결전을 회피했기 때문이기도 하다.

4. 동아시아 해양 신뢰구축 방안

1) 역내 해양 신뢰구축 공감대 형성과 선언적 조치

신뢰구축조치는 '신뢰구축조치를 역내 차원에서 본격적으로 논의하기로 합의하자'는 선언 자체가 매우 중요한 의미를 갖는다. 이러한 선언적 언명 자체가 바로 신뢰구축조치 이행의 합의를 유인하기는 매우 어려울지라도, 최소한 그러한 과정을 향한 '공동의 노력'을 상호 공감한 것이므로 매우 중요한 의미를 갖는다. 신뢰구축 필요성에 대해서도 주권국가들의 개별적 표명뿐 아니라 국가 간 양자 및 다자의 형태로 정상회담 등의 각종 기회를 활용해 본격적으로 제시함으로써 지역 차원의 관심을 제고할 수 있다. '해상에서 무력 선제 불사용' 등과 같이 일방적 선언이 초기 단계에서 신뢰와 협력에 큰 촉진제가 될 수 있다.[53] 이를 위한 선행적 조치로 소지역 차원에서 이미 형성된 국제레짐과 단순회의체 등을 통해 해양 신뢰구축조치를 지역적 차원에서 본격적으로 추진할 필요성에 대한 광범한 논의가 필요하다.[54]

---

53) WMD 영역에서는 '핵무기 선제불사용(No First Use of Nuclear Weapons)'과 핵무기 자유 지대(Nuclear Weapon Fee Zone)가 가장 대표적인 사례다.

54) 예컨대 대한민국이 주도하는 서울안보대화(SDD: Seoul Defense Dialogue)와 일본이 주최하는 동경방위포럼(TDF: Tokyo Defense Forum), 영국 국제전략문제연구소(IISS)가 주관하는 아시아안보정상회의(Asia Security Summit, 일명 샹그릴라 대화) 등이 그러한 논의의 장이 될 수 있다.

2) 역내 해군 간 협력적 관행 제도화

신뢰구축조치는 높은 수준에서는 민감한 군사행동에 대한 사전 통고와 현장 참관을 통한 확인, 사전 통보되지 않은 민감한 군사활동 불허 등을 포함할 수 있다. 중간 단계에서는 관련 국가들의 국방정책과 주요 군비지출 현황과 향후 국방비 규모, 예정된 주요 군사활동 및 신형 무기체계의 도입 또는 배치에 관한 정보, 병력을 포함한 군사력 증강 또는 감소에 관한 내용 등 다양한 정보교환이 포함될 수 있다. 낮은 단계에서는 상호 간 상시 연락을 위한 소통 채널(hot-line) 구축과 지도부를 포함한 다양한 계층의 인적 교류가 이루어질 수 있다. 현재 비록 동북아에서는 국가 간 제도적인 차원에서 신뢰구축조치가 정착되지 않고 있지만 실질적으로는 정기적 인적 교류부터 군사훈련 사전 통보, 국방백서 공개 등 이미 신뢰구축조치에 포함될 수 있는 다양한 활동들이 진행되고 있다.

그러나 이러한 활동들은 지역 차원의 신뢰구축이라는 틀 안에서 거시적이고 체계적으로 다루어지기보다 각각의 활동들이 개별적으로 진행되고 있는 양상이다. 동북아에서 이미 진행 중인 이러한 노력들을 중심으로 추진이 용이한 낮은 수준의 다양한 활동들이 신뢰구축조치의 개념적 틀 안에 포괄하여 다루어질 수 있도록 제도화하는 것이 바람직하다.[55] 특히 국가별 국방백서 등 최상위 국방 관련 문서들에 대한 발행을 일방적 공개 방식에서 공개 주기와 시기, 공개 내용 등에 대해 공조하는 형태로 보완할 수 있다.

55) 2016년 7월 중순, 우리 외교부와 NATO가 동아시아 평화협력 구상을 실천하기 위한 중·장기적 과제로 '해양 신뢰구축(MCBMs)'을 선정하여 탐색적 논의를 추진한 것은 매우 의미가 깊다.

아울러, 각국에서 이미 유엔에 자발적으로 등록하도록 추진하고 있는 '유엔 재래식무기 등록 제도(UNRCA)'에 국방백서를 통해 대외적으로 공개되는 내용 중 핵심 사항들을 포함하여 통보·등록하도록 독려하고 상호 협조함으로써 역내에서 주요국들의 신뢰구축조치 이행에 대한 집단적 의지를 강화할 수 있다.[56] 그동안 해군 대 해군 차원에서 이루어지던 국가 간의 다양한 해군협력들도 국가 차원의 해양 신뢰구축조치로 격상하여 국방부 차원에서 종합되고 외교부 차원에서 타국에 해당 사항을 체계적으로 전파, 신뢰증진을 위한 수단들로 사용되게 된다.

3) 역내 해양 신뢰구축을 위한 로드맵과 아키텍처 구축

이를 위해 동아시아 고유의 문화적 전통과 정치적 이해관계를 반영한 아시아적(Asian Way) 신뢰구축조치 추진을 위한 광범한 연구와 토론, 전 세계에서 다양한 형태로 추진되는 신뢰구축조치들에 내재하는 목적, 기능, 절차와 활동 형태 등 공통적인 특성 및 본질적 요소뿐 아니라 동아시아의 독특한 안보환경과 고유한 성격을 반영하여 역내 안

56) 유엔이 전 회원국들을 대상으로 신뢰구축 차원에서 1992년부터 추진 중인 재래식무기 등록 제도(UNRCA)는 ① 무기이전, ② 군사력 규모에 대한 정보, ③ 국내 신무기 획득 현황, ④ 관련 국방정책에 대한 사항들을 연례적으로 제출할 것을 독려하고 있다. 이 중, 제출 대상으로 삼는 재래식무기는 전차, 전투장갑차, 대구경화포, 전투기, 공격헬기, 전투함, 미사일 및 발사대 등 7대 무기를 포함하고 있다. 이에 대하여는 다음을 참조. UN, "Assessing The United Nations Register of Conventional Arms," *UNODA Occasional Papers* No. 16(April 2009); UN General Assembly, "United Nations Register of Conventional Arms: Report of the Secretary-General," A/70/168/Add.1(17 September 2015); UNODA, "Statistics Update 2014: Reporting to the United Nations Register of Conventional Arms," A/RES/46/36L.

보질서에 최적화된 형태의 신뢰구축조치가 도출되어야 한다.

해양 신뢰구축조치 이행을 위한 구체적인 제도 발전을 위해서는 장기적인 로드맵과 아키텍처를 구축하는 것이 매우 중요하다. 현재 진행 중인 역내 다양한 공식적·비공식적 다자안보 협의체와 연계하여 폭넓은 논의를 진행할 수 있다. 기존 역내에서 산만하게 흩어져 있는 해양 분야 군사적 협력에 대한 다양한 논의들을 종합 분석하고 이를 지역 차원에서 신뢰구축조치의 개념으로 종합하여 통합적으로 추진할 수 있는 임시 기구를 설립할 필요가 있다. 이 기구에서는 향후 역내 해양 신뢰구축조치를 이행하는 데 있어 중심 기능을 수행할 기구의 일반적인 요건과 함께 역내에서 추진할 신뢰구축조치의 목적과 추진 원칙, 이행 조치 유형 등을 도출한다.

이 기구에서의 활동을 위해 회원국 간에 다양한 수준별 정례적인 잠정 협의체들을 마련하고 폭넓은 활동을 지원할 수 있는 예산의 국가별 염출 방안을 마련하며, 각 국가별 외교부 산하 국가 POC와 국방부(해군) 내 국내 실무 POC를 지정해 정책적인 협의 기반을 마련하고, 지역 차원-소지역 차원-국가 차원-국내 차원에서 주요 행위자 간 긴밀한 공조를 위한 업무 네트워크를 구축한다. 이러한 노력들은 특히 범세계적, 지역적 수준에서의 주요 행위자들과 다양하고 폭넓은 협력과 병행되는 것이 바람직하다. 유엔의 군축 분야 지역 사무소[57]는 지역 차원의 노력이 범세계 차원의 노력들과 연계되어 장기적이고 체계적인 추진 동력을 제공하는 데 있어 중요한 중간 매개 역할을 수행할

57) 유엔에서는 전 세계 차원의 군축과 비확산, 군비통제와 신뢰구축 업무를 위해 3개의 지역 사무소를 설치하여 각 지역과 긴밀한 공조를 위한 노력을 기울이고 있다. 아·태 지역에는 원래 네팔의 카트만두에 설치하기로 되어 있었으나 찬조국(네팔)의 예산상 제약으로 아직까지 뉴욕 유엔 본부 사무국에서 운용되고 있다. 아·태 지역 사무소 관련 내용은 http://www.unrcpd.org 참조(검색일: 2016. 3. 2.).

수 있다.

4) 단계적 · 점진적 해양 신뢰구축 모색

신뢰구축은 지역질서를 위협하는 요인을 일순간에 대화와 타협을 통해 해결하는 일회적이고 순간적인 외교 행태가 아니라, 상황에 따라서는 수십 년간의 논의와 협상이 동반되는 매우 장기적인 상호 작용 과정이다. 일단 시도되고 나서도 그 효과가 즉각적으로 가시화되는 것이 아니라 오랜 기간에 걸쳐 추진되면서 순기능적 효과가 확인되는 매우 누적적(cumulative) · 점진적(progressive) · 순차적(sequential)인 과정이기도 하다. 신뢰구축조치 또는 군비통제는 실제 협상이 가능할 수 있어야 하고 또 구체적으로 이행될 수 있는 형태여야 한다. 그러하기에 첫 단계에서는 이행이 용이한 낮은 수준 내지는 이미 개별적 차원에서 실행되고 있는 조치들을 기반으로 성공적인 이행을 담보하는 것이 향후의 신뢰구축조치 진전을 위해 매우 중요하다.[58)]

역내 신뢰구축조치의 성공적인 이행에 있어 필수적으로 동반되어야 할 조치로는 주요 해군활동에 대한 상호 간 사전 통고와 주요 군사활동에 대한 참관을 들 수 있다. 해군력은 기동성과 융통성이라는 특성으로 인해 통보 대상 군사활동의 규모를 선정하는 데 어려움이 있을 수 있다. 통보 대상 규모를 미국과 중국 등 강대국 수준으로 설정하게

---

58) 바로 이런 이유로 헬싱키 협약(1975년)과 비엔나 협약(1976년)을 통해 유럽의 신뢰구축조치와 군비통제가 논의될 때, 소련은 적용 대상을 유럽 전 해양으로 하고 통보 대상 군사활동을 최대로 하는 등 폭넓은 접근 방식을 주장했으나, 서방은 적용 지역을 유럽 대륙과 그 직접적인 인접 해양으로 제한함으로써 신뢰구축조치가 실제 운용 가능하도록 할 것을 주장하였다.

되면 중급 규모 이하의 해군들이 대상에 포함되지 않을 수 있으므로, 통보 대상 해군활동 규모를 낮은 수준·중간 수준·높은 수준으로 구분하여 각 수준별로 세부 통보 내용을 차등적으로 운용하는 것이 바람직하다.

한편, 참관의 목적은 사전 통고된 군사행동이 실제로 본질적으로 주변국에 위협을 초래하지 않는다는 것과 통고된 규모와 방식에 따라 진행된다는 것을 직접 육안으로 확인하는 것이다. 지상군 전력이 투입된 군사활동의 경우에는 통고된 군사행동을 야지에서 참관하는 데 용이하나, 해군의 경우는 훈련이 대개 원해에서 실시되므로 참관자는 주최국 함정에 편승하거나 자국의 함정을 이용하여 해상에서 참관하게 된다. 특히, 주최국 함정에 편승하게 될 경우 함정 내부의 각종 민감한 장비들과 승조원을 포함하여 함정의 성능과 운용, 그리고 작전 수행 방식 등 다양한 정보가 노출되기 쉬우므로 주최국 입장에서는 매우 민감할 수 있다. 또한, 해군력 운용과 관련된 핵심 일정을 연례적으로 통보받고 군사적으로 주변국을 크게 자극할 수 있는 규모와 성격의 훈련에 대해서 그 실시 횟수 등을 제한하는 방안이 논의될 수도 있고, 실제 제공된 각종 정보자료들과 사전에 통고된 내용들이 정확한지를 부대 방문과 지역 방문의 방법을 통해 검증할 수도 있다. 향후 한반도에서 통일 전 단계에서 남북 간 긴장을 완화하고 공존을 지향하기 위한 노력이 전면적으로 추진될 경우, 다양한 신뢰구축 사례 중 한반도 상황에 가장 부합하는 조치들이 모색될 가능성이 높다. 특히, 동·서해에서 남북 간 해상분계선을 중심으로 남과 북으로 각각 일정 거리대의 해상 구역에서 양측의 전력을 현재 수준에서 특정 규모 미만으로 현저히 낮추고, 함정활동을 포함한 전력운용 수준도 일정 규모 미만으로 제한하

는 조치들이 취해질 수도 있다.[59)]

5) 역내 해양 신뢰구축조치 가능사례[60)]

동아시아의 현 안보상황을 고려할 시 앞서 언급된 내용 외 역내에서 추진 필요성이 대두될 수 있는 두 가지 분야의 해양 신뢰구축조치에 대해 추진 가능성과 제한 사항에 대해 검토하고자 한다. 첫째, 국제적으로 자국의 영해 내지 영토로 인정되지 않는 지역 또는 해역에서의 공세적 해군기지 건설을 제한하기 위한 국제적 노력이다. 해군기지는 긴장 또는 군사충돌 시 군사적 이점을 창출하고, 평시에는 해군력 운용과 이를 통한 국가적 영향력 신장의 허브 역할을 담당하므로 국가 차원에서 매우 중요하다. 타 지역 또는 타 국가 내에 설치하여 자국의 함정이 자유로운 기항과 정박을 통해 보급과 재충전을 담보하게 하는 해군기지는 영향력 확대를 위한 공세적인 해군력 운용에 있어 필수적인 과정으로 인식된다. 이러한 해군기지 건설이 매우 일방적이고 공세적

59) 최정현, "남북 간 재래식무기 감축 합의서(안)", "남북 간 재래식무기 감축을 위한 해상무기 검증부속서(안)"(서울: 국방부 군비통제검증단, 2013).

60) 현재 역내에서 가장 활발하게 논의가 진행되는 우발적 충돌을 방지하기 위한 조치는 CUES(Code for Unplanned Encounters at Sea)를 통해 상당한 진전을 이루고 있으므로 여기에서는 이에 대한 논의를 생략한다. CUES는 2000년대 중반에 최초 제안된 이래 2014년 4월 22일 중국이 개최한 제14회 서태평양심포지엄(WPNS)에서 미국·중국·러시아·일본·한국 등 역내 21개국의 서명으로 합의에 도달했다. 법적인 구속력이 없이 회원국의 자발적 이행 방식을 따르며, 1972년의 국제해상충돌예방법규(International Regulations for Preventing Collisions at Sea)를 토대로 발전시킨 것으로 국적이 다른 해군 함정과 해군항공기 간 우발적인 충돌을 예방하기 위한 목적으로 운용된다. 이에 대한 배경 및 내용에 대해서는 다음을 참조. "China, US navies implement code of conduct," *China Daily*(http://www.chinadaily.com.cn, 2014. 12. 13., 검색일: 2016. 2. 4.); Western Pacific Naval Symposium(Qingdao, China), "Code for Unplanned Encounter at Sea: Version 1.0" (April 2014)(http://www.tnial.mil.id, 검색일: 2016. 2. 4.).

인 형태로 이루어질 때 지역 안정을 저해하고 갈등을 부추길 수 있다.

이에, 분쟁해역 등 민감 지대에 일방적인 방법으로 해군기지를 건설하는 것에 대해 규제할 필요성이 대두된다. 해외 해군기지의 현저한 보강 규제, 기존 해외 해군기지의 후속적 개발 제한, 신규 추가 해군기지 건설 제한 등과 같이 전면적인 금지가 아니라 부분적인 조치들은 충분히 고려될 수도 있다.[61] 기존 건설된 해군기지에 새로운 기능의 해군력 운용을 수반하는 형태의 전면적인 기지 보강, 예컨대 잠수함 정박을 위한 신규 시설이나 고정익항공기 활주로 건설 또는 기존 활주로에 폭격기 운용을 가능하게 하는 규모의 활주로 확장 등과 같은 기지 능력 확충은 규제를 위한 협상이 가능할 수 있다. 최근 중국이 인공섬 건설과 확장으로 지역 차원에서 인접 국가들에 불안과 공포를 조장하고 미-중 관계 등 강대국 관계에서도 갈등을 심화시키는 한편, 동 해역에 접근하려는 국가와 이를 저지하려는 국가의 해군력(수상함, 잠수함, 항공기) 간 물리적 충돌까지 이어질 수 있어 지역 차원의 신뢰구축조치 차원에서 논의될 수 있는 대안이 된다.

둘째는 지역 내 해군 간 소프트한 형태로 일부의 해군력을 소집하여 운용하는 방안에 대한 협력이다. 해양 신뢰구축조치의 핵심은 평화적인 방법의 해군력 운용에 있다. 그러므로 역내 해양 분야 신뢰구축조치 이행과 병행하여 지역 공통 이슈에 대해 기여할 수 있도록 관심 있는 국가 간에 연합하여 해군력을 운용하는 것이 역내 신뢰구축이행 진전에 기여하는 한편, 역내 해양에서의 안보를 증진하는 매우 효과적인 수단이 될 수 있다. 이러한 정책 적용에 있어 앞서 언급한 흑해지역

61) Rear Admiral J. R. Hill(1989), pp. 169-170.

연합해군(BLACKSEAFOR)이 매우 유용한 모델이 될 수 있다.[62] 전력 구성 방법은 상설이 아닌 연중 특정 시기 비정기적 운용으로, 지휘권은 참가 국가별 순환 임기 내지는 최대 전력 제공 국가가 갖는 등의 방법으로, 활동 영역은 전투 영역이 아닌 비전투 영역 등의 방식으로부터 낮은 수준의 운용을 시도할 수 있다.

6) 정책적 함의

역내 차원에서 신뢰구축조치가 성공적으로 합의, 이행, 정착되기 위해서는 역내 국가들이 이를 중요한 사안으로 인식해야 한다. 아울러, 역내 신뢰구축을 주도할 견인국가의 역할이 필요하다. 동남아에서는 인도네시아·싱가포르·말레이시아가 핵심적인 역할을 향한 선의의 경쟁을 벌이고 있다. 동북아에서도 이러한 중심적 역할을 할 수 있는 국가가 필요하나 역내 다양한 이해관계 등으로 인해 중심적 역할을 할 수 있는 국가는 많지 않다. 결국, 동북아와 동남아를 동시에 아우르면서 공존과 평화, 대화와 타협, 투명성과 개방성을 통한 신뢰와 협력을 논의하고 이를 주도하는 데 있어 대한민국이 그 어느 국가보다 적합할 수 있다. 역내 안보에 있어서도 북한과 관련된 다양한 쟁점들과 한반

62) 동아시아 지역에서 연합적 해군력 운용 필요성은 2015년 국제해양력심포지엄에서 이춘근 박사가 '아시아 함대(Asian Fleet)'라는 가칭으로 제시한 바 있다. 이춘근 박사는 이러한 연합함대를 구성하는 데 있어 국력 불균형 문제, 비군사 영역으로의 제한 문제 등에 대해 언급한 바 있다. 이에 대하여는 다음을 참조. Choon-Kun Lee, "A Proposal for Running 'Asian Fleet': Collective Response to Transnational Maritime Threat," 12th International Seapower Symposium(October 19, 2015), *Changing Maritime Security Environment in East Asia and Measures to Enhance Multilateral Cooperation*(Gyeryong: ROK Navy, 2015), pp. 152-174.

도 평화구축이 동아시아와 세계 안보에서 갖는 비중과 영향을 고려하면, 미국과 중국, 일본, 러시아 등 강대국뿐 아니라 인도, 호주, 싱가포르 등 중간 규모 국가와 기타 약소국들과 함께 역내 해양 신뢰구축 형성과 발전이라는 중차대한 과제를 선도할 중견적 지위를 가진 국가로 인정될 수 있다. 특히 해양 분야의 신뢰구축에 대해 이미 역내 국가들과 해군 대 해군 간 포괄적인 협력을 양자 관계 차원에서 활발하게 추진하고 있으므로, 이러한 기존의 경험과 노력들이 이러한 역할 수행에 있어 큰 경험과 자산이 될 수 있다.

또한, 다자간 신뢰구축조치를 추진함에 있어 신뢰구축조치를 위한 역내 주권국가 간 협력과 대화는 국가 행위자로부터의 위협이 현저히 감소하지 않은 이상 필요한 수준의 전력배비와 병행하여 투트랙의 방식으로 추진되는 것이 바람직하다. 유럽의 예를 들면, 나토와 바르샤바 조약기구 간 대치가 한창이던 1960년대 중반 무렵부터 신뢰구축과 협력을 위한 논의를 추진하면서도 최악의 상황을 대비하여 폭넓은 스펙트럼의 군사·외교적 옵션이 가능했던 것으로 평가받고 있다. 아울러, 이미 추진되고 있는 사례들을 중심으로 점진적이고 단계적인 추진을 통해 역내 차원에서 국가 간 '협력적 전략 문화'[63]를 창출함으로써, 강압적 군사력 사용 경향과 위험부담 성향을 줄이고 평화와 안정 유지에 기여할 수 있는 건전한 해양질서(good order at sea)를 견고히 할 문화적 토대를 창출할 수 있다.

마지막으로, 북한으로부터의 위협에 상시 노출되어 있는 한반도에서는 동북아의 역내 신뢰구축조치가 본질적으로 한반도의 안정과

63) Ken Booth and Russell Trood, *Strategic Cultures in the Asia-Pacific Region*(Basingstoke: Macmilllan Press, 1999).

평화를 위해 한반도에서의 신뢰구축과 연계될 수 있도록 국가전략적인 노력이 요구된다. 남북한 간 한반도 차원의 신뢰구축과 동북아 신뢰구축이 연결될 때, 지역 차원의 긍정적 노력들이 한반도에서의 평화와 안정에 촉매 역할을 하는 동시에 북한의 협력을 유도할 수 있는 안보환경을 제공할 수 있다. 반대로, 한반도에서 남과 북 사이의 협력적 분위기가 고조될 때 이를 바탕으로 역내 차원에서의 신뢰구축에 기폭제를 작용시킬 수도 있다. 특히 한반도에서는 궁극적으로 남북 간 갈등완화와 평화정착을 향한 걸림돌이 지리적으로 연평도와 백령도를 비롯한 서해 5도, NLL 등 해양영역에 집중되고 있으므로 향후 한반도에서 남북 간 평화로운 공존을 위해서는 해양영역에서의 위협감소 노력이 가장 시급한 우선 과제가 될 수 있다.

특히 남북 간 해양 신뢰구축조치 노력이 정치적·군사적 논리에 좌우되는 민감성을 줄이기 위해, 기존 합의된 조치들을 재개하는 노력과 비군사적 의제를 중심으로 새로운 협의를 시작하는 노력이 필요하다. 예컨대, 북한 수역에서 2010년 이후 급증하는 선박 침몰 등 해양재난사고를 해결하기 위해, 인도적 차원에서 남북 상호 간에 동해와 서해에서 긴급구조와 수색 등 인도적 지원에 대한 필요성에 대해 공감하고 협력을 위한 방법과 절차를 발전시키려는 노력이 요구될 수도 있다. 한편, 국제조약이나 합의에서의 신뢰구축조치 참여라는 공통분모를 통해 향후 한반도 신뢰구축조치의 실질적 이행을 위한 발판을 마련하는 데 기여할 수 있다.

5. 소결론

해양 신뢰구축은 우리 국익에 매우 긴요한 과제다. 동아시아 해양에서 군비증강 현상이 더욱 심화되어 본격적인 군비경쟁 단계에 접어들게 될 경우, 우리에게 막대한 타격을 입힐 수 있다. 만약 중국과 일본이 현 GDP 대비 국방비 수준을 10%로 상향하게 될 경우, 우리는 주변국 대비 현재 수준의 상대전력을 유지하기 위해 GDP 대비 25%에 해당하는 막대한 재원을 국방비에 쏟아야 하는 상황에 처하게 된다.[64] 한반도 평화정착 문제를 고려할 시, 남북 간 통일을 위한 여건이 성숙하여 통일 준비를 위해 국가재정이 본격적으로 투입되어야 할 시점에 역내 군비경쟁이 촉발될 경우, 우리에게는 최악의 시나리오가 펼쳐질 수 있다. 이러한 맥락을 고려하면 역내에서 공동안보 내지는 협력안보가 보다 우세해질 수 있는 모멘텀이 필요한 시점에 이르렀다. 그 중대한 시도는 역내 해양위협을 협력적 수단으로 감소하는 방식의 해군력 운용을 역내 지역적 차원에서 본격적으로 추진하여 역내 전반에 걸쳐 상당한 수준의 신뢰를 구축하는 데 있다.

그러나 이러한 신뢰구축조치에 대해서는 불신도 경계해야 할 뿐 아니라 맹신도 위험하다. 앞으로의 역내 안보환경이 바람직한 방향으로 진행될 것이라는 근거 없는 빈약한 희망적 사고도 조심해야 한다. 또한, 신뢰구축조치는 실제적으로 국가안보와 역내 안보질서를 안정적으로 유지하는 데 별다른 기여를 하지 못한다는 냉소적 판단도 바람직한 모습이 아니다. 이러한 위험과 위협, 그에 따른 우리의 취약성과 민감성을 모두 고려해 볼 때, 불안정과 불확실성을 증폭시키는 부정적

64) The IISS, *The Military Balance 2016*(London: Routledge, 2016), pp. 237-266.

인 환경과 요인들을 감소하고 보다 안정적이고 평화로운 동아시아를 위해 해양에서의 신뢰구축조치를 본격적으로 추진하는 것이 우리에게 주어진 시대적 과업임을 인식해야 할 때다.

편집후기

바다를 지키는 사람들의 안보 이야기

해양전략을 공부하는 모임이 있다는 소식을 듣고, 첫 모임에 나간 것이 정확히 일 년 전이었다. 두 아이를 키우는 워킹맘에게 토요일 오전이라는 시간은 다소 부담스러웠다. 하지만, 석사 논문 이후로 접어두었던 해양전략 공부에 대한 아쉬움도 있었고, 시원한 커피 한 잔에 녹아드는 지적 향연을 누리고 싶은 욕심도 있었다. 그 선택 덕분에 일 년이 지난 오늘 이 책을 만드는 작업에 참여할 수 있었다.

이 모임은 지식을 공유하고 글을 쓰고 싶은 해군 간부들의 자발적 모임이었다. 참석자들의 다양한 직책 특성으로 인해 정해진 일정을 자주 수정해야 하는 애로가 발생했지만 국가와 해군을 사랑하는 열정으로 모임을 지속할 수 있었다. 대한민국 곳곳에서 임무를 수행하며, 공부를 병행하다 보니 시간을 쪼갠 부정기적 만남에 의존하며 지적 지평선을 넓혀 나갔다. 이 책은 그들이 지난 일 년 동안 업무와 공부를 병행하며 쏟아 낸 산물이다.

자발적으로 편집을 맡았지만 예상했던 것보다 쉽지 않았다. 추가 수정 작업이 가해지면서 출판 목표일이 지연되었다. 쉽게 쓸 수 있는 책이 아니기에…. 어떤 때는 사소한 수정도 최종 피드백을 받기까지 3주가 소요되기도 했다. 동·서·남해를 누비는 함장님, 한번 물속으로 들어가면 연락이 끊기는 잠수함 장교, 러시아 무관에서 미국 해군사관학교 교수님까지…. 저자들의 다양한 직책과 일정은 큰 고민 없이 편집을 자원했던 나의 결정을 후회하게 만들기도 했다.

책을 편집하면서 스스로 자문했던 사항은 "어떤 이야기를 할 것인가?"였다. 저자들은 나름대로 학문의 경험을 지니고 있지만, 여타 간부들과 똑같이 조국 수호를 위해 바다를 직접 마주하며 임무를 수행하고 있다. 해양안보에 대한 그들의 관점과 경험을 담아낼 수 있는 이야기는 무엇일까? 고민 끝에 정한 결론은 기존 학술서에서 느끼기 어려운 "현장감 있는 목소리를 내자"라는 것이었다.

매스 미디어에 등장하는 해양안보 관련 뉴스들은 갈등만 부각한다. 많은 사람들이 해양안보라는 단어를 떠올리면 남중국해에서의 미·중의 패권경쟁과 센카쿠(댜오위다오) 열도의 분쟁에 관한 이야기, 군함들이 미사일을 발사하며 훈련하는 모습들을 떠올린다. 그러나 이 책은 갈등, 경쟁뿐만 아니라 협력도 공존하는 바다를 이야기한다. 1장과 2장에서는 우리나라 해양안보를 움직이는 미국과 중국의 전략경쟁을 다루었고, 2부에서는 갈등이 고조되고 있는 해양 영토분쟁들에 대해 이야기한다. 냉전기 미국의 전략대잠전에 관한 사례연구를 통해 북한의 SLBM에 대응하기 위한 해법도 고민해 본다. 마지막 3부에서는 해군을 통한 다양한 수준의 협력과 신뢰구축의 사례 및 방안에 관해 이야기한다.

끝으로 휴식 시간을 고려하지 않은 원고 제출 독촉 메일과 문자에도 싫은 기색 없이 도와주신 저자들께 감사드린다. 나의 작은 노력이 가족과 보내야 할 시간을 희생하며 글을 보내 주셨던 노고에 조금이나마 보답이 되었으면 하는 바람이다.

2017년 5월

해군 소령 강정민

참고문헌

I부 해양안보를 움직이는 미 · 중 전략경쟁

1장 에너지 안보 관점에서 본 미국-중국 경쟁과 협력 양상

강동호, 『글로벌 금융대공황』(서울: 21세기 북스, 2009).

김연규 외, 『에너지 국제정치의 변환과 동북아시아』(서울: 서울대학교 국제문제 연구소, 사회평론 아카데미, 2015).

김영익 외, 『중국발 금융위기 어디로 갈 것인가?』(한스미디어, 2015).

김영익, 『3년 후 미래: 두 번째 금융위기의 충격과 대응』(한스미디어, 2014).

김인준 · 이영섭, 『국제금융론』(서울: 율곡출판사, 2013).

대니엘 예긴 저, 이경남 역, 『2030 에너지 전쟁』(서울: 사피엔스 21, 2013).

레이쓰하이 저, 허유영 역, 『G2 전쟁』(서울: 부키, 2014).

벤 스틸 저, 오인석 역, 『브레턴우즈 전투』(서울: 아산정책연구원, 2015).

배홍규, 『선물 시장론』(부산: 동아대학교, 2012).

배리 아이켄그린 저, 김태훈 역, 『달러제국의 몰락(Exuberant Privilege)』(서울: 타임교육, 2011).

류권뤄 저, 김선우 역, 『블랙차이나 중국발 경제위기가 온다』(서울: 한빛비즈, 2012).

손지우 · 이종헌, 『오일의 공포』(서울: 프리이코노미 북스, 2015).

심경욱 외, 『왜 에너지 안보인가?: Energy Security』(서울: 한국 국방연구원, 2007).

왕윤종, 『달러패권: G2시대, 3대 기축통화의 미래』(서울: 프리이코노미 북스, 2016).

윤석천, 『화폐 대전환기가 온다』(서울: 왕의 서재, 2016).

이재호, 『에너지 정치경제학』(서울: 석탑출판, 2013).

이강국, 『일대일로(一帶一路)』(서울: 북스타, 2016).

임형록, 『글로벌 경제매트릭스 미국편』(서울: 도서출판 새빛, 2013).

______, 『글로벌 경제매트릭스 중국편』(서울: 도서출판 새빛, 2014).

임상범, 『한중일 에너지 삼국지』(서울: 좋은땅, 2015).

전병서, 『중국의 대전환, 한국의 대기회』(서울: 참돌, 2015).

______, 『한국의 신국부론 중국에 있다』(서울: 참돌, 2014).

정재호, 『평화적 세력전이의 국제정치: 19-20세기 영미관계와 21세기 미 · 중관계의 비교』(서울: 서울대학교 출판문화원, 2016).

정필모, 『달러의 역설: 슈퍼달러를 유지하는 세계최대 적자국의 비밀』(서울: 21세기북스, 2015).

정호경, 『남중국해 해영영토분쟁 국가들의 영유권 주장과 대응의 한계』(경북대학교 박사학위 논문, 2012).

조용만 · 김재현, 『파워 위안화』(서울: 미래를 소유한 사람들, 2015).

함재봉 외, 『팍스 아메리카나 3.0』(서울: 아산정책연구원, 2015).

계충무, "국제원유시장 구조를 이해하라", 『에너지코리아』 3월호(2015. 3. 12).

______, "원유가격은 어떻게 형성되나?", 『에너지코리아』(2015. 1. 8.; 2. 10.).

김기정 · 김예진, "원유 파생상품시장 규제 움직임과 향후 전망", 『한은조사연구』 2009-13(한국은행조사국, 2009).

김기수, "대출의존형 중국경제발전의 구조적 문제점: 고속성장의 후유증과 경제 위기설", 『세종정책 연구』 2014-18(세종연구소, 2014).

김보민 외, "미국의 제조업 경쟁력 강화정책과 정책 시사점"(대외경제정책연구원, 2014).

대외정책연구원, "최근 위안화 국제화 현황", 『북경사무소 브리핑』 17-10(대외경제정책 연구원, 2014).

"미국 E&P 기업의 기술력 향상과 저유가 적응", 『세계 에너지시장 인사이트』, 16-14호(에너지 경제연구원, 2016. 4. 22.).

미래연구본부, "미국 에너지 정책 변화와 시사점", 『VIP 리포트』 14-29(통권 580호)(현대경제연구원, 2014. 8. 11.).

박기임, "미 제조업 자국생산 자신감 회복 등으로 부활의 날갯짓", 『Trade Brief』 No. 15(한국무역협회 국제무역연구원, 2013).

안남기 · 최성락, "오일머니 위축 가능성 및 영향", 『Issue Analysis』(국제금융센터, 2014).

오정석 · 김권식, “국제유가 vs 미국 달러 상관관계 분석 및 시사점”, 『Issue Briefing』(국제금융센터, 2014).

오정석 “미 달러화 움직임을 알아야 국제유가가 보인다”, 『국제금융』 12호(국제금융센터, 2012).

왕윤종, “위안화 국제화를 바라보는 시각”, 『CSF 중국전문가 포럼』(대외정책경제연구원, 2016. 4. 5.).

이권형 외, “주요국의 셰일가스 개발 동향과 시사점”, 『KIEP 오늘의 세계경제』 No. 15(대외경제정책연구원, 2012. 6. 28.).

이근태 외, “성장과 고용창출의 동력, 제조업의 재조명”(LG 경제연구원, 2012).

이승철 · 권상준, “미국 제조업 회귀의 현황 및 평가”, 『국제경제리뷰』 2014-10호(한국은행, 2014).

이장균, “미국 제조업 르네상스의 진행 현황과 시사점”, 『VIP 리포트』 15-28(통권 625호)(현대경제연구원, 2015).

임형록, “전 세계경제동향”(한양대학교, 2016. 11. 17.).

장경석, “끝나지 않은 셰일가스 혁명”, 『KB 지식비타민』 16-1호(KB 금융지주 경영연구소, 2016. 1.).

장선영 · 권오승 · 이명희, “미 제조업 경쟁력 강화 정책 및 시사점”, 『Global Market Report』 13-013(KOTRA, 2013).

정민, “미국 에너지 정책 변화와 시사점”, 『VIP 리포트』 통권 580호(현대경제연구원, 2014).

정혜영, “2016년 미국 에너지 정책 전망”, 『세계 에너지시장 인사이트』 제16-3호(에너지 경제연구원, 2016. 1. 22.).

최영림, “2014년 러시아의 석유가스 부문 평가 및 향후 과제”, 『세계에너지시장 인사이트』 제15-7호(에너지경제연구원, 2015. 2. 27.).

한재진 · 정민, “위안화 국제화 정책 점검과 시사점”, 『VIP리포트』 15-26(통권 623호)(현대경제연구소, 2015. 7. 13.).

천용찬 · 한재진, “중국 자본유출의 현황과 시사점”, 『VIP리포트』 16-19(통권 657호)(현대경제연구원, 2016. 6. 8.).

최강 외, “ASAN 국제정세 전망: 뉴 노멀 ”(아산정책연구원, 2015. 12.).

“2016 에너지 통계 핸드북”(에너지관리공단, 2016).

“2015 에너지통계 핸드북”(에너지관리공단, 2015).

〈중국의 길〉, 특별기획 〈슈퍼차이나〉 PART 7(KBS, 2015. 1. 23.).

〈제조업 르네상스〉, 특별기획 〈미국의 부활〉 제3편(KBS, 2016. 1. 17.).

Angus Maddison, *The World Economy: A Millennial Perspective*(Department Centre of OECD,

2002).

Barry Buzan, *People, State and Fear: An Agenda for International Security Studies in the Post-Cold War Era*(ECPR Press, London 2008).

Barry Buzan, *People, State and Fear: The National Security Problem in International Relations*(London: Harvester 1983).

Caitlin Campbell and Craig Murray, "China Seeks a 'New Type of Major-Country Relationship' with the United States," *U. S.-China Economic and Security Review Commission Staff Research Backgrounder*(U. S.-China Commission, 2013. 6. 25.).

Daneil Yergin, "Ensuring Energy Security," *Foreign Affairs* vol. 85(2)(Mar/Apr 2006).

Carola Hoyos, "The new Seven Sisters: oil and gas giants dwarf western rivals," *Financial Times*(2007. 3. 12.).

Jan H. Kalicki & David L. Goldwyn, *Energy and Security: toward a New Foreign Policy Strategy*(Washington-Baltimore: Woodrow Wilson Center Press, Johns Hopkins University Press, 2005).

Malcom Scott and Cedric Sam, "China and the United States: Tale of Two Giant Economies," *Bloomberg*(2016. 5. 12.).

McKinsey Global Institute, *Mapping global capital market 2011*(McKinsey and Company, 2011).

Michael Ratner, *U.S. Natural Gas Exports: New Opportunities, Uncertain Outcomes*(Congressional Research Service, 2015).

Niall Ferguson, *The Ascent of Money: A Financial History of the World*(New York: Penguin Books Ltd., 2008).

Raju G. C. Thomas, *Energy and Security in the Industralizing World*(University of Kentucky, 1990).

"Remark by the President in State if the Union Address"(Office of the Press Secretary, White House, http://www.whitehouse.gov/blog/2012/01/24/blueprint-america-built-last, 2012. 1. 24.).

Rovert A. Manning, *The Shale Revolution and the New Geopolitics of Energy*(Atlantic Council, 2014).

Sachs, Jeffrey D. and Warner Andrew, "The Curse of Natural Resources," *European Economic Review* 45(4-6)(2001).

The ALL-OFF-THE-ABOVE ENERGY STRATEGY AS A PATH TO SUSTAINABLE ECONOMIC GROWTH(Executive office of the President of the United States, 2014. 5.).

http://www.stats.gov.cn

http://www.eia.gov

http://www.federalreserve.gov

http://www.ferc.gov

http://www.iea.org

http://www.kostats.go.kr

http://www.knoc.co.kr

http://www.thebalance.com

http://www.ticdata.treasury.gov

http://www.tradingeconomics.com

http://www.whitehouse.gov

2장 패권전이 형태에 대한 영향 요인

김영석, 『사회조사방법론』(서울: 나남출판, 1999).

김웅진 · 김지희, 『정치학 연구방법론』(서울: 명지사, 2005).

레이쓰하이 저, 허유영 역, 『G2 전쟁』(서울: 부키, 2014).

배리 아이켄그린 저, 김태훈 역, 『달러제국의 몰락』(서울: 타임교육, 2011).

서진영, 『21세기 중국정치』(서울: 폴리테이아, 2008).

이강국, 『일대일로(一帶一路)』(서울: 북스타, 2016).

전병서, 『중국의 대전환, 한국의 대기회』(참돌, 2015).

조지프 나이 저, 윤영호 역, 『권력의 미래』(서울: 세종서적, 2012).

조용만 · 김재현, 『파워 위안화』(서울: 미래를 소유한 사람들, 2015).

폴 케네디 저, 김주식 역, 『영국해군력 지배의 역사』(서울: 해양전략연구소, 2010).

강효백, "야당 견제 없는 중국 공산당이 무너지지 않는 이유는", 『중앙일보』 차이나 인사이트 (2016. 10. 5.).

______, "중국의 7개 붉은 별 그들을 낱낱이 해부한다", 『데일리안』(2016. 5. 15.).

"중국식의 강력한 지도력, 공산당 리더십", 『특별기획 〈슈퍼차이나〉』 PART 6(KBS, 2015. 1. 23.).

A. F. K. Organski, *World Politics* 2nd eds(New York: Alfred A. Knopf, 1968).

A. F. K. Organski and Jacek Kugler, *War Ledger*(Chicago: The University of Chicago Press, 1980).

Angus Maddison, *The World Economy: A Millennial Perspective*(Development Center of the OECD, 2001).

Bruce Bueno de Mesquita, *War Trap*(New Heaven and London: Yale University Press, 1981).

Bueno de Mesquita, *The Logic of Political Survival*(NY: Hoover Institution, 2001).

Bruce Bueno de Mesquita, *Principles of International Politics: People's Power, Preferences, and Perceptions*(Washington D. C.: CQ Press, 2000).

Gary King, Robert O. Keohane, Sidney Verba, *Designing Social Inquiry*(New Jersey: Princeton University Press, 1994).

George Modelski and William R. Thompson, *Sea power in Global Politics, 1494 - 1993*(Seattle: University of Washington, 1988).

Harrison Wagner, "Review Articles War and Expected Utility Theory," *World Politics,* vol. 36, No. 3(April, 1984).

J. David Singer and Paul F. Diehl, *Measuring the Correlates of War*(Ann Arbor: The University of Michigan Press, 1993).

Jacek Kugler, *Power Transitions: Strategic Policies for the 21th Century*(Seven Bridges Press, 2000).

John J. Mearsheimer, *The Tragedy of Great Power Politics*(Norton Company LTD.: University of Chicago Press, 2001).

Kenneth N. Waltz, *Theory of International Politics*(New York: McGraw - Hill, 1979).

Niall Ferguson, *The Ascent of Money: A Financial History of the World*(NY: Penguin Books Ltd., 2008).

Randall L. Schweller, "Neorealism's Status - Quo Bias: What Security Dilemma?," *Security Studies* 5, No. 3(Spring 1996).

Stephan D. Krasner, *International Regime*(Cornell Paperbacks, 1995).

"IMF Working Paper," WP/13/3(IMF, 2013).

II부 격화되는 동아시아 해양갈등

3장 남중국해, 미 · 중의 갈등 무대

신성호 · 임경한, "미국의 아시아 올인(All-In) 정책", 『전략연구』 통권 제55호(2012).

이근욱, 『월츠 이후: 국제정치 이론의 변화와 발전』(서울: 한울, 2009).

이재현, "남중국해 분쟁의 이해와 향후 전망", 『국립외교원 외교안보문제연구소 주요국제문제 분석』, No. 2012-32(2012).

임경한, "공격적 현실주의 시각에서 바라본 미국과 중국의 동아시아 해양안보경쟁 전망과 함의", 『해양전략』 제149호(2010).

______, "중국의 남사군도(Spratly Islands) 분쟁 대응 전략", 『국방정책연구』 제26권 제2호(2010).

권이선, "중국은 남중국해 도서 인프라 확충 나서", 『세계일보』(2016. 1. 16.).

박일근, "中 정초부터 군사굴기 박차, 로켓군 창설 · 인공섬 활주로 가동", 『한국일보』(2016. 1. 4.).

박일근, "中 연초부터 '군사굴기'", 『매일경제』(2016. 1. 5.).

신동주, "부패 척결 주요 현안… 항모 · 잠수함전력 과시", 『세계일보』(2016. 3. 8.).

______, "중국군 5대 전구 출범… '군사굴기' 탄력", 『세계일보』(2016. 2. 3.).

신동주 · 우상규, "중 '남중국해 주권 위해 싸울 준비 돼 있다'", 『세계일보』(2016. 3. 1.).

이동훈, "군용 활주로 점령한 서사군도 · 남사군도 남태평양이 심상찮다", 『주간조선』 제2021호(2012).

임경한, "미 해군 신형구축함 '줌왈트'함이 주는 의미와 안보과제", 『KIMS Periscope』(2017. 1. 21).

유용원, "美, 항모 1척 태평양 추가 배치… 中, 새 이지스함 4척 맞대응", 『조선일보』(2015. 10. 28.).

윤정호, "美軍, 24년 만에 필리핀 再주둔… 기지 5곳 확보", 『조선일보』(2016. 3. 22.).

Gaddis, John Lewis, *The Long Peace: Inquires into the History of the Cold War*(New York: Oxford University Press, 1987).

Jervis, Robert, "Cooperation Under the Security Dilemma," *World Politics*, vol. 30, no. 2(1978).

______, *Perception and Misperception in International Politics*(Princeton, N.J.: Princeton University Press, 1976).

______, "Will the New World Be Better?," Robert Jervis and Seweryn Bialer ed., *Soviet-American Relations After The Cold War*(Durham: Duke University Press, 1991).

Lynn-Jones, Sean M., "Offense-Defense Theory and its Critics," *Security Studies*, vol. 4(1995).

Mearsheimer, John J., *The Tragedy of Great Power Politics*(New York: Norton, 2001).

Morgenthau, Hans J., *Politics among Nations: the Struggle for Power and Peace,* 2nd ed.(New York: Alfred A. Knopf, 1954).

Waltz, Kenneth N., *Theory of International Politics*(MA: Addison-Wesley, 1979).

Cronin, Patrick M, "Contested Waters: Managing Disputes in the East and South China Seas," *East and South China Seas Bulletin 6*(December 2012).

Gang, Ding, "Fishing resources key to S. China Sea order," *Global Times*(August 21, 2013).

Heginbotham, Eric et al., *The U. S.-China Military Scorecard: Forces, Geography, and the Evolving Balance of Power 1996-2016*(http://www.rand.org, 검색일: 2017. 1. 6.).

Hancock, Tom, "Chinese fishermen on front line of marine dispute," *AFP*(Mar 5, 2013).

Pitlo, Lucio Blanco, "Fishing Wars: Competition for South China Sea's Fishery Resources," *ISN*(July 10, 2013).

The South China Sea Virtual Library Website, http://www.community.middlebury.edu/~scs/intro.html(검색일: 2017. 1. 6.).

4장 센카쿠(댜오위다오) 열도 분쟁과 중 · 일 간 전쟁 발발 가능성 전망

국가안보전략연구소 편, 『중북우호협조 및 상호원조조약과 한미 동맹』(서울: 국가안보전략연구소, 2011).

국방대학교 안보문제연구소, 『2012년도 안보정세전망』(서울: 국방대학교 안보문제연구소, 2011).

김웅진 · 김지희, 『정치학 연구방법론: 경험과학연구의 규준과 설계』(서울: 명지사, 2012).

김종형, 『대안적 분석모형에 의한 탈냉전 이후 동북아 재래식 전력지수 평가: 1991~2010 해 · 공군력을 중심으로』, 국방대학교 석사학위논문(2011).

김현일, 『해양력과 동북아시아 전쟁 발생: 1860-1993』, 연세대학교 박사학위논문(2003).

유철종, 『동아시아 국제관계와 영토분쟁』 (서울: 삼우사, 2006).

이면우, 『전후 일중관계의 전개 및 향후양상: 2010년 센카쿠 열도분쟁의 의미와 영향을 중심으로』(서울: 세종연구소, 2011).
이창위 외, 『동북아 지역의 영유권 분쟁과 한국의 대응전략』(서울: 다운샘, 2006).
이춘근 편, 『동아시아의 해양분쟁과 해군력 증강현황』(서울: 한국해양전략연구소, 1998).
일본방위청, 국방정보본부 역, 『2005년 일본 방위백서』(서울: 국방정보본부, 2005).
최명해, 『중국 · 북한 동맹관계: 불편한 동거의 역사』 서울: 오름(2009).
최정현, 『센카쿠 열도 해양영유권 분쟁과 중 · 일 관계』, 연세대학교 석사학위논문(2000).
한국국제정치학회 · 한국해양전략연구소 편, 『21세기 해양갈등과 한국의 해양전략』(서울: 한국해양전략연구소, 2006).
한국전략문제연구소, 『동북아 전략균형 2001』(서울: 한국전략문제연구소, 2001).
함택영 · 박영준 편, 『안전보장의 국제정치학』(서울: 사회평론, 2010).
강정일, "북중 동맹의 공고성에 관한 연구", 『전략연구』 제54호(2012).
고기정 · 박형준, "격앙된 中… 센카쿠서 軍무력시위 할 수도", 『동아일보』(2012. 9. 12.).
고상두, "센카쿠 열도를 둘러싼 중 · 일 영유권 분쟁과 민족주의", 『21세기정치학회보』 제21집 2호(2011).
권태환, "일 · 중 영유권 갈등과 전망", 『한일군사문화연구』 제11집(2011).
김기정 · 정진문, "댜오위다오/센카쿠 제도 분쟁에 대한 중국의 정책결정 구조 분석: 군부의 영향력을 중심으로", 『중소연구』 제34권 2호(2010).
김기주 · 이승렬, "중국 해군력 부상의 위협성 평가: 능력, 의도, 의지를 중심으로", 『신아세아』 19권 1호(2012).
김상현, "미일 '新밀월' 선언…中, '돌아온 日'에 촉각", 『서울신문』(2013. 2. 25.).
김열수, "동 · 남 중국해의 도서분쟁: 미 · 중 전략 속에서의 원인과 전망", 『신아세아』 제18권 3호(2011).
김용민, "조어군도와 센카쿠 열도: 중국과 일본의 전략적 충돌이 가진 함의", 『국제지역연구』 제15권 3호(2011).
김종현, "美 국무부 부장관 '센카쿠 일본 입장 이해", 『연합뉴스』(2012. 10. 15.).
______, "美국방, 中에 '센카쿠 미일안보 적용' 통보", 『연합뉴스』(2012. 9. 21.).
______, "中 · 日, 센카쿠 국유화 충돌(종합)", 『연합뉴스』(2012. 9. 10.).
김종훈, "미국의 국방기획과 미일 동맹", 『한일군사문화연구』 제9권(2010).
김진기, "영토분쟁 지역에 대한 일본 정부 접근법의 비교연구", 『국제지역연구』 제9권 1호(2005).
남창희 · 왕유위, "미국의 공해전투 개념과 미일 동맹", 『한일군사문화연구』 제14권(2012).
류성무, "中, 교과서에 센카쿠 영토주권 표기 추진", 『연합뉴스』(2012. 9. 14.).

마고사키 우케루 저, 김충식 · 양기호 공역, 『일본의 영토분쟁: 독도, 센카쿠, 북방영토』(서울: 메디치미디어, 2012).

박영준, "동북아 국가들의 해양전략과 해군력 증강 기원: 동아시아 해양질서 불안정의 기원", 2012년 한국국제정치학회 추계학술대회 발표논문(2012)

박창희, "지정학적 이익 변화와 북중 동맹관계: 기원, 발전, 그리고 전망", 『중소연구』 제113호(2007).

배극인, "美-日 국방장관 '센카쿠 충돌땐 미군 자동개입'", 『동아일보』(2012. 9. 18.).

배진수, "세계의 도서영유권 분쟁사례와 독도", 『국제정치논총』 제38집 2호(1998).

손기섭, "북방4도와 센카쿠 열도 해양분쟁의 특성", 『일본문화연구』 제27집(2008).

송화섭 외, "아베 정권의 재등장과 일본의 우경화 가능성 전망", 『주간국방논단』 제1448호(2013).

신삼호, "중국군 기관지, 센카쿠 충돌 대비 군사준비 강조", 『연합뉴스』(2013. 4. 29.).

이기완, "동맹정치의 변화와 동맹관계: 한미 · 미일 동맹을 중심으로", 『국방연구』 제53권 1호(2010).

이명찬, "센카쿠제도 문제의 현황과 전망", 2012년도 국방대학교 안보대학원 학술세미나 발표논문(2012. 11. 28.).

______, "센카쿠제도를 둘러싼 중 · 일간 갈등과 동북아", 『국제정치논총』 제53집 1호(2013).

이상숙, "북중우호조약의 현대적 함의와 양국관계", 『주요국제문제분석』 No. 2011-31(2011).

정성윤, "미일 동맹과 한국의 안보", 『전략연구』 제50호 (2010).

주춘렬 · 김용출, "중일 센카쿠 갈등 심화...하늘 바다서 '일촉즉발'", 『세계일보』(2013. 2. 11.).

차대운, "〈센카쿠사태 한 달〉 ① 東亞 안보지형 변화", 『연합뉴스』(2012. 10. 10.).

______, "중 선박, 센카쿠 영해 진입...국유화후 30번째", 『연합뉴스』(2013. 2. 24.).

______, "중국 3대 함대, 센카쿠 '무력시위' 참가", 『연합뉴스』(2013. 4. 18.).

______, "중국, 센카쿠 대일 압박 강화", 『연합뉴스』(2013. 4. 28.).

최영해 · 정미경, "동북아 군비경쟁 가열…中 10년새 4배로", 『동아일보』(2012. 10. 17.).

한창만, "미일, 센카쿠서 공동 군사작전 추진'", 『한국일보』(2013. 3. 20.).

황희경, "中 해군, 동남중국해에서 실탄 공격훈련", 『연합뉴스』(2013. 1. 18.).

______, "중국 국가해양국 센카쿠서 군사 대치가능성 커져", 『연합뉴스』(2013. 5. 9.).

CSIS, *Asian Defense Spending 2000-2011* (Washington D.C.: Center for Strategic & International Studies, 2012).

Japan Ministry of Defense, *Defense of Japan 2012* (Tokyo: Ministry of Defense, 2012).

Kemenade, Willem van, *China and Japan: Partners or Permanent Rivals?* Netherlands Institute of International Relations, Clingendael Diplomacy Papers No. 9(2006).

Manheim, Jerol B., Rich, Richard C., Willnat, Lars., and Brians, Craig Leonard, *Empirical Political Analysis: Research Methods in Political Science*, 6th ed.(New York: Pearson Education, 2005).

Midlarsky, Manus I. eds., *Handbook of War Studies II*(Michigan: The University of Michigan Press, 2000).

Oh, Soonkun, *How Rivalries End: Understanding Dynamics of the Rivalry Termination Process*, Ph. D. Dissertation, (University of South Carolina, 2012).

Office of the Secretary of Defense, *Annual Report To Congress: Military and Security Developments Involving the People's Republic of China 2013*(Washington D. C.: Office of the Secretary of Defense, 2013).

Senese, Paul D., and Vasquez, John A., *The Steps to War: An Empirical Study*(New Jersey: Princeton University Press, 2008).

Shambaugh, David., *Modernizing China's Military*(California: University of California Press, 2002).

The National Institute for Defense Studies, *East Asian Strategic Review 2013(English Executive Summary)*(Tokyo: The National Institute for Defense Studies, 2013).

Cheng, Joseph Y. S., "Sino-Japanese Relations in the Twenty-First Century," *Journal of Contemporary Asia* 33-2(2003).

Homes, James R., "The Sino-Japanese Naval War of 2012," *Foreign Policy*(Aug 2012).

Levy, Jack S., "The Cause of War and the Condition of Peace," *Annual Review of Political Science* 1(1998).

The Economist, "China and Japan, Could Asia really go to war over these?"(September 22, 2012).

Valencia, Mark J., "The East China Sea Dispute: Context, Claims, Issues, andPossible Solutions," *Asian Perspective* 31-1(2007).

한국국방연구원 세계분쟁정보사이트, http://kida.re.kr/woww/history/history1_1.asp(검색일: 2013. 2. 20.).

Correlates of War(COW) Project, http://www.correlatesofwar.org(검색일: 2013. 1. 15.).

Stockholm International Peace Research Institute(SIPRI), http://www.sipri.org(검색일: 2013. 5. 7.).

5장 북극해를 둘러싼 안보협력과 군비경쟁

니콜라이 에피모프 저, 정재호 외 역, 『러시아 국가안보』(서울: KIMS, 2011).

정재호 외 저, 『21세기 동북아 해양전략: 갈등과 협력의 딜레마』(서울: 북코리아, 2015).

안드레이 파노프 저, 정재호 외 역, 『러시아 해양력과 해양전략』(서울: KIDA, 2016).

김덕기, "북극해의 전략적 가치와 러시아의 전략적 접근"(서울: KIMS, 2012).

정병선, "북극해의 영토전쟁", 『조선일보』(2010. 12. 10.).

강태호, "러시아의 해양정책과 베링 해 · 쿠릴 열도 美 · 日 분쟁", 『한겨레신문』(2015. 11. 19.).

Подберзкин А. И., *Долгосрочные сценарии развития стратегической обстановки, войн и военных конфликтов в 21 веке*(Москва: МГИМО, 2014).

http://www.kommersant.com

http://news.chosun.com

http://newsis.com

http://www.daily-liberty.com

http://www.dongA.com

6장 쿠릴 열도의 전략적 가치와 군사력 강화

외교부, 『2015 일본개황』(서울: 대한민국 외교부, 2015).

임경한 외, 『21세기 동북아 해양전략: 갈등과 협력의 딜레마』(서울: 북코리아, 2015).

진창수 편, 『동북아 영토분쟁과 일본의 외교 정책』(서울: 세종연구소, 2008).

유철종, "러, 쿠릴 열도 분쟁서 日 지지한 미국 비난", 『연합뉴스』(2011. 6. 23.).

김종현, "러, 中 근로자 고용해 쿠릴 열도 개발", 『연합뉴스』(2011. 7. 28.).

"러시아의 해양정책과 베링 해 · 쿠릴 열도 美 · 日 분쟁", 『한겨레신문』(2015. 11. 19.).

김현태, "日 집권당 부총재 내달 러시아 방문… 영토분쟁 논의", 『연합뉴스』(2015. 12. 20.).

드미트리 리톱킨, "대한민국 하늘 지키는 '천궁'엔 러시아 피가 흐른다", 『RUSSIA포커스』(2013. 9. 5.).

인터넷 영문판 2015년 일본 방위백서 Part I, Security Environments Surrounding

Japan, Chapter 4. Russia, http://www.mod.go.jp/e/publ/w_pa\-per/2015.html(검색일: 2015. 12. 20.).

"러, 쿠릴 열도에 최신 방공 미사일 배치할 것", SBS CNBC(http://sbscnbc.sbs.co.kr, 검색일: 2015. 12. 29.).

7장 냉전기 미국의 전략대잠전 연구: 美 해군의 구소련 SSBN 대응작전

국방대학교, 『안보관계용어집』(서울: 국방대학교, 2003).

권태영 외, 『북한 핵 · 미사일 위협과 대응』(서울: 북코리아, 2014).

노병천, 『도해 세계전사』(서울: 연경문화사, 1997).

해군 잠수함 전단 역, 『미 · 소 냉전기 수중 첩보전』(*Blind Man's Bluff*)(진해: 9잠수함 전단, 2009).

Blackman, Raymond V. B. ed., *Jane's Fighting Ships 1961-1962*(New York: The McGraw-Hill Book Company, Inc., 1961).

________, *Jane's Fighting Ships 1966-67*(New York: Netherwood Dalton & Co. Ltd., 1966).

________, *Jane's Fighting Ships 1971-72*(London: Jane's Yearbooks, 1971).

Cote, Owen R. Jr. *The Third Battle: Innovations in the U. S. Navy's Silent Cold War Struggle with Soviet Submarines*(Naval War College, 2003).

Khrushchev, Nikita, *Khrushchev Remembers: The Last Testament*(Boston: Little, Brown, 1974).

Lake, David A. and Robert Powell, *Strategic Choice and International Relations*(Princeton: Princeton University Press, 1999).

Morgan, Patrick M., *Deterrence: A Conceptual Analysis*(Beverly Hills: Sage Publications, 1977).

Moore, John ed., *Jane's Fighting Ships 1975-76*(New York: Jane's Yearbooks, 1975).

Polmar, Norman and Kenneth J. Moore, *Cold War Submarines: The Design and Construction of U.S. and Soviet Submarines*(Washington D. C.: Potomac Books, Inc., 2004).

U. S. Department of Defense, *Joint Operational Access Concept*(Washington D. C.: Department of Defense, 2012).

Allen, Thomas B., "Run Silent, Run Deep," *Smithsonian Magazine*(March 2001).

Bermudez, Joseph S. Jr., "Finding the Real Site for the Pukguksong-2 Launch," *38 North*(February 17, 2017).

Fisher, Richard D. Jr., "North Korea announces third SLBM launch," *Jane's Defence Weekly*(April 29, 2016).

Hudson, George E., "Soviet Naval Doctrine, 1953-72," in Michael MccGwire ed., *Soviet Naval Developments: Capability and Context*(New York: Praeger Publishers, 1973).

MccGwire, Michael, "The Turning Points in Soviet Naval Policy," in Michael MccGwire ed., *Soviet Naval Developments: Capability and Context*(New York: Praeger Publishers, 1973).

Wit, Joel S., "Advances in Antisubmarine warfare," *Scientific American*(February 1981, Vol. 244, No. 2.).

38 North, "North Korea's Ballistic Missile Submarine: Probable Post-Missile Test Maintenance; Construction Hall Externally Complete"(July 20, 2016).

Ⅲ부 해양갈등을 넘어 해양협력으로

8장 해군협력으로 본 동아시아 국제관계

한국해양전략연구소, 『2015-2016 동아시아 해양안보 정세와 전망』(한국해양전략연구소, 2016).

______, 『2016-2017 동아시아 해양안보 정세와 전망』(한국해양전략연구소, 2017).

김기주 · 황병선, "센카쿠(댜오위다오) 열도 영토분쟁을 둘러싼 일 · 중 간 전쟁 발발 가능성 전망: 전쟁의 단계 이론 적용과 함의", 『국제정치논총』 제13권 제53집 2호(2013).

김형민, "군사분쟁(Militarized Conflicts)의 원인에 관한 고찰: 동북아 지역에 주는 정책적 함의", 『신아시아』 21권 2호(2014년 여름).

윤석준, "동아시아 해양안보 이슈와 도전", 『2014-2015 동아시아 해양안보 정세와 전망』(한국해양전략연구소, 2014).

이상환, "세계질서와 동북아 지역질서의 안정성에 대한 전망: 세력전이 시각을 중심으로", 『정치 · 정보연구』 제18권 1호(2015).

김성만, "러 · 중 '해상협력-2015(Ⅱ)' 군사훈련이 주는 위협과 대책", 『코나스넷』 (2015. 8. 31.)

김필재, "北, 선박명-선적 바꿔 해외 무기 밀매", 『조갑제닷컴』(2012. 1. 31.).

김형준, "[유엔과 뉴욕법조계] '아덴만 작전', 해적 그리고 유엔의 노력", 『법률신문 뉴스』(2011. 2. 21.).

외교부, "북한 잠수함 탄도미사일(SLBM) 발사에 대한 외교부 대변인 논평"(외교부 홈페이지 보도자료, http://www.mofa.go.kr).

해군작전사령부, "2016년 연간부대훈련 계획".

해양수산부, "'16년 1분기 전 세계 해적활동은 주춤, 피랍은 증가"(2016. 5. 11.).

홍제성, "中-말레이, 말라카 해협서 첫 대규모 군사훈련", 『연합뉴스』(2015. 9. 17.).

Organski, A. F. K. and Jacek Kugler, *The War Ledger,* Chicago: University of Chicago Press, 1980.

Russett, Bruce and John Oneal, *Triangulating Peace: Democracy, Interdependence, and International Organization*(New York: Morton, 2001).

Heitman, Helmoed-Romer."China and Namibia reportedly discuss naval support base," *HIS Jane's Defense Weekly*(November 26, 2014).

Kim, Hyung Min and David L. Rousseau, "The Reciprocal Relationship Between Military Conflict and Democracy," *Defence and Peace Economics,* Vol. 24, No. 1(2013).

LaGrone, Sam, "Chinese Submarine Headed to Gulf of Aden For Counter Piracy Operation," *USNI*(September 30, 2014).

Oh, Soonkun, "The Development of the Trilateral Naval Cooperation between Japan, Korea and US in Northeast Asia," in KIMS ed. *The Evolution of the Maritime Security Environment in Northeast Asia and ROKN-USN Cooperation*(Seoul: KIMS Press, 2016).

Till, Geoffrey, "Navy and the New World Order," in Sam J. Tangredi ed. *Naval cooperation*(Maryland: Naval Institute Press, 2015).

Yoon, Sukjoon, "MH370 and Maritime Security: Fresh Start for Cooperation?," RSIS Commentary No. 024(March 17, 2014).

Zhao, Shengnan, "Xi's trip reinforces China's role in Oceania," *China Daily*(November 24, 2014).

http://www.recaap.org/AboutReCAAPISC.aspx

9장 동아시아 해양 신뢰구축과 협력적 위협감소

"국제연합군 총사령관을 일방으로 하고 조선민주주의인민공화국 최고사령관 및 중공인민지원군사령원을 다른 일방으로 하는 한국 군사정전에 관한 협정"(1953. 7. 27.)

"서해상에서 우발적 충돌 방지와 군사분계선 지역에서의 선전활동 중지 및 선전수단 제거에 관한 합의서"(2004. 6. 4.)

A. J. Marder, *From the Dreadnought to Scapa Flow* Vol. 2(Oxford: Oxford University Press, 1965).

Barry Buzan and Eric Herring, *The Arms Dynamic in World Politics*(London: Lynne Rienner Publishers, 1998).

Bjørn Møller, *Common Security and Non-Offensive Defense: A Non-realist Perspective*(Boulder, CO: Lynne Rienner Publishers, 1992).

Charles Callwell, *The Effect of Maritime Command on Land Campaigns Since Waterloo*(London: Blackwood, 1897).

Colin S. Gray, *Weapons Don't Make War*(Kansas: University Press of Kansas, 1993).

Department of Defense(Spain), *National Maritime Security Strategy*(2013).

Department of Defense(US), *Asia-Pacific Maritime Security Strategy*(August 2015).

European Union Institute for Security Studies, *Global Governance 2025: At a Critical Juncture* (September 2010).

Geoffrey Till, *Seapower: A Guide For the Twenty-First Century*(London: Frank Cass, 2004).

George H. Quester, *Navies and Arms Control*(New York: Praeger Publishers, 1980).

Halford J. Mackinder, *Democratic Ideals and Reality: A Study in the Politics of Reconstruction* (London: Constable and Company Ltd, 1919).

Hedley Bull, *The Control of the Arms Race: Disarmament and Arms Control in the Missile Age*(New York: Frederich A. Prager, 1961).

HM Government, *The UK National Strategy for Maritime Security*(May 2014).

Institute for Peace Research and Security Policy at the University of Hamburg, *OSCE Yearbook 2014*(Vol. 20).

Janne E. Nolan ed., *Global Engagement: Cooperation and Security in the 21st Century* (Washington D. C.: The Brookings Institute, 1994).

Ken Booth and Russell Trood, *Strategic Cultures in the Asia-Pacific Region*(Basingstoke: Macmilllan Press, 1999).

Lewis F. Richardson, *Arms and Insecurity*(Pittsburgh: The Boxwood Press, 1960).

National Intelligence Council, *Global Trends 2030: Alternative Worlds*, NIC 2012-001(December 2012).

Office of Naval Research, *Naval Science and Technology Strategy: Innovations for the Future Force*(released on January 20, 2015).

Nicholas J. Spykman, *America's Strategy in World Politic: The United States and the Balance of Power*(New York: Harcourt, Brace and Company, 1942).

Rear Admiral J. R. Hill, *Arms Control At Sea*(Annapolis: Naval Institute Press, 1989).

Sir Julian Corbett, *England in the Seven Years War*(London: Longmans Green, 1907).

S. W. Roskill, *Naval Policy Between the Wars* Vol. 1(London: Collins, 1968).

Sverre Lodgaard, *Naval Arms Control*(London: International Peace Research Institute, 1990).

The Council of the European Union, *European Union Maritime Security Strategy*(June 24, 2014).

The IISS, *The Military Balance 2013*(London: Routledge, 2013).

Thomas C. Schelling, *Arms and Influence*(New Haven: Yale University Press, 1966).

Thomas More Molyneux, *Conjunct Expeditions or Expeditions That Have Been Carried on Joint*(London: R&J Dodsley, 1759).

Trevor N. Dupuy and Gay M. Hammerman, *Documentary History of Arms Control*(Bowker, 1973).

UN, *Charter of the United Nations and Statute of the International Court of Justice*(San Francisco, 1949).

US Navy, US Marine Corps and US Coast Guard, *Cooperative Strategy for 21st Century Seapower: Forward, Engaged, Ready*(March 2015).

US Department of Defense, *Asia-Pacific Maritime Security Strategy*(released on August 21, 2015).

Andrew Mack, "Naval Arms Control and Confidence Building for Northeast Asian Waters," *North Pacific Cooperative Security Dialogue Working Paper* No. 13(York University, 1992).

Choon-Kun Lee, "A Proposal for Running 'Asian Fleet': Collective Response to Transnational Maritime Threat," 12th International Seapower Symposium(October 19, 2015), *Changing Maritime Security Environment in East Asia and Measures to Enhance Multilateral Cooperation*(Gyeryong: ROK Navy, 2015).

CSCE, "Global Exchange of Military Information" (December 2, 1994).

Desmond Ball, "Arms and Affluence: Military Acquisitions in the Asia-Pacific Region," *International Security*, Vol. 18, No. 3(Winter 1993).

Ian Storey, "Can the South China Sea Dispute be Resolved or Better Managed?," 27th Asia-Pacific Roundtable, *Diffusing the Powder Keg in the South China Sea*(June 5, 2013).

Mika Hayashi, "Suspension of Certain Obligations of the CFE Treaty by NATO Allies: Examination of the Responses to the 2007 Unilateral Suspension by Russia," *Journal of Conflict and Security Law*(2013), Vol. 18, No. 1.

OSCE, "Vienna Document 2011"(November 30, 2011), FSC.DOC/1/11.

Senator Sam Nunn, "Cooperative Threat Reduction"(http://www.fas.org/spp/starwars/congress/1996_h/s960313a.htm, March 13, 1996, 검색일: 2016. 1. 27.).

UN, "Assessing The United Nations Register of Conventional Arms," *UNODA Occasional Papers* No. 16(April 2009).

UN General Assembly, "United Nations Register of Conventional Arms: Report of the Secretary-General," A/70/168/Add.1(September 17, 2015).

UNODA, "Statistics Update 2014: Reporting to the United Nations Register of Conventional Arms," A/RES/46/36L.

Western Pacific Naval Symposium(Qingdao, China), "Code for Unplanned Encounter at Sea: Version 1.0"(April 2014)(http://www.tnial.mil.id, 검색일: 2016. 2. 4.).

Wolfgang Zellner, "Conventional Arms Control in Europe: New Approaches in Challenging Times," *CORE Working Paper* 26, International Workshop, 23-24(April 2015).

찾아보기

ㅇ

ㅈ

ㅊ

ㅋ

ㅌ

ㅍ

저자약력

박창권

주요 근무경력
- (현) 한국국방연구원 안보전략연구센터 센터장
- 스웨덴 안보개발정책연구소 방문연구원
- 국방부/합참 정책 및 전략부서 담당

주요 교육경력
- 미국 미주리대학교(정치학 박사)
- 국방대학교(안전보장학 석사)
- 해군사관학교(학사)

해군대령 **박주현**

주요 근무경력
- 합동참모본부 군사전략과 해상전략담당
- 해군사관학교 군사학 처장
- 남원함(PCC-781) 함장

주요 교육경력
- 미국 Claremont Graduate University(국제정치경제학 박사)
- 미국 San Diego State University (국제관계학 석사)
- 해군사관학교(학사)

해군중령 **박남태**

주요 근무경력
- 합참 핵 · WMD대응센터
- 해군본부 전력소요과

주요 교육경력
- 미국 Texas A&M 대학교(국제정치학 박사)
- 국방대학교(군사전략 석사)
- 해군사관학교(학사)

해군중령 **김기주**

주요 근무경력
- 한국국방연구원 안보전략연구센터 현역연구위원
- 국방대학교 군사전략학과 교수
- 해군사관학교 국제관계학과 교수

주요 교육경력
- 미국 뉴욕주립대학교(정치학 박사)
- 미국 해군대학원(국가안보학 석사)
- 해군사관학교(학사), 연세대학교(학사)

해군중령 **정재호**

주요 근무경력
- 駐러시아 해군무관
- 해군본부 정책실
- 원주함(PCC-769) 함장

주요 교육경력
- 모스크바 국립대(MSU)(국제관계학 박사)
- 모스크바 국립대(MSU)(국제관계학 석사)
- 해군사관학교(학사), 한국외국어대(학사)

해군중령 **최정현**

주요 근무경력
- 해군전력분석시험평가단 해양전략개념담당
- 국방부 군비통제검증단 국제군비통제협력담당
- 해군본부 정작부 국제연락담당

주요 교육경력
- 영국 레딩대학교(정치학 박사)
- 연세대학교(정치외교학 석사)
- 해군사관학교(학사)

해군중령 **오순근**

주요 근무경력
- 남원함(PCC-781) 함장
- 해군본부 기참부 함정전력담당
- 황도현함(PKG-715) 함장

주요 교육경력
- 미국 University of South Carolina (국제정치학 박사)
- 미 해군대학원(국가안보 석사)
- 해군사관학교(학사)

해군중령 **이상엽**

주요 근무경력
- 홍범도함 인수부장
- 합동참모본부 의장실
- 제9잠수함 전단 정작참모실 연합훈련담당

주요 교육경력
- 미국 Rutgers University(정치학 박사)
- 미국 Columbia University (국제관계학 석사)
- 연세대학교(학사)

해군소령 **임경한**

주요 근무경력
- 美 해군사관학교 정치학과 교환교수
- 해군사관학교 군사전략학과 교수

주요 교육경력
- 서울대 국제대학원(국제학 박사)
- KDI 국제정책대학원(정책학 석사)
- 해군사관학교(학사)

해군소령 **배학영**

주요 근무경력
- 통영함 부장
- 해군본부 전략기획과 능력기획담당

주요 교육경력
- 미국 Florida State University (국제정치학 박사)
- 국방대학교(안전보장학 석사)
- 해군사관학교 학사

해군소령 **황병선**

주요 근무경력
- 해군사관학교 군사전략학과 순환직교수
- 청주함(호위함) 작전관

주요 교육경력
- 미국 해군대학 참모대 재학 중(2017. 5. 현재)
- 국방대학교(군사전략학 석사)
- 해군사관학교(학사)